Mit den passenden Fragen zum Thema auf mediscript Online das eigene **Wissen auf Stärken und Schwächen überprüfen**

Üben

Organisieren

Wichtige **Lücken erkennen** und **gezielt schließen**

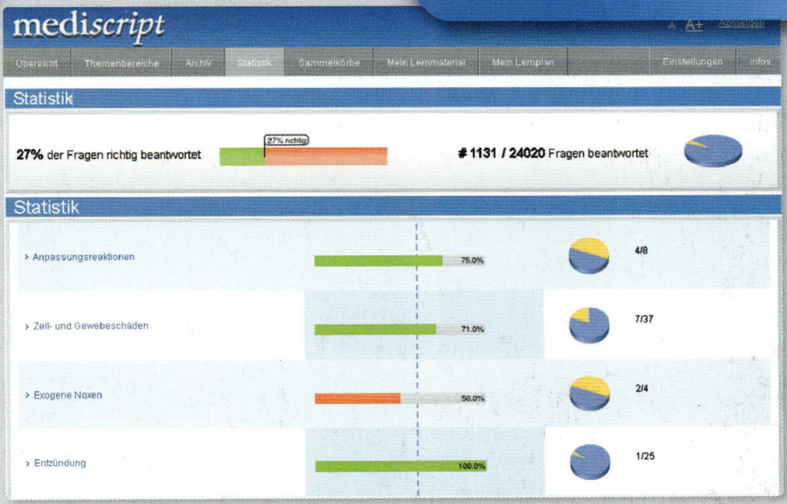

Mehr Informationen zur mediscript Lernwelt auf
www.mediscript-online.de

Thomas Wenisch
mediscript Kurzlehrbuch
Chemie

Thomas Wenisch

mediscript Kurzlehrbuch
Chemie

3. Auflage

Mit 289 Abbildungen und 18 Tabellen

Lerntipps von Maximilian Friedrich

URBAN & FISCHER München

Zuschriften an:
Elsevier GmbH, Urban & Fischer Verlag, Hackerbrücke 6, 80335 München

Wichtiger Hinweis für den Benutzer
Die Erkenntnisse in der Medizin unterliegen laufendem Wandel durch Forschung und klinische Erfahrungen. Die Autoren dieses Werkes haben große Sorgfalt darauf verwendet, dass die in diesem Werk gemachten therapeutischen Angaben (insbesondere hinsichtlich Indikation, Dosierung und unerwünschter Wirkungen) dem derzeitigen Wissensstand entsprechen. Das entbindet den Nutzer dieses Werkes aber nicht von der Verpflichtung, anhand weiterer schriftlicher Informationsquellen zu überprüfen, ob die dort gemachten Angaben von denen in diesem Werk abweichen und seine Verordnung in eigener Verantwortung zu treffen.
Für die Vollständigkeit und Auswahl der aufgeführten Medikamente übernimmt der Verlag keine Gewähr.
Geschützte Warennamen (Warenzeichen) werden in der Regel besonders kenntlich gemacht (®). Aus dem Fehlen eines solchen Hinweises kann jedoch nicht automatisch geschlossen werden, dass es sich um einen freien Warennamen handelt.

Bibliografische Information der Deutschen Nationalbibliothek
Die Deutsche Nationalbibliothek verzeichnet diese Publikation in der Deutschen Nationalbibliografie; detaillierte bibliografische Daten sind im Internet über http://www.d-nb.de/ abrufbar.

Um den Textfluss nicht zu stören, wurde bei Patienten und Berufsbezeichnungen die grammatikalisch maskuline Form gewählt. Selbstverständlich sind in diesen Fällen immer Frauen und Männer gemeint.

Planung: Veronika Rojacher
Lektorat: Sabine Hennhöfer
Redaktion: Dr. rer. nat. Claudia Deigele
Herstellung: Cornelia Reiter
Zeichnungen: Dr. Wolfgang Zettlmeier
Satz: abavo GmbH, Buchloe/Deutschland; TnQ, Chennai/Indien
Druck und Bindung: Printer Trento, Italien
Umschlaggestaltung: SpieszDesign, Neu-Ulm

ISBN Print   978-3-437-43323-8
ISBN e-Book 978-3-437-29351-1

Aktuelle Informationen finden Sie im Internet unter **www.elsevier.de** und **www.elsevier.com**

Vorwort

Das Medizinstudium umfasst viele Fächer, dazu gehören in der Vorklinik die naturwissenschaftlichen Grundlagen. Physik, Chemie und Biologie sind die im Physikum mit nur wenigen Fragen vertretenen so genannten „kleinen Fächer".

Dennoch werden gerade in diesen Fächern Grundlagen vermittelt, die für das tiefere Verständnis anderer Bereiche der Medizin erforderlich sind. So lassen sich ohne Grundlagen der Chemie die Biochemie und Pharmakologie nicht verstehen.

Der Medizinstudent steht nun vor der Frage, wie er sich die für seine Ausbildung erforderlichen naturwissenschaftlichen Kenntnisse aneignen soll. Für jedes Fach ein mehrere hundert Seiten umfassendes Standardlehrbuch durchzuarbeiten wäre sicherlich sinnvoll. Aber in der Regel ist dies bei dem vollen Stundenplan der ersten Semester zeitlich einfach kaum durchführbar. Fragensammlungen mit kommentierten Prüfungsfragen oder Lerntexte, die eher stichwortartig den Gegenstandskatalog wiedergeben, mögen in der letzten Phase einer Prüfungsvorbereitung angebracht sein, ein tieferes Verständnis, das es ermöglicht, den Lehrstoff auch selbstständig auf neue Fragestellungen anzuwenden, lässt sich auf diese Weise aber nicht vermitteln. Die Folge dieses Dilemmas sind für viele Studenten oft frustrierende Erfahrungen in Klausuren und Praktika.

Hier liegt der Ansatzpunkt für eine Reihe von Kurzlehrbüchern, die eine übersichtliche und prägnante Darstellung des wirklich relevanten Prüfungsstoffs geben.

In den beiden ersten Auflagen waren alle drei Fächer Physik, Chemie und Biologie in einem Band zusammengefasst. In der Neuauflage erscheinen sie nun als separate Lehrbücher.

Die Themen des Gegenstandskatalogs werden vollständig abgedeckt. Es handelt sich hierbei aber nicht um eine reine Auflistung der GK-Themen. Besonders prüfungsrelevante Themen und solche, die für das Medizinstudium oder die spätere ärztliche Praxis wichtig sind, werden ausführlicher behandelt. Weniger wichtige im GK genannte Begriffe werden nur kurz angesprochen.

Die Reihenfolge der Kapitel und die Hauptüberschriften folgen dem Gegenstandskatalog für die ärztliche Vorprüfung. Dies soll dem Studenten die Orientierung erleichtern. In einigen Kapiteln wird aus Gründen der verständlicheren Darstellung des Lehrstoffs aber von der weiteren Untergliederung des GK abgewichen.

Auf wichtige Punkte wird im Text besonders hingewiesen, sie werden durch Merktexte hervorgehoben. Ebenso werden an vielen Stellen klinische Anwendungen und Beispiele aufgezeigt. Lerntipps sollen das erworbene Wissen festigen und vertiefen.

An der Entstehung eines Buches hat nicht nur der Autor Anteil, sondern stets auch viele Mitarbeiter eines Verlags. Mein Dank gilt dem Bereich Medizinstudium des Elsevier Verlags und hier besonders dem Lektorat mit Frau Sabine Hennhöfer und Frau Veronika Rojacher, Frau Claudia Deigele sowie Herrn cand. med. Maximilian Friedrich, der viele und wertvolle Lerntipps beigesteuert hat. Ohne die konstruktive Zusammenarbeit aller Beteiligten hätte dieses Buch nicht in der vorliegenden Form erscheinen können.

Dieses Lehrbuch erscheint nun in der 3. Auflage. Der Inhalt wurde an die Aktualisierung der Prüfungsthemen angepasst und an einigen Stellen erweitert. Ich bedanke mich bei den engagierten Lesern, ihre Zuschriften fanden Eingang in die Überarbeitung und Korrekturen.

Anregungen, Verbesserungsvorschläge und Kritiken vonseiten der Leser sind stets willkommen. Sie helfen, das Buch weiterhin zu verbessern und auch für zukünftige Generationen von Studenten aktuell zu halten.

Für das Studium und die Prüfungsvorbereitung wünsche ich allen Lesern dieses Buchs viel Erfolg!

September 2013
THOMAS WENISCH

Lesen, verstehen, bestehen – die Kurzlehrbücher

Auf die Frage, was ein perfektes Kurzlehrbuch ausmacht, nennen Studenten immer wieder die gleichen Stichworte:

- effektive Vorbereitung auf Semesterprüfungen und Staatsexamen.
- Beschränkung auf das Wesentliche, klare Trennung von Wichtigem und Unwichtigem.
- didaktisch klar aufbereitetes Wissen und gut strukturierte Texte von Autoren, die verständlich erklären können.

Die neue Kurzlehrbuchreihe ist genau auf diese Bedürfnisse zugeschnitten. Autoren mit viel Erfahrung in der Lehre setzen sich im Vorfeld intensiv mit den bisherigen Examens-Fragen des IMPP auseinander und gestalten ihre Texte anschließend so, dass sie den Studierenden optimal semesterbegleitend und prüfungsvorbereitend durch den Stoff leiten. Die Texte setzen sinnvolle Schwerpunkte, Prüfungsrelevantes ist deutlich gekennzeichnet, Lerntipps helfen bei der Prüfungsvorbereitung.

Darüber hinaus sind die neuen Kurzlehrbücher Teil der **mediscript Lernwelt:** Die Lernwelt verknüpft Lernen, Üben, Vertiefen auf perfekte Weise und das alles auf einen Klick. Mit dem Code auf der Innenseite Ihres Buchs erhalten Sie 12 Monate Online-Zugang zu:

- **mediscript Online mit allen IMPP-Fragen zum Fach,** mit Sammelkörben, detaillierten Statistiken und den besten Kommentaren zu allen Antwort-Optionen.
- **Ihrem Buch in der Online-Bibliothek** zum Nachlesen von überall her.

Und das Beste: Von mediscript Online können Sie über Links direkt zur richtigen Buchseite springen – kein Suchen mehr in Inhaltsverzeichnis oder Register.

Lesen – verstehen – bestehen mit den Kurzlehrbüchern in der mediscript Lernwelt!

Die didaktischen Elemente im Überblick

Auf einen Blick relevantes Wissen filtern dank farbig hervorgehobener Textpassagen. Die Kennzeichnungen im Einzelnen:

Prüfungsrelevanz auf einen Blick: Für die Prüfung besonders wichtige Absätze sind – wie dieser Abschnitt – mit einem grünen Balken am linken Rand markiert. Ermittelt wurde die Prüfungsrelevanz aufgrund der Häufigkeit der zu dem jeweiligen Thema gestellten Fragen der letzten zehn Examina. Wer diesen Stoff lernt, kann optimal punkten.

IMPP-Hits

Wo liegen die Schwerpunkte und was bringt Punkte im schriftlichen Examen? Die grünen Kästen zu Beginn jedes Kapitels geben einen Überblick über die bisherigen „Lieblingsthemen" des IMPP.

Merke

In den gelben Kästen finden Sie für das Verständnis, die Prüfung oder die Klinik besonders wichtige Zusammenhänge, die es sich einzuprägen lohnt.

Beispiel

Beispiele sind in den roten Kästen anschaulich dargestellt.

Klinik

Gibt der Gegenstandskatalog in der Vorklinik Krankheitsbilder vor, dann sind diese in den lilafarbenen Kästen genannt. So werden früh klinische Bezüge hergestellt und ein besseres praxisrelevantes Verständnis gefördert.

Lerntipp

Insider-Know-How von Studenten für Studenten: In den grünen Kästen finden sich Eselsbrücken, Merkhilfen, Tipps und Tricks. So sind Sie bestens gewappnet für typische IMPP-Formulierungen und mündliche Prüfungen.

Inhaltsverzeichnis

1	**Makroskopische Erscheinungs- formen der Materie**	1
1.1	Wegweiser	1
1.2	Aggregatzustände	1
1.3	Stoffgemische	1
2	**Aufbau und Eigenschaften der Materie**	3
2.1	Wegweiser	3
2.2	Atome, Isotope, Periodensystem ..	4
2.2.1	Das Atom	4
2.2.2	Isotope	5
2.2.3	Elektronenhülle	6
2.2.4	Periodensystem	10
2.2.5	Biochemisch wichtige Elemente	14
2.3	Chemische Bindung	15
2.3.1	Ionenbindung	15
2.3.2	Atombindung	16
2.3.3	Metallbindung	19
2.3.4	Polare Moleküle und Wasserstoffbrückenbindung	19
2.3.5	Koordinative Bindung, Metallkomplexe	20
2.4	Acyclische Kohlenstoffverbindungen, einfache funktionelle Gruppen	22
2.4.1	Kohlenwasserstoffe	22
2.4.2	Funktionelle Gruppen	26
2.5	Carbo- und Heterocyclen	35
2.5.1	Cycloalkane, Aromaten	35
2.5.2	Heterocyclen	37
2.6	Stereochemie	38
2.6.1	Isomerie	38
2.6.2	Konformation	39
2.6.3	Konfiguration	40
2.6.4	Chirale Verbindungen	41
3	**Stoffumwandlungen**	45
3.1	Wegweiser	46
3.2	Homogene Gleichgewichtsreaktionen	46
3.2.1	Begriffe	46
3.2.2	Chemisches Gleichgewicht	46
3.2.3	Kinetik, Thermodynamik	47
3.2.4	Gekoppelte Reaktionen	48
3.3	Heterogene Gleichgewichtsreaktionen	48
3.3.1	Begriffe	48
3.3.2	Verteilung von Stoffen im Gleichgewicht	49
3.3.3	Oberflächenprozesse	50
3.4	Säure/Base-Reaktionen	51
3.4.1	Definition von Säuren und Basen nach von Brönsted	51
3.4.2	Dissoziationsabhängige Größen, pH-Wert	52
3.4.3	Neutralisation, Puffer	57
3.4.4	Definition von Säuren und Basen nach Lewis	61
3.5	Redoxreaktionen	61
3.5.1	Definitionen und Grundlagen	61
3.5.2	Elektrochemische Zellen	63
3.5.3	Biochemische Redoxreaktionen	66
3.6	Bildung und Eigenschaften der Salze	67
3.6.1	Salzbildung	67
3.6.2	Eigenschaften der Salze	67
3.6.3	Schwer lösliche Salze	68
3.6.4	Elektrolyse	69
3.6.5	Biochemisch wichtige Salze	69
3.7	Ligandenaustausch-Reaktionen ...	69
3.7.1	Definition und Eigenschaften	69
3.7.2	Beispiele	70
3.8	Additions- und Eliminationsreaktionen	70
3.8.1	Addition, Elimination	70
3.8.2	Reaktionen der Carbonylgruppe ...	71
3.8.3	Tautomerie, Kondensationen	73
3.9	Substitutionsreaktionen	75
3.9.1	Reaktionsablauf, reaktive Teilchen	75
3.9.2	Reaktionen am gesättigten Kohlenstoffatom	75
3.9.3	Reaktionen am ungesättigten Kohlenstoffatom	76

3.9.4	Aromaten	78
3.10	**Sonstige Reaktionen**	78
3.10.1	Nukleinsäuren	78
3.10.2	Carbonsäuren	79
3.10.3	Anorganische Säuren	79
4	**Kohlenhydrate**	81
4.1	**Wegweiser**	81
4.2	**Monosaccharide**	81
4.2.1	Klassifizierung	81
4.2.2	Beispiele	81
4.2.3	Schreibweisen	84
4.2.4	Stereochemie	85
4.2.5	Reaktionen	86
4.3	**Disaccharide**	87
4.3.1	Klassifizierung und Aufbau	87
4.3.2	Beispiele	88
4.3.3	Reaktionen	89
4.4	**Oligo- und Polysaccharide**	89
4.4.1	Klassifizierung und Aufbau	89
4.4.2	Struktur	90
5	**Aminosäuren, Peptide,**	
	Proteine	93
5.1	**Wegweiser**	93
5.2	**Aminosäuren**	93
5.2.1	Klassifizierung	93
5.2.2	Eigenschaften	94
5.2.3	Beispiele	98
5.2.4	Reaktionen	98
5.3	**Peptide**	99
5.3.1	Klassifizierung und Aufbau	99
5.3.2	Peptidbindung	99
5.3.3	Reaktionen	100
5.4	**Proteine**	101
5.4.1	Klassifizierung und Aufbau	101
5.4.2	Eigenschaften	102
5.4.3	Strukturaufklärung	104
6	**Fettsäuren, Lipide**	105
6.1	**Wegweiser**	105
6.2	**Fettsäuren**	105
6.2.1	Klassifizierung	105
6.2.2	Beispiele	106
6.2.3	Eigenschaften	107
6.2.4	Reaktionen	107
6.3	**Acylglycerine**	108
6.3.1	Struktur und Klassifizierung	108
6.3.2	Eigenschaften	109
6.4	**Sphingolipide**	110
6.4.1	Struktur und Klassifizierung	110
6.4.2	Eigenschaften	111
6.5	**Steroide**	111
7	**Nukleinsäuren, Nukleotide,**	
	Chromatin	113
7.1	**Wegweiser**	113
7.2	**Nukleotide**	113
7.2.1	Struktur	113
7.2.2	Reaktionen	114
7.3	**Nukleinsäuren**	115
7.3.1	Klassifizierung	115
7.3.2	Struktur	115
7.3.3	Reaktionen	117
7.4	**Chromatin**	118
8	**Vitamine, Vitaminderivate,**	
	Coenzyme	119
8.1	**Wegweiser**	119
8.2	**Allgemeines**	119
8.2.1	Definition und Klassifikation	119
8.2.2	Herkunft und Stabilität	121
8.3	**Struktur und Funktionen**	121
8.3.1	Fettlösliche Vitamine	121
8.3.2	Wasserlösliche Vitamine	123
8.4	**Pathobiochemie**	129
9	**Grundlagen der Thermodynamik**	
	und Kinetik	131
9.1	**Wegweiser**	131
9.2	**Grundbegriffe**	131
9.2.1	Erhaltungsbedingungen	131
9.2.2	Reaktionsenthalpie	132
9.2.3	Reaktionsentropie	132
9.3	**Freie Enthalpie**	132
9.3.1	Gibbs-Helmholtz-Gleichung	132
9.3.2	Freie Enthalpie bei	
	Konzentrationsänderung	133
9.3.3	Freie Enthalpie und	
	elektromotorische Kraft	134

9.4   Reaktionsgeschwindigkeit und
        Reaktionsordnung   134
9.4.1   Reaktionsgeschwindigkeit   134
9.4.2   Reaktionsordnung   134
9.4.3   Geschwindigkeitsbestimmender
        Teilschritt   135

9.5   Energieprofil   136
9.6   Parallelreaktionen   137
9.7   Katalyse   137

Register   139

Makroskopische Erscheinungsformen der Materie

1.1   Wegweiser   1

1.2   Aggregatzustände   1

1.3   Stoffgemische   1

IMPP-Hits

- Stoffgemische (▶ Kap. 1.3)

1.1   Wegweiser

Materie kann in verschiedenen Aggregatzuständen vorliegen (▶ Kap. 1.2) sowie in reiner Form oder als Stoffgemisch (▶ Kap. 1.3). Reine Stoffe werden wiederum unterteilt in solche, die aus einem einzigen chemischen Element bestehen, und Verbindungen aus mehreren Elementen.

1.2   Aggregatzustände

In der Umwelt erscheint die Materie in verschiedenen Aggregatzuständen:

- **Fest:** Die Bausteine eines Festkörpers befinden sich zueinander in einer festgelegten Anordnung. Der Körper nimmt eine definierte Form ein, die er nur unter dem Einfluss äußerer Kräfte ändert. Es kann unterschieden werden zwischen **kristallinen** Festkörpern, die eine regelmäßige Kristallstruktur aufweisen, und **amorphen** Substanzen, in denen diese feste Ordnung nicht vorliegt.
- **Flüssig:** Die Teilchen einer Flüssigkeit werden durch **Kohäsionskräfte** zu einem Verband zusammengehalten. Sie sind jedoch gegeneinander verschiebbar. Die Flüssigkeit passt sich der Form eines äußeren Behältnisses an.
- **Gasförmig:** In einem Gas sind die einzelnen Teilchen weit voneinander entfernt. Das Gas füllt jeden ihm zur Verfügung stehenden Raum vollständig aus. Anziehungskräfte zwischen den Gasteilchen können in den meisten Fällen als

vernachlässigbar betrachtet werden. Man spricht dann von einem **idealen Gas.**

Die Aggregatzustände fest, flüssig und gasförmig werden auch als **Phase** eines Stoffs bezeichnet. Eine Phase ist ein Bereich, in dem sich die Stoffeigenschaften nicht sprunghaft ändern. Der Begriff ist nicht mit dem des Aggregatzustands gleichzusetzen. So bilden nicht mischbare Flüssigkeiten, wie z. B. Öl und Wasser, zwei voneinander getrennte flüssige Phasen.

Jede Änderung des Aggregatzustands ist mit einer **Änderung der inneren Energie** verbunden: Beim Schmelzen muss die Kristallstruktur eines Stoffs aufgebrochen werden und beim Verdampfen einer Flüssigkeit wird Arbeit gegen zwischenmolekulare Anziehungskräfte geleistet. Es muss deshalb ein für den jeweiligen Stoff spezifischer Energiebetrag, seine Schmelzwärme bzw. Verdampfungswärme, aufgebracht werden, um den Aggregatzustand zu ändern. Beim Kondensieren oder Erstarren wird diese Bindungsenergie als Kondensationswärme bzw. Erstarrungswärme wieder freigesetzt.

1.3   Stoffgemische

Die Materie liegt häufig nicht als einzelner reiner Stoff vor, sondern in Form von **Stoffgemischen.** Eine Übersicht über die Einteilung der Materie in Stoffe bzw. Stoffgemische gibt ▶ Abb. 1.1.

Es wird zwischen homogenen und heterogenen Gemischen unterschieden.

- In einem **heterogenen** Gemisch treten mehrere Phasen auf, z.B. Festkörper und Flüssigkeit oder auch zwei flüssige Phasen.
  - Ein Gemisch zweier flüssiger Phasen, z.B. Wasser und Öl, wird als **Emulsion** bezeichnet. Im Alltag begegnen uns Emulsionen als Creme, Salbe oder Milch.
  - Ein **Aerosol** ist das Gemisch fest-gasförmig oder flüssig-gasförmig. Nebel ist ein Aerosol, hier schweben kleine Flüssigkeitströpfchen in einem Gas. Auch Staub bildet, wenn er in der Luft verwirbelt wird, ein Aerosol.
- In einem **homogenen** Gemisch tritt nur eine Phase auf. Beispiele sind die Legierungen von Metallen, mischbare Flüssigkeiten wie Wasser und Alkohol oder die Gasmischung der Luft.
  - Ein **Eis/Wasser**-Gemisch ist nach dieser Definition, obwohl es sich nur um einen Stoff in verschiedenen Aggregatzuständen handelt, ebenfalls ein heterogenes Gemisch, denn es treten verschiedene Phasen des Wassers nebeneinander auf.

Die Definition, ob ein System als homogen oder als heterogen bezeichnet wird, hängt auch von der **Teilchengröße** ab:

- Im Falle von Lösungen wird das System bei kleinen, niedermolekularen Teilchen mit einem Durchmesser von weniger als 3 nm als **echte Lösung** bezeichnet. Hier handelt es sich um ein homogenes System.
- Bei Teilchengrößen von etwa 3–200 nm werden die Begriffe **kolloidale Lösung** oder **kolloid-dispers** verwendet. Das Verhalten kolloid-disperser Lösungen ist verschieden von dem echter Lösungen. Es ist umstritten, ob eine kolloidale Lösung als homogen oder als heterogen einzustufen ist.
- Wenn die Teilchen im Lichtmikroskop sichtbar sind, d.h. bei Teilchengrößen über 200 nm, wird das System als heterogen eingestuft. Ein solches Gemisch wird als **grob-dispers** oder als **Suspension** bezeichnet. Ein Beispiel für eine Suspension sind Zellen in einer Nährlösung oder auch das menschliche Blut.

Ein Stoffgemisch lässt sich durch physikalische Methoden in seine Bestandteile trennen (▶ Abb. 1.1). Es liegen dann reine Stoffe vor. Ein **reiner Stoff** hat definierte physikalische Eigenschaften, wie Dichte, Schmelzpunkt, Brechungsindex usw. Die Eigenschaften eines **Stoffgemischs** sind dagegen nicht exakt definiert, sie hängen vom Mischungsverhältnis der Einzelbestandteile ab.

Bei dem reinen Stoff kann es sich um ein **chemisches Element** handeln. Er besteht dann nur aus einer einzigen Sorte von Atomen. Dagegen sind bei einer **chemischen Verbindung** die Bausteine des Stoffs Moleküle, die wiederum aus mehreren verschiedenartigen Atomen bestehen.

Zu einem Verständnis der Reaktionsmechanismen zu gelangen, d.h. die Frage, warum und zu welchen Verbindungen sich die Elemente zusammenschließen, die gezielte Synthese chemischer Verbindungen und die Analyse unbekannter Verbindungen sind das Arbeitsfeld des Fachgebiets Chemie.

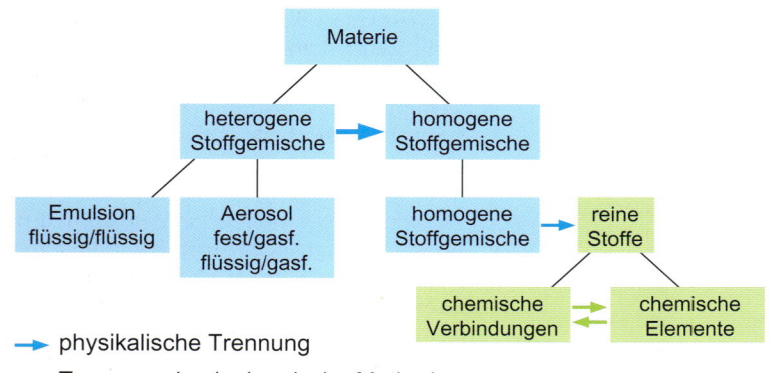

Abb. 1.1 Einteilung der Materie. Die in Blau gekennzeichneten Trennungen erfolgen mit physikalischen Verfahren, die in Grün gekennzeichneten Übergänge mit chemischen Methoden.

Aufbau und Eigenschaften der Materie

2.1	Wegweiser	3

2.2	Atome, Isotope, Periodensystem . .	4
2.2.1	Das Atom	4
2.2.2	Isotope	5
2.2.3	Elektronenhülle	6
2.2.4	Periodensystem	10
2.2.5	Biochemisch wichtige Elemente	14

2.3	Chemische Bindung	15
2.3.1	Ionenbindung	15
2.3.2	Atombindung	16
2.3.3	Metallbindung	19
2.3.4	Polare Moleküle und Wasserstoffbrückenbindung	19
2.3.5	Koordinative Bindung, Metallkomplexe	20

2.4	Acyclische Kohlenstoffverbindungen, einfache funktionelle Gruppen . .	22
2.4.1	Kohlenwasserstoffe	22
2.4.2	Funktionelle Gruppen	26

2.5	Carbo- und Heterocyclen	35
2.5.1	Cycloalkane, Aromaten	35
2.5.2	Heterocyclen	37

2.6	Stereochemie	38
2.6.1	Isomerie	38
2.6.2	Konformation	39
2.6.3	Konfiguration	40
2.6.4	Chirale Verbindungen	41

IMPP-Hits

- Funktionelle Gruppen (▶ Kap. 2.4.2)
- Cycloalkane, Aromaten (▶ Kap. 2.5.1)
- Chirale Verbindungen (▶ Kap. 2.6.4)
- Periodensystem (▶ Kap. 2.2.4)
- Kohlenwasserstoffe ▶ (Kap. 2.4.1)
- Isotope (▶ Kap. 2.2.2)
- Polare Moleküle und Wasserstoffbrückenbindung (▶ Kap. 2.3.4)
- Koordinative Bindung, Metallkomplexe (▶ Kap. 2.3.5)

2.1 Wegweiser

Zunächst werden der Aufbau der Atome, die Konfiguration ihrer Elektronenhüllen sowie das Periodensystem der Elemente beschrieben (▶ Kap. 2.2). Erst diese Kenntnis des Aufbaus der Elektronenhülle ermöglicht das Verständnis chemischer Reaktionen. Je nach ihrer Elektronenkonfiguration und ihren daraus resultierenden chemischen Eigenschaften können sich die Elemente durch verschiedene chemische Bindungsarten zu einem Molekül zusammenlagern (▶ Kap. 2.3).
Die Einteilung in anorganische und organische Verbindungen geht auf die historische Annahme zurück, zwischen den im Reagenzglas herstellbaren anorganischen Stoffen und den organischen Substanzen, die ein lebender Organismus produziert, bestehe ein prinzipieller, grundsätzlich unüberbrückbarer Unterschied. Der historische Sprachgebrauch wurde beibehalten. Heute beruht aber fast die gesamte Pharmakologie auf der synthetischen Herstellung organischer Verbindungen.
Der Grundbaustein organischer Verbindungen ist ein Gerüst aus Kohlenstoffatomen. Die wichtigsten acyclischen Kohlenwasserstoffverbindungen sowie funktionelle Gruppen werden in ▶ Kap. 2.4 vorgestellt, die cyclischen Kohlenwasserstoffe in ▶ Kap. 2.5. Die Kenntnis dieser Verbindungen stellt die Grundlage für alle folgenden Kapitel dar.

Für das Verhalten einer Verbindung ist nicht nur ihr Aufbau aus den einzelnen Atomen, sondern in vielen Fällen auch deren räumliche Anordnung entscheidend. Dies ist Thema der „Stereochemie" (► Kap. 2.6).

2.2 Atome, Isotope, Periodensystem

2.2.1 Das Atom

Die Grundbausteine der Materie, die mit chemischen Methoden nicht weiter zerlegt werden können, sind die **Atome** (von griech. atomos = unteilbar).

Heute ist bekannt, dass das Atom aus noch kleineren **Elementarteilchen** besteht: aus **Neutronen, Protonen** und **Elektronen** (► Tab. 2.1). Protonen und Elektronen sind elektrisch geladen. Sie tragen die **Elementarladung** $e = 1{,}6 \cdot 10^{-19}$ Coulomb (C). Dies ist der kleinste mögliche Betrag einer elektrischen Ladung.

Proton und Neutron haben ungefähr die gleiche Masse. Sie sind etwa 2.000-mal schwerer als das Elektron ($m_p/m_e = 1.836$). Die moderne Teilchenphysik zeigt, dass Protonen und Neutronen aus weiteren subatomaren Teilchen aufgebaut sind, darauf soll aber hier nicht weiter eingegangen werden.

Für das Verständnis der Chemie wichtig sind nur die Elementarteilchen Neutronen, Protonen und Elektronen:
- Die positiv geladenen **Protonen** und die elektrisch neutralen **Neutronen** bilden den Kern des Atoms. Sie werden deshalb auch als **Nukleonen** (Kernteilchen) bezeichnet.
- Der Atomkern ist von der Hülle aus negativ geladenen **Elektronen** umgeben. Chemische Reaktionen beruhen auf Wechselwirkungen in den Elektronenhüllen der beteiligten Stoffe.

Auf die Struktur der Elektronenhülle wird deshalb in ► Kap. 2.2.3 noch näher eingegangen.

Merke

Jedes Atom hat das Bestreben, nach außen hin elektrisch neutral zu sein. In der Elektronenhülle befinden sich deshalb genau so viele Elektronen wie Protonen im Kern des Atoms.
Ist die Ladungsbilanz des Atoms nicht ausgeglichen, wird das nun elektrisch geladene Atom als **Ion** bezeichnet. Ein **Kation** ist ein positiv geladenes Ion, hier fehlen Elektronen in der Elektronenhülle. Ein **Anion** ist negativ geladen. Bei ihm befinden sich mehr Elektronen in der Hülle als Protonen im Kern.

Tab. 2.1 Bausteine des Atoms

	Ladung/C	Masse/kg
Elektron	$-1{,}6 \cdot 10^{-19}$	$9{,}1093897 \cdot 10^{-31} \approx$ $9{,}1 \cdot 10^{-31}$
Proton	$+1{,}6 \cdot 10^{-19}$	$1{,}6726231 \cdot 10^{-27} \approx$ $1{,}67 \cdot 10^{-27}$
Neutron	0	$1{,}6749286 \cdot 10^{-27} \approx$ $1{,}67 \cdot 10^{-27}$

Ein durch eine bestimmte Protonenzahl und Nukleonenzahl festgelegtes Atom wird als **Nuklid** bezeichnet. Die Schreibweise für ein Nuklid lautet:

$$_{\text{Ordnungszahl}}^{\text{Massenzahl}}\text{Elementsymbol}$$

- Die chemischen Eigenschaften eines Atoms werden durch die Anzahl der Protonen im Kern festgelegt. Nach ihrer **Protonenzahl** p werden die Elemente im Periodensystem (► Kap. 2.2.4) aufsteigend angeordnet. Deshalb wird diese Zahl auch als **Ordnungszahl** (auch: **Kernladungszahl**) Z eines Elements bezeichnet. Da jedes chemische Element durch ein eigenes Elementsymbol beschrieben wird, kann auf die zusätzliche Angabe der Ordnungszahl auch verzichtet werden: $^{\text{Massenzahl}}\text{Elementsymbol}$
- Nahezu die gesamte Masse des Atoms ist in seinem Kern konzentriert. Die **Nukleonenzahl**, d. h. die Summe der Anzahl von Protonen und Neutronen, ist die **Massenzahl** m eines Elements.
- Die **Neutronenzahl** eines Nuklids lässt sich aus der Differenz zwischen Massenzahl und Ordnungszahl ermitteln. Beispielsweise steht Eisen (Fe) im Periodensystem an 26. Stelle. ^{56}Fe hat demnach 56–26 = 30 Neutronen.

Die Massenzahlen m sind angegeben als **relative Atommassen** in der atomaren Masseneinheit u (für unit = Einheit; in der Literatur wird manchmal auch amu genannt, für atomar mass unit).

Eine **atomare Masseneinheit (1 u)** entspricht ¹/₁₂ der Masse eines Kohlenstoff-12-Atoms ($1{,}66 \cdot 10^{-24}$ g).

Die **relative Molekülmasse** ist gleich der Summe der relativen Atommassen der an der Bildung des Moleküls beteiligten Atome.

Merke

In der Chemie werden **Stoffmengen in Mol** angegeben. Ein Mol eines Stoffs enthält unabhängig von seinen sonstigen Eigenschaften immer eine festgelegte Teilchenzahl von

$$N_A = 6{,}022 \cdot 10^{23}$$

N_A ist die **Avogadro-Zahl** (Einheit: Teilchen/mol). Die Masse von 1 Mol eines Stoffs, angegeben in Gramm, entspricht der relativen Atommasse bzw., bei einer Verbindung, der relativen Molekülmasse in atomaren Masseneinheiten u.

2.2.2 Isotope

Die Stoffeigenschaften eines Elements werden durch seine Ordnungszahl, d.h. durch die Zahl seiner Protonen, festgelegt. Bei gleicher Kernladungszahl sind aber mehrere Nuklide möglich, die sich in ihrer Neutronenzahl unterscheiden. Dies sind die **Isotope** eines Elements. Beispiele für Isotope biologisch wichtiger Elemente zeigt ▶ Tab. 2.2.

Nur der Kern des häufigsten Isotops des einfachsten chemischen Elements, Wasserstoff, ^{1}H, besteht aus einem einzigen Proton. Die Kerne aller anderen Nuklide enthalten Neutronen, die die positiven Ladungen der Protonen gegeneinander abschirmen. Bei den meisten Nukliden liegt die Neutronenzahl etwa im Bereich des 1- bis 1,5-fachen der Protonenzahl (▶ Tab. 2.2). Hat ein Nuklid zu viele oder zu wenig Protonen, ist es instabil. Es wandelt sich spontan in ein anderes Nuklid um; es ist **radioaktiv**.

- Von den meisten Elementen treten natürlicherweise stabile und auch radioaktive Isotope auf. Die meisten Elemente sind daher Isotopengemische, man spricht auch von **Mischelementen**. Die in ▶ Tab. 2.2 angegebenen Atommassen geben die durchschnittliche relative Atommasse des Isotopengemischs an.
- Von etwa 20 Elementen wird in der Natur nur ein einziges Isotop beobachtet. Diese Elemente werden als **Reinelemente** bezeichnet. Dazu zählen Fluor, Natrium, Phosphor und Arsen.

Tab. 2.2 Beispiele einiger Elemente und ihrer Isotope mit Elementsymbol, Ordnungszahl Z und relativer Atommasse (die mit * gekennzeichneten Isotope sind radioaktiv)

Element	Symbol	Z	Atommasse	Isotope
Wasserstoff	H	1	1,008	^{1}H, ^{2}H, ^{3}H*
Kohlenstoff	C	6	12,011	^{11}C*, ^{12}C, ^{13}C, ^{14}C*
Stickstoff	N	7	14,007	^{13}N*, ^{14}N, ^{15}N
Sauerstoff	O	8	15,999	^{16}O, ^{17}O, ^{18}O
Natrium	Na	11	22,990	^{23}Na, ^{24}Na*
Magnesium	Mg	12	24,305	^{24}Mg, ^{25}Mg, ^{26}Mg
Phosphor	P	15	30,974	^{31}P, ^{32}P*
Schwefel	S	16	32,066	^{32}S, ^{33}S, ^{34}S, ^{35}S*, ^{36}S
Chlor	Cl	17	35,453	^{35}Cl, ^{37}Cl
Kalium	K	19	39,102	^{39}K, ^{40}K*, ^{41}K, ^{42}K*
Calcium	Ca	20	40,08	^{40}Ca, ^{45}Ca*, ^{47}Ca*
Eisen	Fe	26	55,847	^{55}Fe*, ^{56}Fe, ^{59}Fe*
Cobalt	Co	27	58,932	^{58}Co*, ^{59}Co, ^{60}Co*
Iod	I	53	126,904	^{125}I*, ^{127}I, ^{131}I*
Uran	U	92	238,029	^{235}U*, ^{238}U*

• Durch Kernreaktionen lassen sich künstlich radioaktive Isotope erzeugen, die in der Natur nicht oder nicht mehr vorkommen.

Lerntipp

Noch einmal kurz zusammengefasst: Die Massenzahl steht in der Schreibweise des Nuklids oben, Ordnungszahl unten vor dem Elementsymbol. „M" steht im Alphabet ja auch über „O". Prägen Sie sich ein, dass die Ordnungszahl eines Elements festgelegt ist, während verschiedene Isotope eines Elements unterschiedliche Massenzahlen haben.

Klinik

Radioaktive Isotope sind ein wichtiges Hilfsmittel in Medizin und Biochemie (▶ Tab. 2.3). Der Stoffwechsel des Organismus verwendet das Radionuklid wie jedes andere Isotop des jeweiligen Elements. Um Stoffwechselwege zu verfolgen, werden **radioaktive Tracer** verwendet, deren Strahlung sich von außen messen lässt.
In der Nuklearmedizin wird gerne ^{99m}Tc wegen seiner günstigen Strahlungseigenschaften eingesetzt. Radium und Cobalt dienen vorwiegend als Strahlungsquellen für die Strahlentherapie.

2.2.3 Elektronenhülle

Die Vorgänge im Atomkern lassen sich durch chemische Methoden nicht beeinflussen. Umso wichtiger ist der Aufbau der Elektronenhülle für das Verständnis der Chemie. Die Anordnung der Elektronen entscheidet, welche Bindungen ein Element eingeht und wie stabil die entstandenen Verbindungen sind.

Das **Bohr-Atommodell** geht von einer Vorstellung aus, nach der sich die Elektronen auf Bahnen um den Atomkern ähnlich wie Planeten um eine Sonne bewegen. Dieses Modell kann jedoch für das tiefere Verständnis nicht aufrechterhalten werden. Das Verhalten der Elektronen lässt sich erst mit der **Quantenmechanik** nachvollziehen, deren Resultate aber z. T. recht komplex sind und oft keine einfache bildhafte Vorstellung liefern. Das Atommodell, das heute für die Chemie zugrunde gelegt wird und die Eigenschaften der Elektronenhülle am zutreffendsten beschreibt, ist das **Orbitalmodell.**

Das Elektron wird darin nicht mehr als Teilchen betrachtet, sondern als „Wellenpaket". Die Position des Elektrons lässt sich nicht genau bestimmen oder voraussagen, sondern es wird von Aufenthaltswahrscheinlichkeiten gesprochen. Für jedes

Tab. 2.3 Einige in Medizin und Biochemie verwendete Radionuklide, ihre Halbwertszeit ($t_{1/2}$), die Art der Strahlung und ihre Anwendung

Isotop	$t_{1/2}$*	Strahlung	Anwendung
^3H	12,3 a	β	Tracer
^{14}C	5730 a	β	Tracer
^{32}P	14,3 d	β	Tracer, Strahlentherapie (Knochen)
^{35}S	87 d	β	Tracer, Tumordiagnostik
^{60}Co	6,2 a	β, γ	Strahlentherapie
^{99m}Tc	6 h	γ	Diagnostik (breite Anwendung)
^{123}I	13 h	γ	Radioiodtest (Schilddrüse)
^{125}I	60 d	γ	Tracer für Proteine (in vitro)
^{131}I	8 d	β, γ	Radioiodtherapie (Schilddrüse)
^{226}Ra	1622 a	α	Strahlentherapie

* a = Jahre, d = Tage, h = Stunden.

Elektron lässt sich ein Bereich in der Umgebung des Atomkerns angeben, in dem das Elektron mit hoher Wahrscheinlichkeit anzutreffen ist. Dieser Bereich wird **Orbital** genannt.
▶ Abb. 2.1, ▶ Abb. 2.2 und ▶ Abb. 2.3 zeigen die Form und die räumliche Anordnung der Atomorbitale.

2.2.3.1 Quantenzahlen

Welches Orbital von einem Elektron besetzt wird und in welcher Entfernung zum Kern sich das Orbital befindet, hängt vom Energieniveau des Elektrons ab.
Der Zustand eines Hüllenelektrons wird durch 4 Quantenzahlen beschrieben:

Hauptquantenzahl n

Die Hauptquantenzahl n nimmt Werte von 1, 2, 3, ..., n an. Sie gibt das **„Hauptenergieniveau"** an und entspricht dem Abstand der Elektronenbahn zum Kern im Bohr-Atommodell. Obwohl sich die Elektronen nicht im klassischen Sinne auf Bahnen oder auf konzentrischen Kugelschalen bewegen, wurde der historisch etablierte Begriff der **Elektronenschale** im Sprachgebrauch der Chemie beibehalten. Die Schalen werden mit fortlaufenden Buchstaben bezeichnet, beginnend mit K. Die innerste, dem Atomkern am nächsten liegende Schale ist die K-Schale, ihre Elektronen tragen die Hauptquantenzahl $n = 1$. Als Nächstes folgt die L-Schale, die der Hauptquantenzahl 2 entspricht.

Bei den schwersten bekannten Elementen befinden sich die äußersten Elektronen auf der 7. Schale.

> **Lerntipp**
>
> Sie können sich die Reihenfolge der Buchstaben der ersten Schalen gut einprägen, wenn Sie an die Airline „KLM" denken.

Nebenquantenzahl l

Die Nebenquantenzahl l unterteilt das durch die Hauptquantenzahl angegebene Energieniveau noch weiter. Die Nebenquantenzahl kann Werte von $l = 0, 1, 2, \ldots, n-1$ annehmen.

Die Nebenquantenzahl gibt die **Art des Orbitals** an. Es existieren verschiedene Arten von Orbitalen, die sich in ihrer räumlichen Konfiguration unterscheiden:

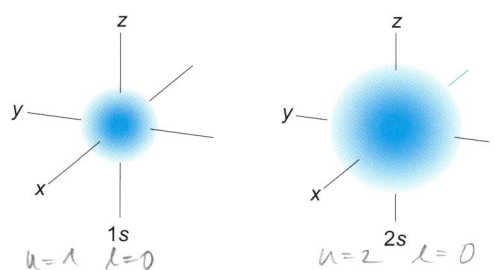

1s $n = 1$ $l = 0$
2s $n = 2$ $l = 0$

Abb. 2.1 Formen des 1s- und des 2s-Orbitals.

- $l = 0$ entspricht dem **s-Orbital.** Eine Berechnung der Aufenthaltswahrscheinlichkeiten für dieses Orbital ergibt eine kugelförmige räumliche Anordnung. ▶ Abb. 2.1 zeigt das 1s- ($n = 1$, $l = 0$) und das 2s-Orbital ($n = 2$, $l = 0$). Mit steigender Hauptquantenzahl sind die Elektronen im Mittel weiter vom Atomkern entfernt.
- Das zu $l = 1$ gehörende Orbital wird **p-Orbital** genannt. Die Elektronenverteilung im p-Orbital ist nicht mehr kugelförmig. Es ergeben sich zwei getrennte Bereiche, zwischen denen der Atomkern liegt (▶ Abb. 2.2). Hantel
- $l = 2$ kennzeichnet ein **d-Orbital** (▶ Abb. 2.3).
- Zu $l = 3$ gehört das **f-Orbital.** Dessen Form ist noch komplexer, sodass auf eine Bilddarstellung hier verzichtet wird.

> **Lerntipp**
>
> Die Reihenfolge der Orbitale können Sie sich leicht merken, indem Sie an eine der großen Volksparteien in Deutschland (spd) bzw. ein weitverbreitetes Dokumentformat (pdf) denken – selbstverständlich soll hiermit für beides keine Werbung gemacht werden.

Magnetquantenzahl m

Die magnetische Quantenzahl m bildet eine weitere **Aufspaltung der Unterniveaus.** Sie nimmt Werte zwischen $+l$ und $-l$ an: $m = -l, -(l-1), \ldots, -1, 0, +1, \ldots, (l-1), l$. Insgesamt sind für m $2l+1$ verschiedene Werte möglich.

- Für die 1. Schale ($n = 1$) ist $l = 0$, und m kann nur den Wert 0 annehmen. Die Kombination $l = 0$ und $m = 0$ steht für das s-Orbital der durch die jeweilige Hauptquantenzahl n angegebenen Schale.
- Für die 2. Schale ($n = 2$) kann l den Wert 0 oder 1 annehmen.

n = Hauptenergieraum
l = Art des Orbitals
m = Aufspaltung der Unterniveaus
s = Elektronenspin

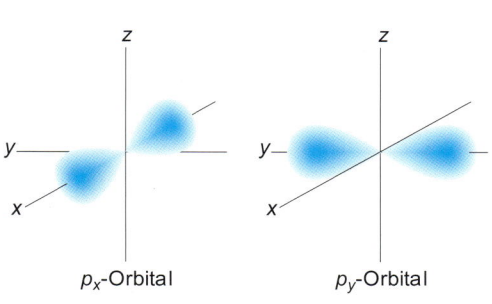

p_x-Orbital p_y-Orbital

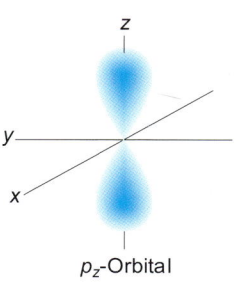

p_z-Orbital

Abb. 2.2 Formen der p-Orbitale. $l = 1$

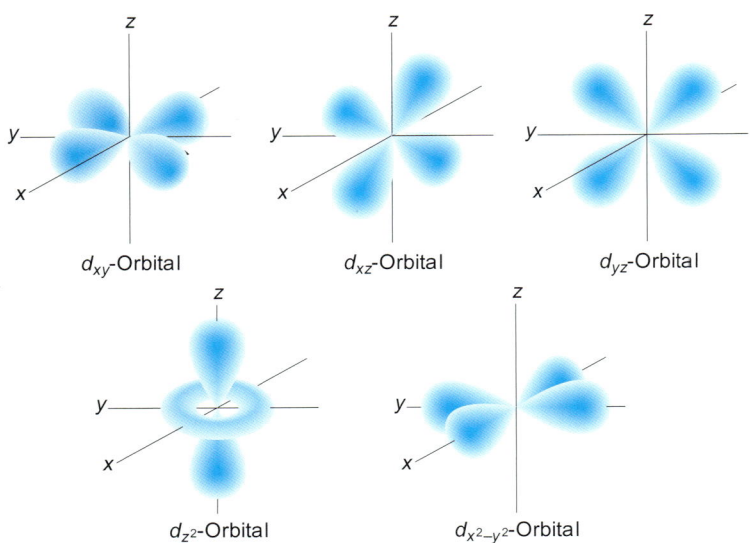

d_{xy}-Orbital d_{xz}-Orbital d_{yz}-Orbital

d_{z^2}-Orbital $d_{x^2-y^2}$-Orbital

Abb. 2.3 Formen der d-Orbitale. $l = 3$

– Für $l = 0$ ist auch wieder $m = 0$. Dies kennzeichnet das s-Orbital der 2. Elektronenschale (▶ Abb. 2.1).
– Für $l = 1$ kann m die Werte −1, 0 oder +1 annehmen. $l = 1$ kennzeichnet ein p-Orbital. Es existieren 3 p-Orbitale, die sich in ihrer räumlichen Ausrichtung unterscheiden (▶ Abb. 2.2). Die Lage des Orbitals wird durch die magnetische Quantenzahl m angegeben.
• In der 3. Schale nimmt für $l = 2$ die Magnetquantenzahl die Werte −2, −1, 0, 1, 2 an. Es existieren 5 im Raum verschieden ausgerichtete d-Orbitale (▶ Abb. 2.3).
• Ab der 4. Schale kommen durch $m = −3, −2, −1, 0, 1, 2, 3$ für $l = 3$ noch 7 verschiedene f-Orbitale hinzu.

Spinquantenzahl s

Die Spinquantenzahl s kann die Werte +½ oder −½ annehmen. Jedes Orbital kann mit zwei Elektronen besetzt werden, die sich in ihrem Spin unterscheiden. Unter dem **Elektronenspin** wird die Orientierung des magnetischen Moments des Elektrons verstanden.

In einem klassischen Modell kann man sich das Elektron als rotierend vorstellen. Der Spin des Elektrons gibt dann die Richtung der Drehung an. Die beiden möglichen Werte der Spinquantenzahl entsprächen dann einer Rechts- bzw. Linksdrehung.

Grafisch wird die Orientierung des Spins oft durch einen Pfeil nach oben oder unten dargestellt. Entsprechend der Lage der Pfeilrichtungen wird bei zwei Elektronen dann von einem **parallelen oder antiparallelen Spin** gesprochen.

Lerntipp

Niemals werden Sie die Reihenfolge der vier Quantenzahlen vergessen, wenn Sie sich dazu als Eselsbrücke die Konsonanten aus „niemals", also n, m, l und s, merken.

2.2.3.2 Besetzungsregeln

Wolfgang Pauli formulierte 1924 das nach ihm benannte **Pauli-Prinzip**: Keine zwei Elektronen stimmen in allen 4 Quantenzahlen überein.

Anschaulich könnte man sich die Plätze in der Elektronenhülle nummeriert vorstellen, wie die Sitze in einem Theater. Es werden keine zwei Theaterkarten mit identischer Platznummer ausgegeben.

Aus den möglichen Kombinationen der Quantenzahlen lässt sich ableiten, dass in einer durch die Hauptquantenzahl n gegebenen Schale $2n^2$ Elektronenplätze zur Verfügung stehen. Eine Übersicht der Bindungsplätze in den ersten 4 Schalen und den jeweiligen Orbitalen zeigt ▶ Tab. 2.4.

Tab. 2.4 Aus den Quantenzahlen abgeleitete maximale Elektronenzahl in den ersten 4 Schalen und in den jeweiligen Unterniveaus

n	l	m	Spin	Maximale e⁻-Zahl	Maximale e⁻-Zahl pro Schale ($2n^2$)
1 (*K*-Schale)	0 (1*s*)	0	$\pm\frac{1}{2}$	2	2
2 (*L*-Schale)	0 (2*s*)	0	$\pm\frac{1}{2}$	2	8
	1 (2*p*)	+1, 0, −1	je $\pm\frac{1}{2}$	6	
3 (*M*-Schale)	0 (3*s*)	0	$\pm\frac{1}{2}$	2	18
	1 (3*p*)	+1, 0, −1	je $\pm\frac{1}{2}$	6	
	2 (3*d*)	+2, +1, 0, −1, −2	je $\pm\frac{1}{2}$	10	
4 (*N*-Schale)	0 (4*s*)	0	$\pm\frac{1}{2}$	2	32
	1 (4*p*)	+1, 0 −1	je $\pm\frac{1}{2}$	6	
	2 (4*d*)	+2, +1, 0, −1, −2	je $\pm\frac{1}{2}$	10	
	3 (4*f*)	+3, +2, +1, 0, −1, −2, −3	je $\pm\frac{1}{2}$	14	

Die **Elektronenkonfiguration** eines Elements wird in einer Schreibweise angegeben, bei der die Hauptquantenzahlen, die Orbitale und dahinter als Hochzahl die Zahl der im Orbital befindlichen Elektronen notiert werden. So besitzt das Element mit der Ordnungszahl 11, Natrium, 11 Elektronen in der Konfiguration $1s^2\, 2s^2\, 2p^6\, 3s^1$.

--- Merke •

Nur die Elektronen auf der äußersten Schale sind an chemischen Bindungen beteiligt (z. B. das $3s^1$-Elektron im Fall von Natrium). Die Außenelektronen werden auch **Valenzelektronen** genannt.

Ein für das Atom energetisch besonders günstiger Zustand wird erreicht, wenn die äußere Schale mit 8 Valenzelektronen besetzt ist. Die Schale ist dann „abgeschlossen". Dieser Zusammenhang ist auch unter dem Begriff **Oktettregel** bekannt. Der energetisch günstige Zustand ist natürlicherweise bei den Edelgasen gegeben. Die Besetzung der Außenschale mit 8 Valenzelektronen wird deshalb **Edelgaskonfiguration** genannt. Eine Ausnahme bildet die erste Schale, sie ist bereits mit 2 Elektronen vollständig besetzt. Dies ist bei Helium der Fall.
Die **Besetzung** der Energieniveaus der Elektronenhülle erfolgt – wenn sich das Atom im nicht angeregten Grundzustand befindet – nacheinander, beginnend mit dem energieärmsten Niveau, dem 1*s*-Orbital.
Es wird beobachtet, dass bei energetisch gleichwertigen Orbitalen, wie p_x, p_y und p_z, diese zunächst einfach durch Elektronen mit zueinander parallelem Spin besetzt und erst dann mit einem zweiten Elektron aufgefüllt werden. Nach ihrem Entdecker wird diese Besetzungsreihenfolge als **Hund-Regel** bezeichnet.

- Es werden zunächst die *s*-, dann die *p*-Orbitale einer Schale besetzt. Eine Abweichung von der weiteren Reihenfolge zeigt sich bei den *d*- und *f*-Orbitalen. Die Energien der den Schalen zugeordneten Orbitale überlappen sich wie in ▶ Abb. 2.4 dargestellt. Das 4*s*-Orbital hat eine geringere Energie als die 3*d*-Orbitale. Bei der sukzessiven Besetzung der Elektronenplätze wird daher zunächst die 4. Schale begonnen und das dortige *s*-Orbital gefüllt, bevor die 3*d*-Orbitale belegt werden.
- Ab der 4. Schale sind *f*-Orbitale vorhanden. Das 4*f*-Orbital hat eine höhere Energie als die 5*s*-, 4*d*-, 5*p*- und 6*s*-Orbitale, aber einer geringere Energie als das 5*d*-Orbital. Es wird deshalb bereits mit der 6. Schale begonnen, bevor Plätze im 4*f*-Orbital besetzt werden. Im Anschluss werden die 5*d*-Orbitale gefüllt und dann erst werden die 6*p*-Orbitale besetzt (▶ Abb. 2.4, ▶ Abb. 2.6).

--- Merke •

Aus der Reihenfolge des Auffüllens der Elektronenschale lässt sich die Anordnung der Elemente im Periodensystem (▶ Kap. 2.2.4) verstehen. Die Edelgaskonfiguration wird mit der vollständigen Besetzung der *s*- und *p*-Orbitale der Außenschale erreicht. Bei den Nebengruppenelementen des Periodensystems werden nacheinander die *d*- und *f*-Orbitale weiter innen liegender Schalen aufgefüllt.

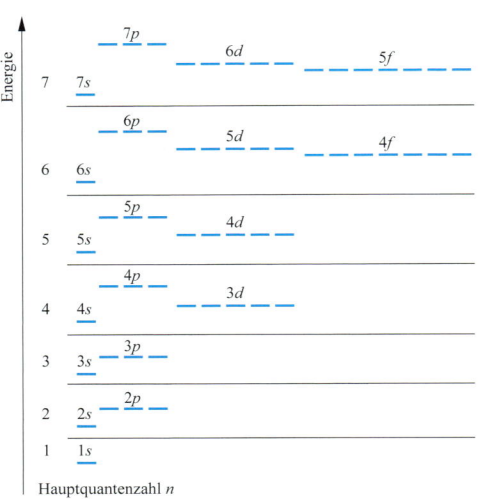

Abb. 2.4 Energieniveaus der Atomorbitale.

Lerntipp

Das Ziel einer Bindung zwischen zwei Atomen ist jeweils immer das Erreichen der Edelgaskonfiguration, wodurch auch die Oktettregel erfüllt wird.

2.2.4 Periodensystem

Heute sind mindestens **112 chemische Elemente** bekannt. Die Elemente bis zur Ordnungszahl 92 (Uran) kommen in der Natur vor. Die noch schwereren Elemente, die sogenannten Transurane, wurden in kernphysikalischen Reaktionen in Teilchenbeschleunigern oder Kernreaktoren künstlich erzeugt. In der Kernphysik wird versucht, immer schwerere Kerne künstlich herzustellen. Inzwischen gelang die Synthese bis zum Element 116. (Es existieren auch Hinweise auf die Synthese der Elemente 117 und 118. Diese Daten sind aber gegenwärtig unbestätigt und noch nicht von der IUPAC [International Union of Pure and Applied Chemistry] anerkannt.)

Alle bekannten Nuklide der Elemente mit Ordnungszahlen ab 84 sowie der Elemente 43 (Technetium, Tc) und 61 (Promethium, Pm) sind radioaktiv. Die Lebensdauer der künstlichen Nuklide mit Ordnungszahlen ab etwa 100 ist so kurz, dass sie für chemische Reaktionen nicht zur Verfügung stehen. Für die Chemie sind daher etwas weniger als 100 Elemente von Interesse.

2.2.4.1 Aufbau des Periodensystems

1869 wurde von Meyer und Mendeljew ein Ordnungsprinzip aufgestellt, nach dem die Elemente waagerecht in **Perioden** untereinander geschrieben werden.

Die in der Senkrechten untereinander stehenden Elemente lassen sich zu **Gruppen** zusammenfassen, die ähnliche chemische Eigenschaften aufweisen (▶ Abb. 2.5).

Das damalige Periodensystem beruhte auf der Beobachtung der Eigenschaften der Elemente. Aus der systematischen Anordnung konnte die Existenz damals noch unbekannter Elemente vorausgesagt werden. Heute ist bekannt, dass der Schlüssel zum Aufbau des Periodensystems in der Elektronenkonfiguration der Atome liegt.

Merke

Die Elemente werden in der Reihenfolge ihrer Ordnungszahl und damit der Zahl ihrer Elektronen angeordnet.
- Die Periode kennzeichnet eine Schale der Elektronenhülle, die von links nach rechts mit Elektronen aufgefüllt wird.
- Innerhalb einer Gruppe untereinander stehende Elemente besitzen die gleiche Zahl von Valenzelektronen. Die Elektronen weiter innen liegender Schalen nehmen an chemischen Bindungen nicht teil.

Es werden **8 Hauptgruppen** und **10 Nebengruppen** unterschieden. Nach neueren Empfehlungen der IUPAC werden die Gruppen von 1–18 nummeriert. Die Gruppen 1 und 2, sowie 13–18 bilden die Hauptgruppen, die Gruppen 3–12 die Nebengruppen. Früher wurden die Hauptgruppen mit IA–VIIIA bezeichnet. Diese Nomenklatur ist auch heute noch weit verbreitet.

Die Eigenschaften der Elemente einer **Hauptgruppe** ähneln sich sehr. Für die Hauptgruppen wurden daher Trivialnamen eingeführt (▶ Tab. 2.5).

Zwischen den Eigenschaften von Elementen verschiedener Hauptgruppen bestehen dagegen wesentliche Unterschiede.

Bei den **Nebengruppenelementen** ist das s-Orbital der äußersten Schale mit 2 Elektronen besetzt und es werden die auf einem höheren Energieniveau liegenden Orbitale innerer Schalen aufgefüllt (▶ Abb. 2.4 und ▶ Abb. 2.6). Die Nebengruppenelemente ähneln sich in ihren chemischen Eigenschaften, sie besitzen alle **metallischen Charakter.**

Periodensystem der Elemente

Jeder Kasten enthält: Name, Elementsymbol, Ordnungszahl und relative Atommasse. Alle Hauptgruppenelemente sind blau unterlegt.

Hauptgruppen / Nebengruppen

Periode	1 (IA)	2 (IIA)	3 (IIIB)	4 (IVB)	5 (VB)	6 (VIB)	7 (VIIB)	8 (VIIIB)	9 (VIIIB)	10	11 (IB)	12 (IIB)	13 (IIIA)	14 (IVA)	15 (VA)	16 (VIA)	17 (VIIA)	18 (VIIIA)
1. Periode	1.0079 Wasserstoff $_1$H																	4.0026 Helium $_2$He
2. Periode	6.941 Lithium $_3$Li	9.0122 Beryllium $_4$Be											10.811 Bor $_5$B	12.011 Kohlenstoff $_6$C	14.007 Stickstoff $_7$N	15.9994 Sauerstoff $_8$O	18.998 Fluor $_9$F	20.180 Neon $_{10}$Ne
3. Periode	22.990 Natrium $_{11}$Na	24.305 Magnesium $_{12}$Mg											26.982 Aluminium $_{13}$Al	28.086 Silicium $_{14}$Si	30.974 Phosphor $_{15}$P	32.066 Schwefel $_{16}$S	35.453 Chlor $_{17}$Cl	39.948 Argon $_{18}$Ar
4. Periode	39.098 Kalium $_{19}$K	40.078 Calcium $_{20}$Ca	44.956 Scandium $_{21}$Sc	47.88 Titan $_{22}$Ti	50.942 Vanadium $_{23}$V	51.996 Chrom $_{24}$Cr	54.938 Mangan $_{25}$Mn	55.847 Eisen $_{26}$Fe	58.933 Cobalt $_{27}$Co	58.69 Nickel $_{28}$Ni	63.546 Kupfer $_{29}$Cu	65.39 Zink $_{30}$Zn	69.723 Gallium $_{31}$Ga	72.61 Germanium $_{32}$Ge	74.922 Arsen $_{33}$As	78.96 Selen $_{34}$Se	79.904 Brom $_{35}$Br	83.80 Krypton $_{36}$Kr
5. Periode	85.468 Rubidium $_{37}$Rb	87.62 Strontium $_{38}$Sr	88.906 Yttrium $_{39}$Y	91.224 Zirkonium $_{40}$Zr	92.906 Niob $_{41}$Nb	95.94 Molybdän $_{42}$Mo	98.906 Technetium $_{43}$Tc*	101.07 Ruthenium $_{44}$Ru	102.91 Rhodium $_{45}$Rh	106.42 Palladium $_{46}$Pd	107.87 Silber $_{47}$Ag	112.41 Cadmium $_{48}$Cd	114.82 Indium $_{49}$In	118.71 Zinn $_{50}$Sn	121.75 Antimon $_{51}$Sb	127.60 Tellur $_{52}$Te	126.90 Iod $_{53}$I	131.29 Xenon $_{54}$Xe
6. Periode	132.91 Caesium $_{55}$Cs	137.33 Barium $_{56}$Ba	57–71	178.49 Hafnium $_{72}$Hf	180.95 Tantal $_{73}$Ta	183.85 Wolfram $_{74}$W	186.21 Rhenium $_{75}$Re	190.2 Osmium $_{76}$Os	192.22 Iridium $_{77}$Ir	195.08 Platin $_{78}$Pt	196.97 Gold $_{79}$Au	200.59 Quecksilber $_{80}$Hg	204.38 Thallium $_{81}$Tl	207.2 Blei $_{82}$Pb	208.98 Bismut $_{83}$Bi	208.98 Polonium $_{84}$Po*	209.99 Astat $_{85}$At*	222.02 Radon $_{86}$Rn*
7. Periode	223.02 Francium $_{87}$Fr*	226.03 Radium $_{88}$Ra*	89–103	261 Rutherfordium $_{104}$Rf	262 Dubnium $_{105}$Db	263 Seaborgium $_{106}$Sg	Bohrium $_{107}$Bh*	Hassium $_{108}$Hs*	Meitnerium $_{109}$Mt*	Darmstadtium $_{110}$Ds*	Roentgenium $_{111}$Rg*	Copernicium $_{112}$Cn*						

Lanthanoide:

138.91 Lanthan $_{57}$La	140.12 Cer $_{58}$Ce	140.91 Praseodym $_{59}$Pr	144.24 Neodym $_{60}$Nd	146.92 Promethium $_{61}$Pm*	150.36 Samarium $_{62}$Sm	151.97 Europium $_{63}$Eu	157.25 Gadolinium $_{64}$Gd	158.93 Terbium $_{65}$Tb	162.50 Dysprosium $_{66}$Dy	164.93 Holmium $_{67}$Ho	167.26 Erbium $_{68}$Er	168.93 Thulium $_{69}$Tm	173.04 Ytterbium $_{70}$Yb	174.97 Lutetium $_{71}$Lu

Actinoide:

227.03 Actinium $_{89}$Ac*	232.04 Thorium $_{90}$Th	231.04 Protactinium $_{91}$Pa*	238.03 Uran $_{92}$U*	237.05 Neptunium $_{93}$Np*	244.06 Plutonium $_{94}$Pu*	243.06 Americium $_{95}$Am*	247.07 Curium $_{96}$Cm*	247.07 Berkelium $_{97}$Bk*	251.08 Californium $_{98}$Cf*	252.08 Einsteinium $_{99}$Es*	257.10 Fermium $_{100}$Fm*	258.10 Mendelevium $_{101}$Md*	259.10 Nobelium $_{102}$No*	260.11 Lawrencium $_{103}$Lr*

* radioaktive Elemente; angegeben ist die Masse eines wichtigen Isotops (soweit bekannt)

Abb. 2.5 Das Periodensystem der Elemente. Es sind jeweils Elementsymbol, Name, Ordnungszahl und relative Atommasse angegeben. Die Hauptgruppenelemente sind blau unterlegt. Alle Isotope der mit * gekennzeichneten Elemente sind radioaktiv. Nach neuerem Standard sind die Gruppen von 1–18 nummeriert. Die älteren Bezeichnungen sind in Klammern angegeben.

Tab. 2.5 Gebräuchliche Namen der Hauptgruppen und Zahl ihrer Valenzelektronen

Hauptgruppe	Name	Valenz-elektronen
1. (IA)	Alkalimetalle	1
2. (IIA)	Erdalkalimetalle	2
13. (IIIA)	Erdmetalle	3
14. (IVA)	Kohlenstoffgruppe	4
15. (VA)	Stickstoffgruppe	5
16. (VIA)	Chalkogene	6
17. (VIIA)	Halogene	7
18. (VIIIA)	Edelgase	8

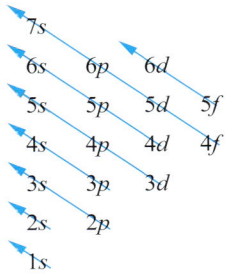

Abb. 2.6 Reihenfolge bei der Besetzung der Orbitale mit Elektronen.

einzelnen Perioden übereinander geschrieben. Daneben die p-, d- und f-Orbitale. Diagonale Pfeile von rechts unten nach links oben geben die Besetzungsfolge der Orbitale an (► Abb. 2.4).

- Nebengruppenelemente treten erstmals in der 4. Periode auf. Nach der zweifachen Besetzung des 4s-Orbitals in Calcium (Ca) werden von Scandium (Sc) bis Zink (Zn) die 10 Plätze des 3d-Orbitals gefüllt, bevor mit Gallium (Ga) weiter das 4p-Orbital besetzt wird.
- Das Schema wiederholt sich in der 5. Periode. Das 5s-Orbital ist bei Strontium (Sr) mit 2 Elektronen besetzt. Von Yttrium (Y) bis Cadmium (Cd) wird das 4d-Orbital aufgefüllt, anschließend ab Indium (In) das 5p-Orbital.
- In der 6. Periode werden erstmals f-Orbitale besetzt. Die **Lanthanoide** – sowie in der 7. Periode die **Actinoide** – könnten als „Nebengruppen der Nebengruppen" angesehen werden.
- Beim Barium (Ba) ist das 6s-Orbital mit 2 Elektronen besetzt. Nun werden von Lanthan (La) bis Ytterbium (Yb) nacheinander die 14 Plätze des 4f-Orbitals besetzt. Anschließend werden vom Lutetium (Lu) bis Quecksilber (Hg) die 10 Plätze des 5d-Orbitals aufgefüllt. Erst dann wird mit einem Elektron im 6p-Orbital bei Thallium (Tl) zur nächsten Hauptgruppe weitergegangen.
- Die 7. Periode wird nach dem gleichen Schema besetzt, zunächst 7s, dann 5f (Actinoide) und 6d. Ein 7p-Orbital würde erstmals bei Element 113 besetzt. Das nächste Edelgas würde bei Element 118 liegen.

Merke

Die Reihenfolge der Besetzung der Orbitale lässt sich an dem in ► Abb. 2.6 gezeigten Schema einfach merken. Es werden von unten nach oben die s-Orbitale der

2.2.4.2 Periodische Eigenschaften

Einige Eigenschaften der Elemente zeigen innerhalb einer Periode oder innerhalb einer Gruppe des Periodensystems einen gesetzmäßigen Verlauf.

Atomradius

Die Atomradien der Elemente nehmen innerhalb einer Periode – mit Ausnahme der Edelgase – von links nach rechts ab. Die Elektronen werden durch die zunehmende Kernladung näher an den Atomkern herangezogen.

Von oben nach unten nehmen die Atomradien innerhalb einer Gruppe zu, denn mit jeder Periode wird eine neue, weiter außen liegende Elektronenschale begonnen.

Ionenradius

Die Ionenradien nehmen ebenfalls innerhalb einer Periode von links nach rechts ab und innerhalb einer Gruppe von oben nach unten zu.

- Werden Valenzelektronen aus dem Atom entfernt, ist das entstandene Kation kleiner als das neutrale Atom des jeweiligen Elements.
- Werden alle Valenzelektronen entfernt, wie bei Na^+ oder Mg^{2+}, ist das Kation sogar deutlich kleiner, denn gegenüber dem neutralen Atom verschwindet eine Elektronenschale.
- Durch die Aufnahme eines zusätzlichen Valenzelektrons bildet sich ein Anion. Der Radius des Anions ist größer als der des neutralen Atoms, denn zusätzliche Elektronen weiten die Elektronenhülle aus.

Elektronenaffinität

Die Elektronenaffinität ist die **Tendenz zur Elektronenaufnahme,** d.h. zur Bildung von Anionen. Die Aufnahme oder Abgabe eines Elektrons ist mit einer Energieänderung verbunden, diese wird in beiden Fällen als Elektronenaffinität bezeichnet. Ihre Einheit wird bei chemischen Umsetzungen in kJ/mol angegeben.

Daneben existiert die Einheit Elektronenvolt (eV): 1 eV ≅ 96,5 kJ/mol. Der Energiebetrag wird negativ gezählt, wenn bei dem Vorgang Energie frei wird. Bei positivem Wert muss Energie aufgewandt werden.

- Für freie (ungeladene) Atome, auch für Alkalimetalle und Erdalkalimetalle, ist es günstiger, ein zusätzliches Elektron aufzunehmen, als eines abzugeben. Bei der Elektronenaufnahme wird daher Energie frei; die Werte der Elektronenaffinität sind **negativ.**
- Um ein Elektron aus einem Atom zu entfernen, muss dagegen Energie, die sogenannte Ionisierungsenergie, aufgebracht werden. Aus diesem Grund sind die Werte für die Elektronenaffinität **positiv.**

Der Betrag der Elektronenaffinität nimmt innerhalb einer **Periode** von links nach rechts bis zur 7. Hauptgruppe zu, d.h., bei Elektronenaufnahme wird zunehmend mehr Energie freigesetzt, die Werte werden negativer. Beispiel: Natrium −53 kJ/mol und Chlor −348 kJ/mol. Die Edelgase in der 8. Hauptgruppe zeigen dagegen praktisch keine Tendenz zur Aufnahme zusätzlicher Elektronen.

Innerhalb einer **Gruppe** sinkt der Betrag der Elektronenaffinität von oben nach unten. Die größere Elektronenhülle schirmt die Anziehungskraft des Kerns auf ein zusätzliches Elektron stärker ab.

Werden mehrere Elektronen aufgenommen, sind die Elektronenaffinitäten für jedes der Elektronen verschieden. Beispielsweise liegt die Elektronenaffinität von Sauerstoff für die Aufnahme eines Elektrons bei −147 kJ/mol, es wird Energie frei. Für die Aufnahme eines zweiten Elektrons beträgt der Wert +738 kJ/mol. Es ist Energie notwendig, die von einem Reaktionspartner aufgebracht werden muss.

Elektronegativität

Elemente der Gruppen 1 und 2 bilden in Verbindungen bevorzugt Kationen, die Elemente der Gruppen 16 und 17 Anionen. Um die **Neigung zur Ionenbildung** unabhängig von den nur schwer messbaren Größen wie Elektronenaffinität oder Ionisierungsenergie abschätzen zu können, wurde von Linus Pauling der Begriff der Elektronegativität eingeführt.

Die Elektronegativität ist eine relative, dimensionslose Größe, sie nimmt Zahlenwerte zwischen 0,8 (nach neueren Rechnungen für Cäsium) und 4,0 (Fluor) an (► Abb. 2.7).

Neben den Elektronegativitätswerten nach Pauling ist auch noch eine Elektronegativitätsskala nach Allred und Rochow in Gebrauch. Die Abweichung gegenüber den von Pauling vorgeschlagenen Werten ist aber meist gering, sodass auf Unterschiede hier nicht weiter eingegangen werden soll.

> **Merke**
>
> Die Elektronenaffinität bezieht sich immer auf ein einzelnes Atom bzw. Ion, die Elektronegativität dagegen auf das Verhalten eines Atoms innerhalb einer Verbindung.

- Atome mit hoher Elektronegativität ziehen in einer Bindung Elektronen stark zu sich herüber. Die Bindung wird polarisiert (► Kap. 2.3.2.2, ► Abb. 2.10).
- Elemente ähnlicher Elektronegativität gehen eine kovalente Bindung ein (► Kap. 2.3.2.1, ► Abb. 2.9).
- Bei großen Elektronegativitätsunterschieden wird ein Elektron aus einem Atom heraus- und vollständig zum anderen Bindungspartner herübergezogen, es entsteht eine Ionenbindung (► Kap. 2.3.1, ► Abb. 2.8).

Die Elektronegativitätswerte nehmen, mit Ausnahme der Edelgase, innerhalb der Perioden von links nach rechts zu und innerhalb der Hauptgruppen von oben nach unten ab (► Abb. 2.7).

> **Merke**
>
> F_2, Cl_2 und O_2 besitzen die stärkste Elektronegativität!

Metallcharakter

Die Elemente werden in **Metalle** und **Nichtmetalle** eingeteilt. Es gibt aber kein eindeutig festlegbares Kriterium, das Metalle von Nichtmetallen unterscheidet.

- Das beste Unterscheidungsmerkmal ist die hohe elektrische Leitfähigkeit der Metalle. Allerdings leitet auch Graphit (Kohlenstoff) als Nichtmetall den elektrischen Strom.

H 2,2						
Li 1,0	Be 1,6	B 2,0	C 2,6	N 3,0	O 3,4	F 4,0
Na 0,9	Mg 1,3	Al 1,6	Si 1,9	P 2,2	S 2,6	Cl 3,2
K 0,8			Ge 2,0	As 2,2	Se 2,6	Br 3,0
Rb 0,8					Te 2,1	I 2,7

Abb. 2.7 Elektronegativitätswerte nach Pauling für einige wichtige Hauptgruppenelemente. Elemente mit besonders geringer bzw. hoher Elektronegativität sind gekennzeichnet.

Tab. 2.6 Massenanteile der wichtigsten Hauptgruppenelemente im menschlichen Körper

Element	Symbol	Anteil in %
Sauerstoff	O	65
Wasserstoff	H	18
Kohlenstoff	C	10
Stickstoff	N	3
Calcium	Ca	1,5
Phosphor	P	1,0
Schwefel	S	0,25
Kalium	K	0,20
Natrium	Na	0,15
Chlor	Cl	0,15
Magnesium	Mg	0,05
Andere		0,70

- Für das chemische Verhalten von Metallen typisch ist das Eingehen von Ionenverbindungen, in denen das Metall als Kation vorliegt.

Unabhängig von den zugrunde gelegten Kriterien existieren immer einige Elemente, deren Eigenschaften an der Grenze zwischen Metall und Nichtmetall liegen. Diese Elemente werden als **Halbmetalle** bezeichnet. Zu den Halbmetallen zählen Bor, Silizium, Germanium, Arsen und Tellur.

> Die Nebengruppenelemente sind Metalle. Für die Hauptgruppen nimmt der Metallcharakter innerhalb der Perioden von links nach rechts ab und in den Gruppen von oben nach unten zu.

Merke

Zusammenfassung der **periodischen Eigenschaften** von Elementen innerhalb der Periode (→) von links nach rechts, innerhalb der Gruppe (↓) von oben nach unten:

	→	↓
Atomradius:	–*	+
Ionenradius:	–	+
Elektronenaffinität:	+*	–
Elektronegativität:	+*	–
Metallcharakter:	–	+

(– Abnahme, + Zunahme; *mit Ausnahme der Edelgase)

2.2.5 Biochemisch wichtige Elemente

Der menschliche Körper besteht zu etwa 60 % aus Wasser, entsprechend häufig sind die Elemente **Sauerstoff** und **Wasserstoff.** Die übrige Körpersubstanz ist überwiegend organischer Natur. Grundbaustein organischer Verbindungen ist der **Kohlenstoff.**

Natrium und **Kalium** treten im Körper in Form ihrer Kationen auf und sind für die Potenzialbildung an der Zellmembran verantwortlich. **Magnesium** wird für Reaktionen mit der energiereichen Verbindung ATP (Adenosintriphosphat) benötigt, die u. a. **Phosphor** enthält. **Calcium-Ionen** sind wichtige sekundäre Botenstoffe innerhalb der Zelle.

Die häufigsten Hauptgruppenelemente und ihr Massenanteil im menschlichen Organismus sind in ▶ Tab. 2.6 angegeben.

Elemente, deren Massenanteil im Körper unter 0,01 % liegt, werden als **Spurenelemente** bezeichnet. Viele der Spurenelemente sind Nebengruppenelemente. Essenzielle Spurenelemente sind für die Funktion des Organismus unverzichtbar, sie sind an wichtigen biochemischen Reaktionen beteiligt. Oft sind Metallionen katalytische Zentren in Enzymen und Coenzymen.

Tab. 2.7 Spurenelemente und einige biologisch wichtige Funktionen, an denen sie beteiligt sind (angegeben ist die Gesamtmenge im Körper eines 70 kg schweren Erwachsenen)

Element	Symbol	Menge	Funktion
Eisen	Fe	4–5 g	O_2-Transport im Hämoglobin, wichtig bei Redoxvorgängen in der Zelle (Cytochrome)
Zink	Zn	1,4–2,3 g	Wachstum, Reifung, DNA- und RNA-Synthese, Hormonsystem (z. B. in der Speicherform des Insulins enthalten)
Kupfer	Cu	75–150 mg	Bestandteil vieler Oxidasen, beteiligt bei der Melaninsynthese
Mangan	Mg	12–20 mg	Bildung von Kollagen und Glykoaminoglykanen, Blutgerinnung (das Fehlen von Mg verlängert die Prothrombinzeit)
Selen	S	12–14 mg	Als Selenocystein in Glutathionperoxidase
Iod	I	8–12 mg	Schilddrüsenhormone, Reifung des Nervensystems
Molybdän	Mo	5–9 mg	Atmungskette, Bestandteil der Flavoproteine, Xanthin-Oxidase
Cobalt	Co	1–1,5 mg	Bestandteil von Cobalamin (Vitamin B_{12})
Chrom	Cr	0,6–1,4 mg	Phosphogluco-Mutase, Insulinwirkung

▶ Tab. 2.7 zeigt einige ausgewählte Spurenelemente und Funktionen, an denen diese beteiligt sind. Zusätzlich zu den dort angegebenen Elementen ist **Fluor** zu nennen, das Bestandteil von Knochen und besonders des Zahnschmelzes ist.

Einige Elemente sind pharmakologisch von Bedeutung. **Lithium** wird zur Behandlung manisch-depressiver Erkrankungen eingesetzt. **Platin** ist Bestandteil des Chemotherapeutikums Cisplatin.

Andere Elemente, besonders viele **Schwermetalle,** zeigen eine toxische Wirkung. Die Toxizität von Blei, Cadmium, Quecksilber, Arsen, Thallium und Tellur ist bekannt.

2.3 Chemische Bindung

Atome verbinden sich zu Molekülen, wenn sie dabei eine energetisch günstigere Konfiguration ihrer Elektronenhüllen erreichen. Ein besonders stabiler Zustand ist die Edelgaskonfiguration s^2p^6 der äußeren Schale, bei der diese mit 8 Valenzelektronen besetzt ist (▶ Kap. 2.2.3.2). Nur die erste Schale verfügt über kein p-Orbital, sie ist bereits mit der Elektronenanordnung $1s^2$ (Helium) vollständig besetzt. Es werden verschiedene Arten der chemischen Bindung unterschieden, mit denen die beteiligten Atome diese Anordnung ihrer Außenelektronen erreichen können: die Ionenbindung, die Atombindung und die metallische Bindung.

2.3.1 Ionenbindung

Bei der Ionenbindung werden Elektronen zwischen den Bindungspartnern übertragen. Diese Bindung entsteht zwischen Elementen **stark unterschiedlicher Elektronegativität.** Die Ionenbindung findet daher zwischen Elementen statt, die im Periodensystem weit voneinander entfernt stehen. Sie kommt bevorzugt zwischen Elementen der 1. und 2. Hauptgruppe mit denen der 16. und 17. Hauptgruppe vor.

- Wenn die Alkalimetalle ihr Außenelektron abgeben, bilden sie Kationen, z. B.:
  $Na \rightarrow Na^+ + e^-$
  Die nächstinnere Schale, die nun die Außengrenze der Elektronenhülle darstellt, ist mit der Edelgaskonfiguration s^2p^6 abgeschlossen.
- Die Halogene erreichen die Edelgaskonfiguration, indem sie ein zusätzliches Elektron anlagern. Es bilden sich Anionen, z. B.:
  $Cl + e^- \rightarrow Cl^-$
- Wegen der elektrostatischen Anziehungskraft zwischen den gegensätzlich geladenen Ionen lagern sich diese zu einem **Molekül** zusammen. Aus den als Beispiel genannten Ionen bildet sich so Kochsalz:
  $Na + Cl \rightarrow Na^+ + Cl^- \rightarrow NaCl$

Die Reaktion zwischen Natrium und Chlor ist hier vereinfacht angegeben, um den Elektronenübergang zu zeigen. In der Natur liegt Chlor nicht atomar vor, sondern im Chlorgas stets in der Verbindung als Cl_2-Molekül. Die vollständige Bilanz würde lauten:

$2\,Na + Cl_2 \rightarrow 2\,NaCl$

Erdalkalimetalle geben entsprechend zwei Elektronen ab und die Elemente der 16. Hauptgruppe können zwei Elektronen aufnehmen.

Merke

Die **Ladungsbilanz** ist stets ausgeglichen: Es werden so viele Elektronen abgegeben, wie von den Bindungspartnern aufgenommen werden. Auf diese Weise lässt sich die **Summenformel** chemischer Verbindungen ableiten, wie z. B. bei:

$Mg + Cl_2 \rightarrow Mg^{2+} + 2\,Cl^- \rightarrow MgCl_2$

Die Alkali- und Erdalkalimetalle geben ihre Valenzelektronen leicht, aber dennoch nicht freiwillig ab. Es ist Energie notwendig, um die Valenzelektronen abzulösen (▶ Kap. 2.2.4.2 Elektronenaffinität). Es wird aber ein noch größerer Energiebetrag freigesetzt, wenn Stoffe hoher Elektronegativität die Elektronen aufnehmen, sodass insgesamt ein energetisch günstigerer Zustand erreicht wird.

Weil sich hier gegensätzlich geladene Ionen verbinden, wird die Ionenbindung auch als heteropolare Bindung bezeichnet. Als wichtige Eigenschaften der Ionenbindung seien genannt:

- Die **Bindungsenergie** (▶ Kap. 9.2.2) der Ionenbindung liegt in der Größenordnung von 400 kJ/mol.
- Die gegenseitigen elektrostatischen Anziehungskräfte wirken gleichermaßen in alle Richtungen. Die Ionenbindung ist deshalb **ungerichtet.**
- Als Festkörper bilden durch Ionenbindungen aufgebaute Moleküle **Kristalle,** in deren Struktur die Anionen und Kationen abwechselnd angeordnet sind (▶ Abb. 2.8).
- In wässrigem Milieu **dissoziieren** die Bindungspartner und um die nun einzeln vorliegenden Ionen bilden sich Hydrathüllen aus Wassermolekülen (▶ Kap. 3.6.2.1).

2.3.2 Atombindung

Als Synonyme für diesen Bindungstyp sind auch die Bezeichnungen Elektronenpaarbindung oder kovalente Bindung gebräuchlich.

2.3.2.1 Einfach- und Mehrfachbindung

Wenn sich die Bindungspartner nur wenig in ihrer Elektronegativität unterscheiden, ist keines der Atome in der Lage, vom anderen ein Elektron abzuziehen.

Zwei einfach besetzte Orbitale überlagern sich zu einem gemeinsamen, mit zwei Elektronen besetzten **Molekülorbital.** ▶ Abb. 2.9 zeigt die Verbindung zweier s-Orbitale zu einem Molekülorbital, wie sie z. B. im Wasserstoffmolekül H_2 vorliegt.

Diese Art des Molekülorbitals wird als σ-Orbital bzw. die resultierende Bindung als σ-**Bindung** bezeichnet. Der Abstand a der Bindungspartner ist die Bindungslänge der Elektronenpaarbindung. Sie liegt im Bereich von 0,07–0,3 nm.

Die in dem Molekülorbital befindlichen Elektronen werden von beiden Bindungspartnern „gemeinsam genutzt", um die Edelgaskonfiguration zu erreichen.

Vor diesem Hintergrund werden nun auch die verschiedenen für diesen Bindungstyp verwendeten Bezeichnungen verständlich:

- **Atombindung:** Die Bindungspartner behalten ihre Elektronen und bleiben somit elektrisch neutrale Atome.
- **Elektronenpaarbindung:** Elektronenpaare besetzen die bindenden Molekülorbitale.
- **Kovalente Bindung:** Valenzelektronen werden „kooperativ", d. h. gemeinsam, genutzt.
- Gelegentlich wird auch der Begriff **homöopolare Bindung** verwendet, denn beide Partner unterscheiden sich nicht bezüglich ihrer elektrischen Ladung.

Die Bindungsenergie der kovalenten Bindung liegt (ähnlich wie die der Ionenbindung) im Bereich von 400 kJ/mol.

Zwischen zwei Atomen können sich auch **Mehrfachbindungen** ausbilden (▶ Kap. 2.4.1.3 und ▶ Kap. 2.4.1.4). In einer Doppelbindung wird zwischen der stärkeren σ-Bindung und einer energieärmeren π-Bindung unterschieden, deren Bindungsenergie nur etwa 300 kJ/mol beträgt (▶ Kap. 2.3.2.3).

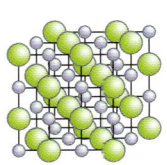

Abb. 2.8 Ionenbindung: Ausschnitt aus dem Kristallgitter von Kochsalz (NaCl).

Die **Bindigkeit** eines Atoms ist die Zahl der kovalenten Bindungen, die es gleichzeitig eingehen kann. Das Atom geht so lange Bindungen ein, bis es die Edelgaskonfiguration seiner Valenzelektronen erreicht hat. Beispielsweise sind Wasserstoff und Chlor einbindig, Sauerstoff und Schwefel sind zweibindig, Stickstoff und Phosphor sind dreibindig und Kohlenstoff ist vierbindig (▸ Abb. 2.10).

2.3.2.2 Polarisierung
Bei einer Verbindung zwischen gleichen Atomen, wie im Wasserstoffmolekül H_2 oder im Sauerstoffmolekül O_2, sind die Aufenthaltswahrscheinlichkeiten der bindenden Elektronen symmetrisch im Raum zwischen den Atomen verteilt. Das ist auch bei der Verbindung verschiedener Elemente mit nahezu gleicher Elektronegativität der Fall.
Gehen Stoffe unterschiedlicher Elektronegativität eine Atombindung ein, hält sich das bindende Elektronenpaar näher bei dem Atom mit der größeren Elektronegativität auf. Es entsteht eine **polarisierte Atombindung** (▸ Abb. 2.10). Die polarisierte Atombindung steht daher bezüglich der Ladungsverteilung zwischen der rein symmetrischen Atombindung und der Ionenbindung.

2.3.2.3 Hybridisierung
Wenn ein mehrbindiges Atom mehrere gleichartige Bindungen eingeht, kann eine **Hybridisierung** genannte Verschiebung der Energieniveaus seiner Valenzelektronen auftreten (▸ Abb. 2.11). Besonders bei dem vierbindigen Kohlenstoff wird die Hybridisierung beobachtet. Im Grundzustand ist das s-Orbital der zweiten Schale doppelt besetzt und es befinden sich zwei ungepaarte Elektronen auf den p-Orbitalen (s^2p^2). In einem angeregten Zwischenzustand sind zunächst das s- und die p-Orbitale einfach besetzt.

- Bei der **sp^3-Hybridisierung** wird die Energie des s-Orbitals angehoben und die Energien der p-Orbitale werden entsprechend abgesenkt, sodass energetisch 4 gleichwertige einfach besetzte Orbitale entstehen. Im Methanmolekül CH_4 liegt das Kohlenstoffatom als sp^3-Hybrid vor (▸ Kap. 2.4.1.1).
- In einer **C=C-Doppelbindung** zwischen zwei Kohlenstoffatomen (▸ Kap. 2.4.1.3) sind die Atome **sp^2-hybridisiert.** Hier gleichen sich die Energien des s- und zweier p-Orbitale an, während das dritte p-Orbital auf einer höheren Energiestufe verbleibt. Aus den so entstandenen p_z-Orbitalen bildet sich die – verglichen mit der ersten σ-Bindung schwächere – zweite π-Bindung.
- Bei einer **Dreifachbindung** (▸ Kap. 2.4.1.4) sind die Atome **sp-hybridisiert.** Die Bindung besteht aus einer σ- und zwei π-Bindungen.

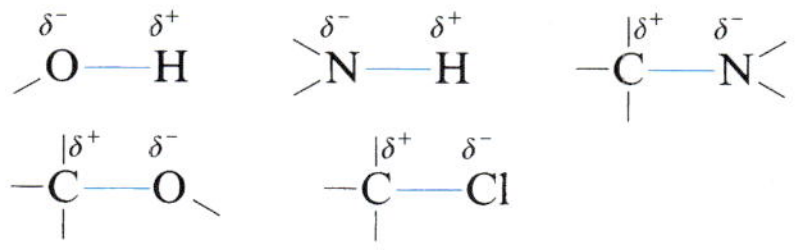

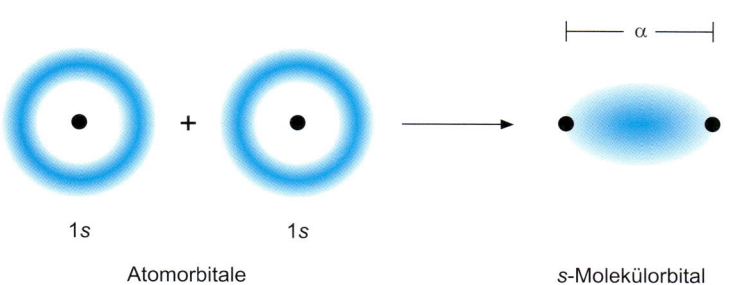

Abb. 2.10 Polarisierte Atombindungen in organischen Molekülen. δ^+ und δ^- kennzeichnen die, durch die Ladungsverschiebung hervorgerufenen, Partialladungen.

Atomorbitale   s-Molekülorbital

Abb. 2.9 Bildung eines gemeinsamen Molekülorbitals aus zwei Atomorbitalen.

17

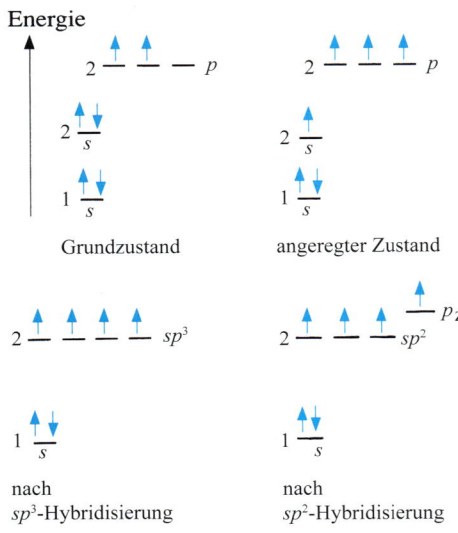

Grundzustand   angeregter Zustand

nach sp^3-Hybridisierung   nach sp^2-Hybridisierung

Abb. 2.11 Verschiebung der Energieniveaus bei sp^3- und sp^2-Hybridisierung.

> ## Lerntipp
>
> Insgesamt ist die Anzahl der Hybridorbitale immer gleich der Zahl der Bindungspartner des C-Atoms. Eines der Hybridorbitale stammt immer formal von einem s-Orbital ab.

2.3.2.4 Summen- und Strukturformel

Eine chemische Verbindung wird durch ihre **Summenformel** angegeben. Für viele Verbindungen existieren Eigennamen, z.B. „Wasser" für H_2O. Wenn eine Atomsorte in der Verbindung mehrfach vorkommt, wird die Anzahl der Atome durch einen nachgestellten Index angegeben.

Die **relative Molekülmasse** einer Verbindung ergibt sich aus Addition der relativen Massen der beteiligten Atome (▶ Kap. 2.2.1). Die dimensionslose Zahl der relativen Molekülmasse entspricht der Masse eines Mols der Verbindung in Gramm. In der Biochemie wird synonym zur Angabe g/mol die Einheit **Dalton (D)** verwendet: 1 D = 1 g/mol. Beispiele für einige Verbindungen zeigt ▶ Abb. 2.12. Neben der Summenformel ist meist auch die **Struktur** des Moleküls von Interesse. Eine vereinfachte zweidimensionale Darstellung des in Wirklichkeit dreidimensionalen Moleküls verdeutlicht in den meisten Fällen ausreichend die gegenseitige Lage der an der Verbindung beteiligten Atome. Wie für

Summenformel	Strukturformel	relative Molekülmasse
H_2	H—H H··H	2
HCl	H—Cl̤l̤ H··Ċl̤:	36,3
H_2O Wasser	H—Ö—H H·Ö·H	18
CO_2 Kohlendioxid	Ö=C=Ö :Ö::C::Ö:	44
CH_4 Methan	H—C(—H)(—H)—H	16
NH_3 Ammoniak	H—N̄—H (—H)	17
O_2	Ö=Ö	32
O_3 Ozon	Ö=Ö—Ö	48
N_2O Distickstoffoxid (Lachgas)	N=N=Ö ↕ |N≡N—Ö|	44
HCN Wasserstoffcyanid (Blausäure)	H—C≡N|	27

Abb. 2.12 Beispiele für Summen- und Strukturformeln sowie relativer Molekülmassen für einige wichtige chemische Verbindungen.

die ersten vier Verbindungen abgebildet, lassen sich die Valenzelektronen durch Punkte darstellen. Diese Schreibweise wird jedoch schnell unübersichtlich. Es ist deshalb üblich, jeweils ein Elektronenpaar durch einen Strich darzustellen. In den Beispielen sind alle Elektronen, sowohl die bindenden als auch die freien, d.h. nicht an chemischen Bindungen beteiligten, Elektronenpaare gezeigt. Die Schreibweise kann auch weiter abgekürzt werden, indem nur die an den kovalenten Bindungen beteiligten Elektronenpaare gezeichnet werden.

> ## Klinik
>
> **Distickstoffoxid** N_2O ist auch unter dem Trivialnamen Lachgas bekannt. Es ist ein geruchloses, nicht brennbares und nahezu untoxisches Gas. Es zeigt eine starke analgetische bei gleichzeitig schwacher narkotischer und fehlender muskelrelaxierender Wirkung. Lachgas findet als Inhalationsanästhetikum Anwendung.

Cyanidverbindungen (–CN) sind extrem toxisch. Cyanwasserstoff, HCN, ist auch als Blausäure bekannt. Zyankali, KCN, ist das Kaliumsalz der Blausäure. Die Säure ist mit Wasser mischbar und hat in schwacher Konzentration einen leicht mandelartigen Geruch. An ein Trägermaterial adsorbierte Blausäure wurde früher als Schädlingsbekämpfungsmittel unter dem Handelsnamen Zyklon B vertrieben. Cyanwasserstoff wird heute noch in einigen Staaten der USA zur Exekution in Gaskammern verwendet.
Die Giftigkeit des Cyanid-Anions CN⁻ beruht darauf, dass es genau wie Kohlenmonoxid die Sauerstoffaufnahme am Hämoglobinmolekül blockiert. Darüber hinaus stört es einige enzymatische Reaktionen im Stoffwechsel.

$$\overset{\delta^+}{H} \rightleftarrows \overset{\delta^-}{F} \qquad \overset{\delta^+}{H} \rightleftarrows \overset{\delta^-}{Cl} \qquad \overset{\delta^+}{H} \rightleftarrows \overset{\delta^-}{Br} \qquad \overset{\delta^+}{H} \rightleftarrows \overset{\delta^-}{I}$$

Abb. 2.13 Beispiele für polare Moleküle. Der Pfeil zeigt in Richtung des Dipolmoments von der positiven zur negativen Partialladung.

$\alpha = 105°$

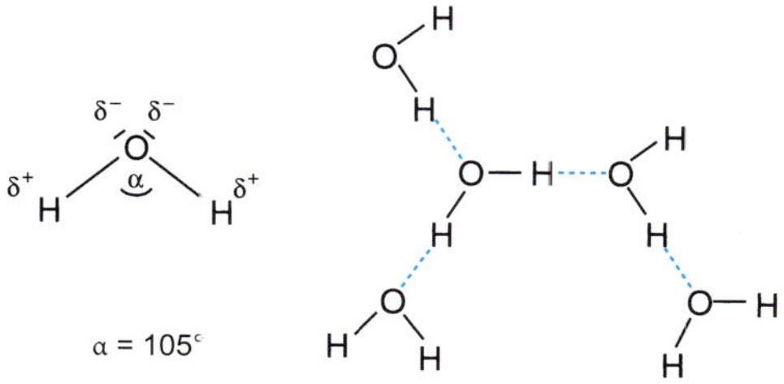

Abb. 2.14 Bau des Wassermoleküls (links) und Wasserstoffbrückenbindung zwischen einzelnen Wassermolekülen (rechts).

2.3.3 Metallbindung

In **Metallen** ordnen sich die Atome in einem **Kristallgitter** an. Die Valenzelektronen sind delokalisiert, d.h., sie sind nicht mehr an ein bestimmtes Atom gebunden, sondern innerhalb des Kristallverbands frei beweglich. Die Beweglichkeit der Elektronen gleicht der der Moleküle eines Gases. Deshalb wird in diesem Zusammenhang auch von einem **Elektronengas** gesprochen. Die freie Beweglichkeit der Elektronen sorgt für die gute elektrische Leitfähigkeit der Metalle.
In reinen Kristallen der Halbmetalle Germanium und Silizium sind die Valenzelektronen bei Raumtemperatur noch gebunden. Erst bei Energiezufuhr werden sie in den energetisch höher liegenden Bereich des sogenannten Leitungsbands gehoben. Die Halbmetalle stellen deshalb die **Halbleiter** dar, die elektrischen Strom nur schlecht leiten und deren Leitfähigkeit bei steigender Temperatur zunimmt.

2.3.4 Polare Moleküle und Wasserstoffbrückenbindung

Wenn die Schwerpunkte der positiven und negativen Ladungen in einem Molekül nicht zusammenfallen, trägt das Molekül ein **permanentes Dipolmoment** (▶ Abb. 2.13).
Polare Moleküle können durch polarisierte Atombindungen (▶ Abb. 2.10) oder durch Ionenbindungen entstehen. Ursache sind aber auch freie Elektronenpaare, die sich auf einer Seite des Atoms aufhalten und so zur Asymmetrie der Ladungsverteilung führen (▶ Kap. 3.9.2.2, ▶ Kap. 3.9.3).

Einen elektrischen Dipol bildet das gewinkelt gebaute **Wassermolekül** (▶ Abb. 2.14 links). Die O–H-Atombindungen sind polar und zusätzlich trägt das Sauerstoffatom auf der von den Wasserstoffatomen abgewandten Seite noch zwei Elektronenpaare. Zwischen den Wassermolekülen wirken starke Kohäsionskräfte, bedingt durch die Anziehung zwischen der negativen Partialladung am Sauerstoffmolekül und den positiven Partialladungen des Wasserstoffs benachbarter Moleküle. Diese Bindung zwischen Molekülen wird **Wasserstoffbrückenbindung** genannt (▶ Abb. 2.14 rechts).
Die Energie der Wasserstoffbrückenbindung liegt etwa bei 40 kJ/mol. Somit ist sie rund zehnmal schwächer als die intramolekularen Bindungsarten Atombindung oder Ionenbindung.

Merke

Die starke gegenseitige Anziehung der Wassermoleküle ist für die besonderen physikalischen Eigenschaften des Wassers verantwortlich. Andere Stoffe vergleichbarer Molekülgröße und -masse, wie Methan oder Kohlendioxid, sind bei Raumtemperatur gasförmig. Verglichen mit diesen Stoffen besitzt H_2O einen wesentlich höheren Schmelz- und Siedepunkt.

- **Polar** gebaute Stoffe lösen sich gut in Wasser, sie sind **hydrophil**. Ionenverbindungen z.B. dissoziieren in wässriger Lösung: Die geladenen Pole der Wassermoleküle werden von den jeweils gegensätzlich geladenen Ionen im Kristallgitter angezogen. Auf diese Weise drängen sich die Wassermoleküle zwischen das Kristallgitter und brechen es auf. Sie umlagern die entstehenden Ionen und bilden eine **Hydrathülle** um sie herum, die sich zusammen mit den Ionen durch die Lösung bewegt.

- **Apolare** Substanzen sind dagegen nur schlecht oder überhaupt nicht wasserlöslich. Diese Stoffe werden **hydrophob** oder **lipophil** genannt. Hydrophobe Stoffe vermeiden den Kontakt mit Wasser. Aus diesem Grund entsteht eine hydrophobe Wechselwirkung, wegen der sich in einem Öl-Wasser-Gemisch die Ölmoleküle zu kleinen Tröpfchen assoziieren.

Lerntipp

Gleiches löst sich in Gleichem. Salze und polare Stoffe lösen sich im polaren Wasser, Fettaugen hingegen schwimmen auf der Suppe.

Auch zwischen den polaren Teilbereichen größerer Moleküle bilden sich Wasserstoffbrückenbindungen aus. Die H-Brücken führen zu der für Makromoleküle spezifischen Sekundärstruktur (▶ Kap. 5.4.1.2).

Merke

Wasserstoffbrückenbindungen sind die Grundlage vieler Reaktionsmechanismen in der belebten Natur. Die beiden Stränge der DNA sind durch Wasserstoffbrückenbildung miteinander verbunden (▶ Kap. 7.3.2.1). H-Brücken sind auch Ursache für die Faltung von Proteinen (▶ Kap. 5.4.1.2). So kann sich die räumliche Struktur eines Enzyms stabilisieren, auf der seine katalytische Wirkung beruht.

In unpolaren Molekülen können durch Fluktuationen der Ladungsverteilung temporäre Dipole entstehen, die sich gegenseitig anziehen. Die Bindungsenergie dieser sogenannten **Van-der-Waals-Kräfte** ist mit ca. 10 kJ/mol nochmals deutlich geringer als die einer Wasserstoffbrückenbindung. Van-der-Waals-Kräfte halten z. B. die einzelnen Schichten von Graphit, der nur aus Kohlenstoffatomen besteht, zusammen.

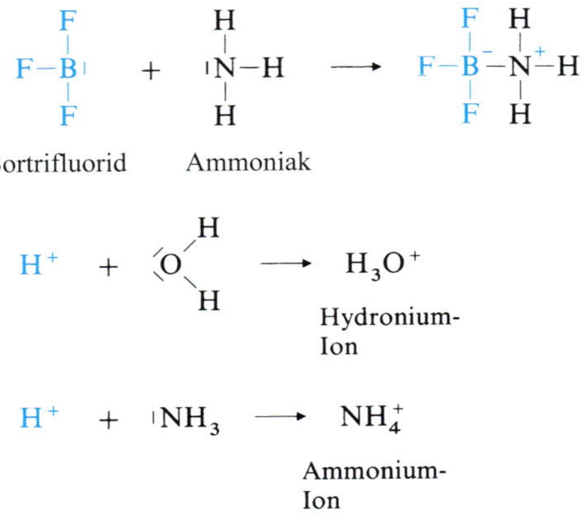

Abb. 2.15 Beispiele für koordinative Bindungen.

2.3.5 Koordinative Bindung, Metallkomplexe

2.3.5.1 Koordinative Bindung

Zwischen einer positiven Partialladung an einer Stelle eines Moleküls und einem freien Elektronenpaar an einem anderen Molekül oder Atom wirken elektrostatische Anziehungskräfte. Diese führen zu einer **koordinativen Bindung.** Die koordinative Bindung stellt einen Sonderfall der Atombindung dar, bei dem die bindenden Elektronen ausschließlich von einem der Bindungspartner stammen.

Der Bindungspartner mit dem freien Elektronenpaar fungiert als **Elektronendonator,** der andere als **Elektronenakzeptor.** Elektronenakzeptoren sind z. B. Moleküle oder Ionen, denen noch Elektronen zum Erreichen ihrer Edelgaskonfiguration fehlen, oder allgemein Kationen, die sich an einem freien Elektronenpaar anlagern. Dies ist der Fall bei der Bindung der Wasserstoffionen im Hydronium-Ion H_3O^+ oder im Ammonium-Ion NH_4^+ (▶ Abb. 2.15).

2.3.5.2 Metallkomplexe

In einem Metallkomplex ist ein **zentrales Ion** von **mehreren koordinativ gebundenen Liganden** umgeben, von denen die bindenden Elektronen stammen. Die Liganden können jeweils eine (▶ Abb. 2.16) oder auch mehrere Bindungsstellen zum Zentralion (▶ Abb. 2.17) aufweisen. Als Zentralionen in Metallkomplexen treten besonders die Kationen der Nebengruppenelemente in Erscheinung. Sie versuchen auf diese Weise,

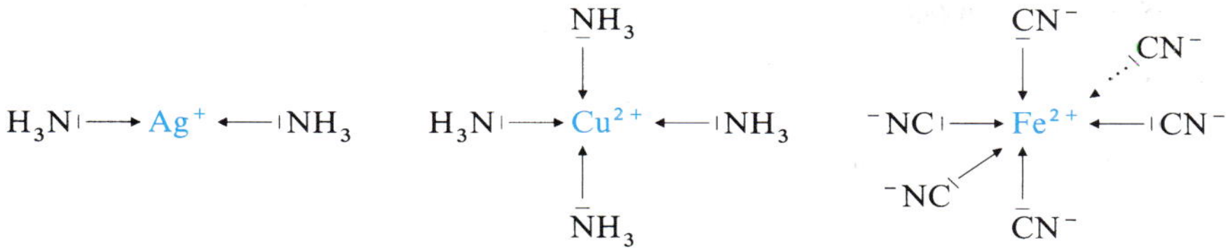

$$H_3N\!\longrightarrow\! Ag^+ \longleftarrow\! NH_3$$

$$[Ag(NH_3)_2]^+$$
Diamminsilber(I)-Ion

$$H_3N\!\longrightarrow\! Cu^{2+} \longleftarrow\! NH_3$$

$$[Cu(NH_3)_4]^{2+}$$
Tetramminkupfer(II)-Ion

$$[Fe(CN)_6]^{4-}$$
Hexacyanoferrat(II)-Ion

Abb. 2.16 Beispiele für Metallkomplexe mit einfach gebundenen Liganden.

Elektronenlücken in den *d*- und *f*-Orbitalen ihrer inneren Schalen zu füllen.

Es entsteht ein definierter **Komplex,** dessen Eigenschaften sich von denen der Ausgangsverbindungen unterscheiden.

In der Schreibweise wird der Metallkomplex in eckigen Klammern angegeben. Dem Zentralion nachgestellt sind Art und Anzahl der Liganden. Außerhalb der eckigen Klammer wird die Gesamtladung des Komplexes angegeben. So wird z.B. der Tetraminkupferkomplex geschrieben als: $[Cu(NH_3)_4]^{2+}$

Die Zahl der Bindungsplätze für Liganden am Zentralion ist die **Koordinationszahl** des Komplexes. Im genannten Beispiel ist sie 4.

— Merke •——

Die Koordinationszahl hängt von der Art der Liganden und der Elektronenkonfiguration des zentralen Ions ab. Sie steht aber in keinem Zusammen zur Ladung des Zentralions. Es sind Koordinationszahlen von 2 bis 12 bekannt. Am häufigsten sind die Koordinationszahlen 2, 4 und 6.

Die **Gesamtladung** eines Metallkomplexes ergibt sich aus der Summe der Ladungen seiner Bestandteile (▸ Abb. 2.16).

- Bei ungeladenen Liganden ist sie gleich der Ladung des Zentralions.
- Sind die Liganden negativ geladen, können ihre Ladungen die des Zentralions teilweise oder ganz kompensieren oder auch übertreffen.

Es können somit neutrale Komplexe, Kationen oder Anionen entstehen. Anionische Komplexe bilden mit normalen Kationen Salze.

2.3.5.3   Chelatkomplexe

Wie oben erwähnt, kann ein Ligand auch mehrere Bindungsstellen zum zentralen Ion eines

Chelator:
$$CH_2\!-\!CH_2$$
$$\;|\qquad\;|$$
$$NH_2\quad NH_2$$

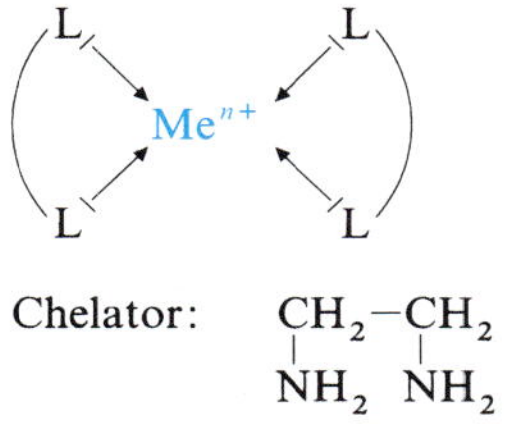

Ethylendiamin (en)
(1,2-Diaminoethan)

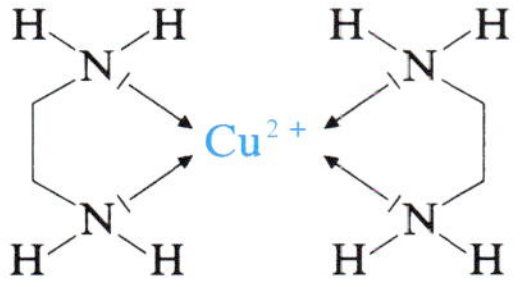

Bis(ethylendiamin)-
kupfer(II)-Komplex

Abb. 2.17 Chelatkomplex mit zwei zweizähnigen Liganden: schematische Darstellung und Beispiel.

Komplexes besitzen. Ein solcher „mehrzähniger" Ligand wird **Chelator** genannt (von griech. chele = Krebsschere). Die entstandenen Komplexe heißen **Chelatkomplexe.** Chelatkomplexe sind wesentlich stabiler als Komplexe mit einzähnigen Liganden. Das Zentralion bildet mit dem Chelator einen Ring (▸ Abb. 2.17). Chelatkomplexe entstehen bevorzugt, wenn dieser Ring 5- oder 6-gliedrig ist. Ein solcher Ring ist nicht gespannt und daher besonders stabil.

Biochemisch sind die Kationen einiger Übergangsmetalle als Zentralionen in Chelatkomplexen von Bedeutung. ▸ Tab. 2.8 gibt die Koordinationszahlen wichtiger, biochemisch bedeutender Metallionen sowie Beispiele für ihr Vorkommen in Chelatkomplexen an (▸ Kap. 3.7.2).

Tab. 2.8 Wichtige Metallionen in Chelatkomplexen: Koordinationszahlen und Beispiele

Metall-ion	Koordina-tionszahl	Beispiel
Mg^{2+}	6	Chlorophyll (Photosynthese)
Ca^{2+}	6	Komplex mit EDTA (Blutgerinnung)
Fe^{2+}, Fe^{3+}	6	Hämoglobin (Sauerstofftransport)
Co^{2+}, Co^{3+}	6	Cobalamin (Vitamin B_{12})
Cu^{2+}	4	D-Penicillamin-Komplex (Entgiftung)
Zn^{2+}	4	Alkoholdehydrogenase; Strukturstabilisierung von Insulin; Carboanhydrase (Atmung)

Klinik

- Das **Hämoglobinmolekül** besteht aus vier Proteinketten mit je einem Molekül Häm. Dieses ist ein vierzähniger Ligand, der mit einem Fe^{2+}-Ion einen Chelatkomplex bildet. Die fünfte Koordinationsstelle des Fe^{2+}-Ions wird von einem Protein belegt, an die sechste bindet sich reversibel das O_2-Molekül. Insgesamt kann ein Hämoglobinmolekül somit vier Sauerstoffmoleküle binden.
- Ein in der Labormedizin häufig verwendeter Chelator ist Ethylendiamintetraessigsäure (**EDTA**):

$$HOOC-CH_2 \qquad\qquad CH_2-COOH$$
$$N-CH_2-CH_2-N$$
$$HOOC-CH_2 \qquad\qquad CH_2-COOH$$

EDTA ist ein sechszähniger Ligand, es bildet mit einem zentralen Metallion einen Chelatkomplex mit oktaedrischer Form:

- Calcium ist ein wichtiger Faktor für die Blutgerinnung. Durch Zugabe von EDTA zu einer Blutprobe werden die Ca^{2+}-Ionen gebunden und so die Gerinnung verhindert.
- Therapeutisch werden Chelatoren bei **Metallvergiftungen** gegeben. Morbus Wilson ist eine Kupferspeicherkrankheit, bei der aufgrund eines genetischen Enzymdefekts die Kupferausscheidung gestört ist. Hier ist eine lebenslange Gabe Kupfer bindender Chelatoren indiziert.

In ▶ Tab. 2.9 sind die besprochenen Bindungstypen, die daran beteiligten Bindungspartner und ihre Eigenschaften noch einmal zusammengestellt.

2.4 Acyclische Kohlenstoffverbindungen, einfache funktionelle Gruppen

2.4.1 Kohlenwasserstoffe

Kohlenwasserstoffe sind Verbindungen, die nur aus Kohlenstoff und Wasserstoff aufgebaut sind. Synthetische Kohlenwasserstoffe werden hauptsächlich aus den fossilen Energieträgern Erdöl und Erdgas gewonnen. Sie sind unverzichtbare Ausgangsstoffe für die Synthese organischer Verbindungen.

- Das Gerüst **aliphatischer** Kohlenwasserstoffe besteht aus einer Kette von C-Atomen.
- Bei **cyclischen** Kohlenwasserstoffen schließt sich die Kette zu einem Ring. Diese Verbindungen werden in ▶ Kap. 2.5.1 behandelt.

Im Folgenden werden an den Kohlenwasserstoffen die Grundlagen der Struktur, Darstellung und Namengebung organischer Moleküle aufgezeigt, die auch auf andere Stoffgruppen übertragen werden können. Diese Grundlagen sind die Basis zum Verständnis aller folgenden Kapitel.

2.4.1.1 Alkane

In **Alkanen** kommen nur **Einfachbindungen** zwischen den Kohlenstoffatomen vor. ▶ Tab. 2.10 zeigt die homologe Reihe der Alkane. In einer **homologen Reihe** unterscheiden sich aufeinanderfolgende Glieder durch das Hinzufügen eines gleichbleibenden Strukturelements. Im Fall der Alkane ist dies eine CH_2-Gruppe, um die die Kohlewasserstoffkette verlängert wird. Die allgemeine Summenformel der Alkane mit der Kettenlänge n lautet:

$$C_nH_{2n+2}$$

Tab. 2.9 Übersicht über die Arten der chemischen Bindung und intermolekularen Anziehungskräfte

Bindungstyp	Bindungspartner	Eigenschaften
Ionenbindung	• Elemente stark unterschiedlicher Elektronegativität • Stehen im Periodensystem weit voneinander entfernt	• Elektronen werden übertragen • Bindung ist ungerichtet • Bindungsenergie ≈ 400 kJ/mol
Atombindung (kovalente Bindung, Elektronenpaarbindung)	• Elemente ähnlicher Elektronegativität • Stehen im Periodensystem nahe beieinander	• Elektronen werden gemeinsam genutzt • Bindung hat eine festgelegte Richtung • Bindungsenergie ≈ 400 kJ/mol
Koordinative Bindung (Metallkomplexe)	Sonderfall der Atombindung: Ein Partner besitzt ein freies Elektronenpaar, der andere eine positive Partialladung	• Bindendes Elektronenpaar stammt nur von einem der Bindungspartner • Oft lagern sich mehrere Liganden an einem Zentralion an • Mehrzählige Liganden bilden Chelatkomplexe
Metallbindung	Atome eines Metalls	• Atome bilden ein Kristallgitter • Elektronen werden gemeinsam genutzt • Valenzelektronen sind im gesamten Gitter „wie ein Gas" frei beweglich
Wasserstoffbrückenbindung	• Intermolekulare Bindung • Zwischen polaren Molekülen	• Polare Moleküle lagern sich aneinander an • Bindungsenergie ≈ 40 kJ/mol, etwa zehnmal schwächer als eine intramolekulare Bindung • Kommt auch zwischen polaren Teilen eines großen Moleküls vor • Verantwortlich für die Sekundär- und Tertiärstruktur von Makromolekülen
Van-der-Waals-Kräfte	Intermolekulare Anziehung aufgrund temporärer Ladungsverschiebungen	Wie Wasserstoffbrückenbindung, nur mit einer Bindungsenergie von ≈ 10 kJ/mol nochmals deutlich schwächer

Mit wachsender Länge der Alkane ändern sich ihre physikalischen Eigenschaften, wie an den in der ▶ Tab. 2.10 angegebenen Siedepunkten deutlich wird: Methan, Ethan und Propan sind bei Raumtemperatur gasförmig, Butan ist flüssig. Butan wird als Flüssiggas in Campinggasflaschen verwendet. Die Bezeichnung *n*-Alkan gibt an, dass das Molekül als unverzweigte Kette vorliegt.

Das einfachste Alkan ist das **Methan.** Das Molekül hat die Form eines Tetraeders mit dem Kohlenstoffatom im Zentrum und den Wasserstoffatomen an den Ecken (▶ Abb. 2.18). Der H–C–H-Bindungswinkel beträgt 109,5°. Das C-Atom ist *sp*³-**hybridisiert,** d.h., seine Valenzelektronen befinden sich alle auf dem gleichen Energieniveau. Es geht vier σ-Bindungen mit gleicher Bindungsenergie ein (▶ Kap. 2.3.2.1).

Lerntipp

Bei den genannten Alkanen sowie in den folgenden Abschnitten bei den Alkenen und Alkinen sollten Sie sich immer den jeweiligen Bindungswinkel, die *sp*ˣ-Hybridisierung und den Bindungstyp einprägen.

Bei komplizierter gebauten Molekülen reicht die Summenformel nicht aus, um eine Vorstellung von ihrer Form zu gewinnen oder ihren Aufbau eindeutig festzulegen.

• Die Fischer-Projektion bildet das Molekül in einer Strukturformel zweidimensional ab. Die Bindungen werden durch Striche angegeben. Für die meisten Fragestellungen ist diese Darstellung ausreichend.
• Soll noch näher auf die dreidimensionale Gestalt des Moleküls eingegangen werden, kann die Tie-

feninformation in der Keilstrich-Schreibweise hinzugefügt werden, indem aus der Papierebene auf den Betrachter zulaufende Bindungen als dicker werdende Striche und nach hinten weg weisende Bindungen gestrichelt gezeichnet werden (▶ Abb. 2.18).

- Bei großen Molekülen werden in der Strukturformel häufig abkürzend die C–H-Bindungen und die H-Atome weggelassen, um das Grundgerüst des Moleküls übersichtlicher darzustellen.

Für längere Ketten sind bei gleicher Summenformel unterschiedliche Strukturformeln möglich. Verbindungen, die die gleiche Summenformel, aber unterschiedliche Strukturformeln besitzen, werden **Konstitutionsisomere** genannt:

$$H-\overset{\overset{\displaystyle H}{|}}{\underset{\underset{\displaystyle H}{|}}{C}}-\overset{\overset{\displaystyle H}{|}}{\underset{\underset{\displaystyle H}{|}}{C}}-\overset{\overset{\displaystyle H}{|}}{\underset{\underset{\displaystyle H}{|}}{C}}-\overset{\overset{\displaystyle H}{|}}{\underset{\underset{\displaystyle H}{|}}{C}}-H \quad \widehat{=} \quad H_3C-CH_2-CH_2-CH_3$$

n-Butan (Sdp. –0,5 °C)

$$H-\overset{\overset{\displaystyle H}{|}}{\underset{\underset{\displaystyle H}{|}}{C}}-\overset{\overset{\displaystyle H}{|}}{\underset{\underset{\underset{\underset{\displaystyle H}{|}}{\overset{\displaystyle H}{|}}}{|}}{C}}-\overset{\overset{\displaystyle H}{|}}{\underset{\underset{\displaystyle H}{|}}{C}}-H \quad \widehat{=} \quad H_3C-\underset{\underset{\displaystyle CH_3}{|}}{CH}-CH_3$$

Isobutan (Sdp. –12 °C)

Bei den Alkanen wächst die Zahl der möglichen Isomere mit steigender Zahl der C-Atome stark an. Die Konstitutionsisomere eines Stoffs unterscheiden sich in ihren physikalischen Eigenschaften, z. B. dem Siedepunkt.

Im Allgemeinen können Konstitutionsisomere sogar unterschiedlichen chemischen Stoffgruppen angehören, wie bei Ethanol (▶ Kap. 2.4.2.2) und Dimethylether (▶ Kap. 2.4.2.3).

2.4.1.2 Nomenklatur

Organische Verbindungen werden nach den Regeln der IUPAC systematisch benannt, sodass aus dem Namen die **Struktur des Moleküls** erkennbar wird. Zahlreiche im Alltag und in der Technik verwendete Substanzen sind aber schon länger unter ihrem gebräuchlichen Trivialnamen bekannt.

- Kohlenstoffatome werden nach der Zahl anderer C-Atome, mit denen sie direkt verbunden sind, als **primär, sekundär, tertiär** oder **quartär** bezeichnet:

Tab. 2.10 Homologe Reihe der Alkane

Name	Summenformel	Siedepunkt bei Normaldruck (T/°C)
Methan	CH_4	–163
Ethan	C_2H_6	–89
Propan	C_3H_8	–42
n-Butan	C_4H_{10}	0
n-Pentan	C_5H_{12}	36
n-Hexan	C_6H_{14}	69
n-Heptan	C_7H_{16}	98
n-Octan	C_8H_{18}	126

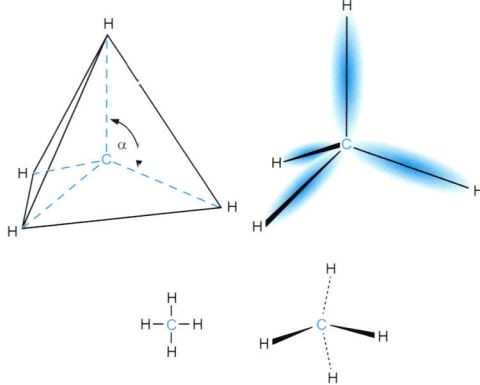

Abb. 2.18 Der tetraederförmige Bau des Methanmoleküls (oben), dargestellt in der Fischer-Projektion (unten links) und als Keilstrich-Formel (unten rechts).

$$C-\overset{\overset{\displaystyle H}{|}}{\underset{\underset{\displaystyle H}{|}}{C}}-H$$

primär

$$C-\overset{\overset{\displaystyle H}{|}}{\underset{\underset{\displaystyle H}{|}}{C}}-C$$

sekundär

$$C-\overset{\overset{\displaystyle H}{|}}{\underset{\underset{\displaystyle C}{|}}{C}}-C$$

tertiär

$$C-\overset{\overset{\displaystyle C}{|}}{\underset{\underset{\displaystyle C}{|}}{C}}-C$$

quartär

Lerntipp

Die gleiche Nomenklatur finden Sie bei den Alkoholen (▶ Kap. 2.4.2.2). Jedoch ist hier aufgrund der OH-Gruppe kein quartärer Alkohol möglich.

- Verzweigte Alkane werden nach der längsten unverzweigten Kohlenwasserstoffkette benannt.
- Kohlenwasserstoffreste, die anstelle von H-Atomen mit dieser Kette verbunden sind, werden **Alkylsubstituenten** genannt. Der Name der Alkylreste leitet sich vom zugrunde liegenden Alkan ab. Die Endung „-an" wird durch „-yl" ersetzt. Eine CH_3-Gruppe wird z. B. abgeleitet vom Methan als Methylgruppe bezeichnet:

Methyl   Ethyl n-Propyl

$-CH_3$ $-CH_2-CH_3$ $-CH_2-CH_2-CH_3$

Isopropyl $tert$-Butyl

$$-CH\overset{\displaystyle CH_3}{\underset{\displaystyle CH_3}{}}\qquad -\overset{\displaystyle CH_3}{\underset{\displaystyle CH_3}{C}}-CH_3$$

- Zur Anzeige der Position der Substituenten werden die Kohlenstoffatome der längsten Kette nummeriert, sodass diejenigen C-Atome, die die Substituenten tragen, die niedrigsten möglichen Nummern erhalten:

$$C-\overset{1}{C}-\overset{\overset{\displaystyle C}{|}}{\underset{\underset{\displaystyle C}{|}}{\overset{2}{C}}}-\overset{3}{C}-\overset{4}{C}-\overset{5}{C}-\overset{6}{C}$$

Im gezeigten Beispiel wird die Kette deshalb von links nach rechts nummeriert. Bei einer Zählweise von rechts nach links hätten die betreffenden Atome die höheren Nummern 5 und 6 erhalten.

Im Beispiel sind zur Vereinfachung die H-Atome nicht eingezeichnet.

- Das mehrfache Auftreten einer Alkylgruppe im Molekül wird durch die Vorsilben di-, tri-, tetra- usw. angezeigt.
- Falls die Nummerierung der C-Atome von beiden Seiten her erfolgen kann, werden unterschiedliche Substituenten in alphabetischer Reihenfolge genannt.

Nach diesen Regeln ist der Name der abgebildeten Verbindung 2,3-Dimethylhexan.

Lerntipp

Im Examen muss häufig in Strukturformeln die Wertigkeit eines C-Atoms bzw. eines Alkohols bestimmt werden!

2.4.1.3 Alkene

Alkene (auch: Olefine) enthalten mindestens eine **C=C-Doppelbindung.** Es wird vom Namen des entsprechenden Alkans ausgegangen und die Endung „-an" durch „-en" ersetzt. Ethen und Propen sind auch unter den Trivialnamen Ethylen bzw. Propylen bekannt.

Die allgemeine Summenformel für Alkene mit einer Doppelbindung lautet:

$$C_nH_{2n}$$

Die homologe Reihe der Alkene lautet:

$CH_2=CH_2$ $H_3C-CH=CH_2$

Ethen   Propen
C_2H_4 C_3H_6

$H_3C-CH_2-CH=CH_2$ $H_3C-CH=CH-CH_3$

1-Buten   2-Buten
C_4H_8 C_4H_8

$$H_3\overset{1}{C}-\overset{2}{C}H=\overset{3}{C}H-\overset{4}{C}H_2-\overset{5}{C}H_2-\overset{6}{C}H_3$$

2-Hexen

$$\overset{6}{C}H_3-\overset{5}{\underset{\underset{\displaystyle CH_3}{|}}{C}}H-\overset{4}{C}H_2-\overset{3}{\underset{\underset{\displaystyle CH_3}{|}}{C}}=\overset{2}{C}H-\overset{1}{C}H_3$$

3,5-Dimethyl-2-hexen

Ab dem Buten sind unterschiedliche Positionen für die Doppelbindung möglich. Die Lage der Doppelbindung wird durch eine Zahl vor dem Stammnamen des Moleküls angegeben. Die Nummerierung der längsten Kohlenstoffkette erfolgt so, dass das C-Atom mit der Doppelbindung eine möglichst kleine Zahl erhält.

Kohlenwasserstoffe mit zwei C=C-Doppelbindungen werden als Alkadiene oder kurz als **Diene** bezeichnet. Bei mehr als zwei Doppelbindungen wird von **Polyenen** gesprochen.

25

Auch hier wird im Namen die Lage der Doppelbindungen durch vorangestellte Ziffern gekennzeichnet:

$$CH_2=CH-CH=CH_2 \qquad CH_2=CH-CH_2-CH=CH_2$$

1,3-Butadien 1,4-Pentadien

C=C-Doppelbindung

Kohlenwasserstoffe, in denen Doppelbindungen vorkommen, werden als **ungesättigte** Kohlenwasserstoffe bezeichnet.

Kohlenstoffatome mit einer Doppelbindung sind **sp^2-hybridisiert** (▸ Kap. 2.3.2.3). Drei der Bindungen sind σ-Bindungen. Die zweite Bindung in der Doppelbindung ist eine π-Bindung. Die Bindungsenergie der π-Bindung ($\approx$ 300 kJ/mol) ist geringer als die der σ-Bindungen ($\approx$ 400 kJ/mol).

> **Merke**
>
> Die Doppelbindung stellt einen **reaktiven Bereich** dar. Die Aufspaltung der π-Bindung stellt zwei Elektronen zur Verfügung, mit denen Bindungen zu anderen Reaktionspartnern geknüpft werden können (▸ Kap. 3.8.1, ▸ Kap. 3.9.3).
> Ungesättigte Kohlenwasserstoffe sind daher reaktionsfreudiger als gesättigte Verbindungen, in denen nur Einfachbindungen im Kohlenstoffgerüst vorliegen.

Im Fall alternierender Einfach- und Doppelbindungen, wie bei 1,3-Butadien, spricht man von **konjugierten** Doppelbindungen. **Isolierte** Doppelbindungen sind dagegen durch mehrere Einfachbindungen getrennt.

In konjugierten Doppelbindungen delokalisieren die π-Elektronen. Sie sind nicht mehr einer einzelnen Bindung zuzuordnen, sondern sie bilden eine Raumladungswolke, die sich über den gesamten Konjugationsbereich erstreckt. Dieses Phänomen wird als **Mesomerie** bezeichnet. Der Zustand ist energieärmer und damit stabiler als isolierte Doppelbindungen.

> **Lerntipp**
>
> Das Phänomen der **Mesomerie** kann sehr anschaulich bei **Aromaten** beobachtet werden (▸ Kap. 2.5.1.2).

2.4.1.4 Alkine

In **Alkinen** tritt eine **Dreifachbindung** zwischen den C-Atomen auf. Die Namen leiten sich von den Alkanen ab, es wird die Endung „-in" angehängt:

$$H-C\equiv C-H$$

Ethin

Das Kohlenstoffatom ist **sp-hybridisiert.** Die Dreifachbindung besteht aus einer σ- und zwei π-Bindungen. Hier ist das Molekül besonders reaktiv. Es existieren nur wenige Naturstoffe, in denen eine Dreifachbindung bekannt ist.

Ethin, das einfachste Alkin, ist unter dem Trivialnamen Acetylen bekannt. Das Gas Acetylen wird beim Schweißen benutzt, weil bei seiner Verbrennung mit reinem Sauerstoff hohe Flammtemperaturen von bis zu 3.000 °C erreicht werden.

2.4.2 Funktionelle Gruppen

> **Lerntipp**
>
> Ganz wichtig ist, dass Sie die Bezeichnungen der funktionellen Gruppen gut lernen und auch üben, diese in großen oder ihnen unbekannten Molekülen zu erkennen. Damit können Sie mit etwas Routine viele Punkte bei den IMPP-Fragen sammeln.

In den Kohlenwasserstoffen kann das H-Atom an einem oder an mehreren Kohlenstoffatomen durch ein anderes Element oder durch sogenannte funktionelle Gruppen ersetzt werden. Jeder Substituent beeinflusst das gesamte Molekül in charakteristischer Weise. Nach der Art der Substituenten lassen sich Stoffgruppen mit typischen Eigenschaften klassifizieren.

2.4.2.1 Halogenalkane

In **halogenierten Kohlenwasserstoffen** sind ein oder mehrere Wasserstoffatome durch Halogene ersetzt (▸ Abb. 2.19). Halogenalkane kommen natürlicherweise nicht vor, es handelt sich um synthetisch hergestellte Verbindungen. Chlorierte Kohlenwasserstoffe wie Dichlormethan, $CHCl_2$, Trichlormethan, $CHCl_3$, und Tetrachlorkohlenstoff, CCl_4, werden als apolare Lösungsmittel verwendet. Höhermolekulare Chlorkohlenwasserstoffe (**CKW**) werden als Insektizide eingesetzt, dazu zählen das Holzschutzmittel Lindan und DDT (Dichlor-diphenyl-trichlorethan). CKW sind fettlöslich. Sie können sich daher im Fettgewebe anreichern und Langzeitwirkungen zeigen.

Fluorierte Chlorkohlenwasserstoffe (**FCKW**) sind unter Markennamen wie Frigen oder Freon als Kältemittel in Kühlgeräten und Klimaanlagen bekannt (Frigen R12 = Dichlor-difluormethan, CCl_2F_2).

FCKW bauen allerdings die Ozonschicht in der oberen Atmosphäre ab und werden deshalb zunehmend durch andere Halogenalkane als Kältemittel ersetzt.

Klinik

Auch in der Medizin werden Halogenalkane eingesetzt.
- **Chlorethan,** $CH_3–CH_2Cl$, hat einen Siedepunkt von 12 °C. Es wird als Vereisungsmittel bei kleineren chirurgischen Eingriffen und bei Sportverletzungen benutzt.
- Trichlormethan, bekannt als **Chloroform,** besitzt eine narkotische Wirkung. Es wurde früher als Inhalationsnarkotikum benutzt. Sein Einsatz war allerdings wegen seiner toxischen Wirkung nicht unproblematisch. Es wurde daher zunächst durch Äther abgelöst. Heute werden leichter dosierbare und besser verträgliche Mittel verabreicht, wie z. B. 2-Brom-2-Chlor-1,1,1-trifluorethan (Halothan).

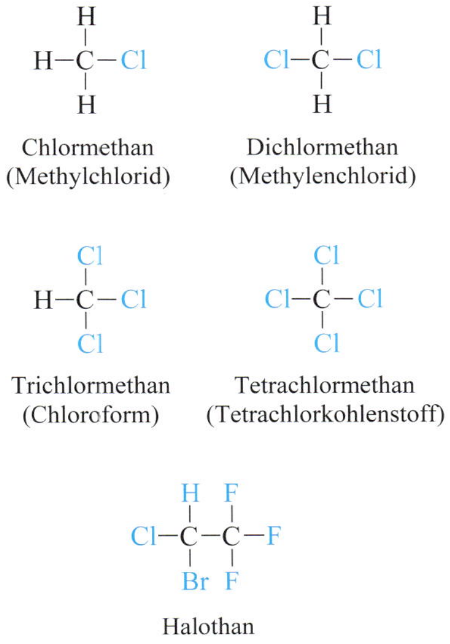

Chlormethan
(Methylchlorid)

Dichlormethan
(Methylenchlorid)

Trichlormethan
(Chloroform)

Tetrachlormethan
(Tetrachlorkohlenstoff)

Halothan

Abb. 2.19 Beispiele für Halogenalkane.

2.4.2.2   Alkohole

Das Ersetzen des Wasserstoffatoms eines Aliphats durch eine **Hydroxygruppe** (OH-Gruppe) wird durch die Endung „-ol" gekennzeichnet. Es entsteht ein Alkanol, gebräuchlicher ist hier aber der Name **Alkohol:**

Aliphat

Alkanol (Alkohol)

Schematisch könnte man sich den Alkohol auch aus einem Wassermolekül entstanden denken, bei dem ein H-Atom entfernt und durch eine Alkylgruppe ersetzt wurde. Ein Alkylrest wird hier und im Folgenden mit R bezeichnet.

Der Vergleich mit dem Wassermolekül zeigt die Ladungsverteilung an der OH-Gruppe, die dem Alkohol einen **polaren Charakter** verleiht. Alkohole sind mit Wasser mischbar und genau wie die Wassermoleküle können sich auch Alkoholmoleküle durch Wasserstoffbrückenbindungen assoziieren (▶ Kap. 2.3.4). Mit wachsender Kettenlänge wird die Mischbarkeit der Alkohole mit Wasser geringer, mit steigender Zahl der OH-Gruppen nimmt sie zu.

Merke

- Je mehr CH_2-Gruppen in einem Molekül vorkommen, desto apolarer wird das Molekül.
- Je höher die Anzahl an OH-Gruppen ist, desto polarer wird das Molekül.

Außerdem hängt die Siedetemperatur eines Alkohols von der Anzahl an polaren OH-Gruppen sowie von der Kettenlänge des Moleküls ab.

Der einfachste Alkohol ist Methanol (Methylalkohol), seine Summenformel ist CH_4O. In der Regel wird die OH-Gruppe aber als eigenständiges funktionelles Element gekennzeichnet und deshalb die Schreibweise CH_3OH gewählt oder als vereinfachte Strukturformel $CH_3–OH$ angegeben. Der nächste Alkohol ist Ethanol (Ethylalkohol), C_2H_5OH bzw. $CH_3–CH_2–OH$. Die homologe Reihe der Alkohole setzt sich mit Propanol, Butanol usw. fort.

Alkohole sind brennbar. Methanol wird in einigen Bereichen als Kraftstoff für Verbrennungsmotoren verwendet.

Nach der Lage der Hydroxygruppe an einem primären, sekundären oder tertiären C-Atom wird der Alkohol als **primärer, sekundärer** oder **tertiärer Alkohol** bezeichnet:

$$\begin{array}{c} H \\ | \\ R-C-OH \\ | \\ H \end{array} \quad \text{primärer Alkohol}$$

$$\begin{array}{c} R \\ | \\ R-C-OH \\ | \\ H \end{array} \quad \text{sekundärer Alkohol}$$

$$\begin{array}{c} R \\ | \\ R-C-OH \\ | \\ R \end{array} \quad \text{tertiärer Alkohol}$$

Niedere Alkohole, d. h. solche mit bis zu 10 C-Atomen, sind bei Raumtemperatur flüssig. Ihre Dichte ist etwas geringer als die von Wasser.

Ein Vergleich der Siedepunkte mit denen von Alkanen ähnlicher Molekülmasse (► Tab. 2.11) zeigt den starken Einfluss der intermolekularen Anziehung, hervorgerufen durch die Polarität der OH-Gruppen.

Klinik

Ethanol ist derjenige Alkohol, der in alkoholischen Getränken enthalten ist. Sein Konsum hat ein suchterzeugendes Potenzial. Ethanol führt zu Rauschzuständen und bei höherer Dosis zu Vergiftungserscheinungen. Durch das Enzym Alkoholdehydrogenase wird Ethanol in der Leber zu Acetaldehyd und weiter zu Essigsäure abgebaut.
Methanol ruft schon in geringer Menge starke Vergiftungen mit irreversiblen Folgen hervor. Seine Abbauprodukte schädigen den Sehnerv bis hin zur Erblindung. Schon 30 mL Methanol können für einen Erwachsenen letal sein.

Einwertige Alkohole enthalten nur eine Hydroxygruppe. **Mehrwertige** Alkohole oder Polyole verfügen über mehrere OH-Gruppen:

$$\begin{array}{c} H \\ | \\ H-C-OH \\ | \\ H-C-OH \\ | \\ H \end{array} = \begin{array}{c} CH_2-OH \\ | \\ CH_2-OH \end{array} \qquad \begin{array}{c} CH_2-OH \\ | \\ CH-OH \\ | \\ CH_2-OH \end{array}$$

Ethylenglykol (= Glykol)   Glycerin (= Glycerol)

Der zweiwertige Alkohol Ethylenglykol (Glykol) findet als Frostschutzmittel Anwendung. Der einfachste dreiwertige Alkohol ist Glycerin (Glycerol), ein Bestandteil der Glycerophospholipide der Zellmembran (► Kap. 6.3.1).

Lerntipp

Bitte machen Sie sich den Unterschied zwischen der Qualität des mit der Hydroxygruppe verknüpften C-Atoms und der Wertigkeit des Alkohols noch einmal klar. Primär und einwertig, sekundär und zweiwertig sowie tertiär und dreiwertig kann in der Hektik einer Prüfung leicht verwechselt werden.

2.4.2.3 Ether

Die für den **Ether** bestimmende Anordnung der Substituenten ist R–O–R. Aus dem schon bei den Alkoholen aus dem Wassermolekül abgeleiteten Schema kann der Ether als ein H_2O-Molekül angesehen werden, bei dem beide H-Atome durch Alkylgruppen ersetzt wurden:

$$\begin{array}{ccc} \overset{\displaystyle O}{\diagup \diagdown} & \overset{\displaystyle O}{\diagup \diagdown} & \overset{\displaystyle O}{\diagup \diagdown} \\ H \qquad H & R \qquad H & R \qquad R \\ \text{Wasser} & \text{Alkohole} & \text{Ether} \end{array}$$

Ether sind **apolar,** sie sind deshalb in der Regel nicht mit Wasser mischbar. Sie bilden mit Wasser zwei getrennte flüssige Phasen. Die einzige Ausnahme bilden Dimethylether und der cyclische Ether Dioxan. Aufgrund der Apolarität sind die zwischenmolekularen Anziehungskräfte bei Ether wesentlich geringer als bei den Alkoholen. Der Siedepunkt der Ether ist mit denen von Alkanen mit gleicher Molekülmasse vergleichbar (► Tab. 2.12).

Ether entstehen säurekatalysiert unter Wasserabspaltung aus zwei Alkoholmolekülen.

- Aus Methanol bildet sich Dimethylether und aus Ethanol Diethylether. Beides sind **symmetrische** Ether.
- In einem Gemisch zweier Alkohole entstehen auch **asymmetrische** Ether. So bildet sich in einem Methanol-Ethanol-Gemisch neben den beiden genannten symmetrischen noch der asymmetrische Ether Methylethylether:

$$H_3C-\underline{O}-CH_3 \qquad\qquad H_3C-CH_2-\underline{O}-CH_2-CH_3$$

Methoxymethan   Ethoxyethan
(Dimethylether)   (Diethylether = „Äther")

Tab. 2.11 Siedepunkte von Alkanen und Alkoholen im Vergleich

Verbindung		rel. Molekülmasse	Siedetemperatur (T/°C)	
Methanol	CH_3–OH	32	65	$\Delta T = 154\,°C$
Ethan	CH_3–CH_3	30	−89	
Ethanol	CH_3–CH_2–OH	46	78	$\Delta T = 120\,°C$
Propan	CH_3–CH_2–CH_3	44	−42	

Tab. 2.12 Siedepunkt von Diethylether im Vergleich

Verbindung		rel. Molekülmasse	Siedetemperatur (°C)
n-Butanol	CH_3–CH_2–CH_2–CH_2–OH	74	118
Diethylether	CH_3–CH_2–C–CH_2–CH_3	74	35
n-Pentan	CH_3–CH_2–CH_2–CH_2–CH_3	72	36

Klinik

Diethylether ist ein unter seinem Trivialnamen **Äther** bekanntes Inhalationsnarkotikum. Äther wurde lange Zeit als Narkosemittel verwendet. Die Dosierbarkeit und Verträglichkeit ist der des Chloroforms überlegen. Der Umgang mit Äther ist jedoch nicht ungefährlich, ein Äther-Luft-Gemisch ist sehr explosiv. Heute wurde Äther von noch besser verträglichen und nicht brennbaren Inhalationsnarkotika abgelöst.

2.4.2.4 Thiole, Thioether

Im Periodensystem steht **Schwefel** unterhalb des Sauerstoffs in der 16. Gruppe. Genau wie der Sauerstoff kann das Schwefelatom zwei Elektronen aufnehmen. Schwefel kann in Verbindungen den Platz des Sauerstoffatoms einnehmen; dem Wasser, H_2O, entspricht z.B. der Schwefelwasserstoff, H_2S. Mit dem Ersetzen der H-Atome durch Kohlenwasserstoffreste lassen sich den Alkoholen und Ethern analoge Schwefelverbindungen klassifizieren: die **Thiole** – auch **Mercaptane** genannt – und die **Thioether**:

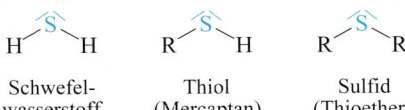

| Schwefel-wasserstoff | Thiol (Mercaptan) | Sulfid (Thioether) |

Die Vorsilbe Thio- ist abgeleitet von dem griechischen Namen des Schwefels: theion. Die Bezeichnung Mercaptane für die Thiole rührt daher, dass die SH-Gruppen Quecksilberionen (lat. mercurius) ein-

fangen können (lat. capere) und mit diesen Komplexe bilden.

Für Thioether ist auch die Bezeichnung Sulfid gebräuchlich:

$$CH_3CH_2\!-\!SH \qquad\qquad H_3C\!-\!S\!-\!CH_3$$

Ethanthiol (Ethylmercaptan) Dimethylsulfid (Methylthiomethan)

Diese Wahl der Namensgebung beinhaltet aber eine Verwechslungsgefahr, denn allgemein werden die Salze des Schwefels als Sulfide bezeichnet, z. B. Natriumsulfid, Na_2S.
Die Elektronegativität des Schwefels ist geringer als die des Sauerstoffs. Die S–H-Bindung ist schwächer und weniger polarisiert als die O–H-Bindung in Alkoholen. Der Siedepunkt der Thiole ist deutlich geringer als der vergleichbarer Alkohole.

Merke

SH-Gruppen sind leichter oxidierbar als OH-Gruppen.

Viele Proteine enthalten freie SH-Gruppen. Unter Abspaltung des Wasserstoffs kann sich zwischen zwei Schwefelatomen eine **Disulfidbrücke** ausbilden (▸ Abb. 2.20). Diese Brücken verändern und fixieren die Faltung des Proteins (▸ Kap. 5.4.1.2). Neben Wasserstoffbrückenbindungen bestimmen die Disulfidbrücken entscheidend die Geometrie vieler Makromoleküle.

Das Schwefelatom trägt zwei freie Elektronenpaare. Im Unterschied zu den Ethern sind Thioether **oxidierbar,** d. h., an das Schwefelatom können sich ein oder zwei Sauerstoffatome anlagern:

$$H_3C-\underline{\bar{S}}-CH_3 \qquad H_3C-\overset{\displaystyle O}{\overset{\|}{S}}-CH_3$$

Dimethyl*sulfid*   Dimethyl*sulfoxid* (DMSO)

$$H_3C-\overset{\displaystyle O}{\underset{\displaystyle O}{\overset{\|}{\underset{\|}{S}}}}-CH_3$$

Dimethyl*sulfon*

2.4.2.5 Amine

Amine enthalten das Element **Stickstoff.** Sie können als Derivate des Ammoniaks, NH_3, aufgefasst werden. Das Ammoniakmolekül ist räumlich gebaut wie ein Tetraeder, d. h. eine Pyramide mit dreieckiger Grundfläche. An der Spitze steht das Stickstoffatom und an den Ecken der Grundfläche befinden sich die Wasserstoffatome. Werden diese nacheinander durch organische Reste ersetzt, entstehen zunächst **primäre,** dann **sekundäre** und **tertiäre Amine** (► Abb. 2.21).

Die NH_2-Gruppe wird als **Aminogruppe** bezeichnet.

Das Stickstoffatom im Ammoniak und in den Aminen trägt ein freies Elektronenpaar, an das sich ein Proton anlagern kann. Protonenakzeptoren sind Basen (► Kap. 3.4.1), Amine sind deshalb **basisch.**

2.4.2.6 Aldehyde, Ketone

Das Strukturmerkmal von Aldehyden und Ketonen ist die **Carbonylgruppe,** hier ist ein Sauerstoffatom durch eine Doppelbindung mit dem Kohlenstoffatom verbunden (► Kap. 3.8.2.1):

$$\diagup C=O\diagdown$$

Carbonylgruppe

$$\overset{\displaystyle R}{\underset{\displaystyle H}{\diagdown}}C=O\diagdown \qquad \overset{\displaystyle R'}{\underset{\displaystyle R}{\diagdown}}C=O\diagdown$$

Aldehyd R—CHO   Keton R—CO—R´

Die vereinfachte Schreibweise für die Aldehydgruppe ist –CHO. Aldehyde und Ketone entstehen aus Alkoholen durch Abspaltung von H_2. Die Dehydrierung ist nach der Definition des Begriffs gleichbedeutend mit einer Oxidation (► Kap. 3.5.1.1). Durch Oxidation primärer Alkohole entstehen **Aldehyde,** aus der Oxidation sekundärer Alkohole **Ketone.**

Die Bezeichnungen der Aldehyde leiten sich von denen der Kohlenwasserstoffe ab und sind durch die Endung „-al" gekennzeichnet. Der einfachste Aldehyd ist Methanal, H–CHO. Methanal ist ein

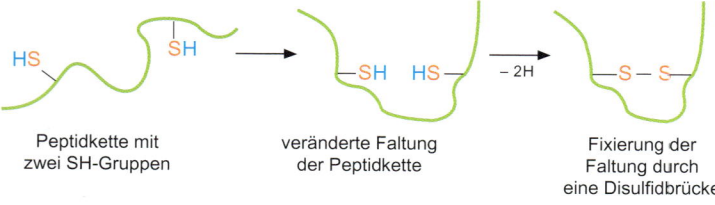

Peptidkette mit zwei SH-Gruppen   veränderte Faltung der Peptidkette   Fixierung der Faltung durch eine Disulfidbrücke

Abb. 2.20 Disulfidbrückenbildung innerhalb eines Proteins.

vielfältig eingesetztes Konservierungsmittel, das besser unter seinem Trivialnamen Formaldehyd bekannt ist.

Das fortgesetzte Anfügen einer CH_2-Gruppe ergibt eine homologe Reihe der Aldehyde, die sich mit Ethanal, Propanal, Butanal usw. fortsetzt. Aldehyde lassen sich nicht nur aus den Alkanen ableiten, sondern auch aus Alkenen bzw. Dienen oder Polyenen:

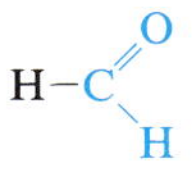

Formaldehyd (Methanal)

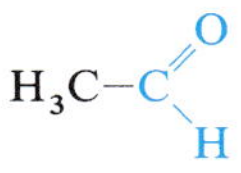

Acetaldehyd (Ethanal)

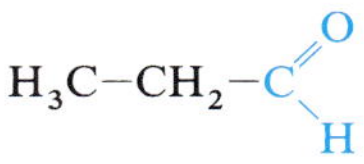

Propionaldehyd (Propanal)

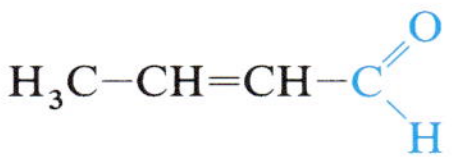

Crotonaldehyd (2-Butenal)

Ketone werden durch die Namensendung „-on" gekennzeichnet. Das einfachste Keton ist das als Aceton bekannte Propanon:

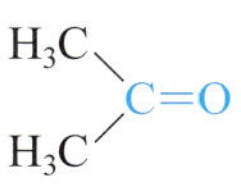

Aceton (= Propanon)

Ethylmethylketon (= Butanon)

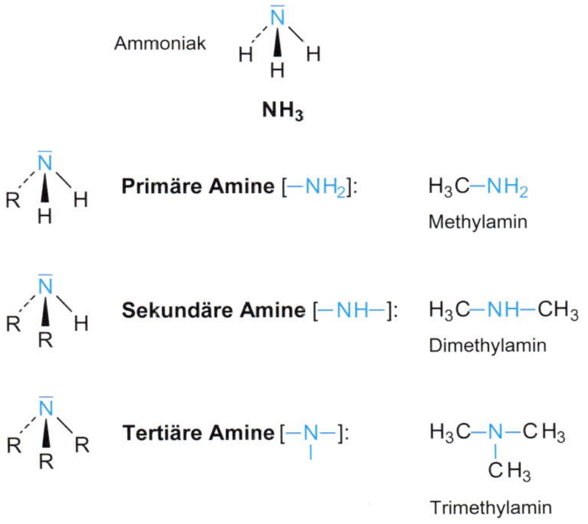

Ammoniak NH_3

Primäre Amine [$-NH_2$]: H_3C-NH_2 Methylamin

Sekundäre Amine [$-NH-$]: $H_3C-NH-CH_3$ Dimethylamin

Tertiäre Amine [$-N-$]: $H_3C-N-CH_3$ ... Trimethylamin

Abb. 2.21 Schematische Klassifizierung der Amine (links) und Beispiele (rechts).

Merke

Durch Oxidation primärer Alkohole entstehen Aldehyde, aus der Oxidation sekundärer Alkohole Ketone. Die weitere Oxidation von Aldehyden führt schließlich zu den Carbonsäuren.

Klinik

Formalin ist eine 35- bis 37-prozentige wässrige Formaldehydlösung. Formalin wird zur Konservierung anatomischer Präparate benutzt.

Aceton wird bei metabolischer Azidose mit der Atemluft abgegeben. Aceton besitzt einen typischen obstartigen, süßlichen Geruch. Dieser Atemgeruch ist ein charakteristischer Hinweis auf eine Stoffwechselentgleisung, wie bei Diabetes mellitus.

2.4.2.7 Carbonsäuren

Das funktionelle Element der Carbonsäuren ist die **Carboxylgruppe:**

Carboxylgruppe: ($-COOH$)

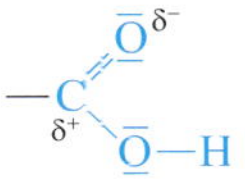

Die Carboxylgruppe ist durch die Doppelbindung zum Sauerstoffatom stark polarisiert. An der OH-Gruppe wird das Proton leicht abgegeben. Es verbleibt das **Carboxylat-Anion**, $-COO^-$. Protonendonatoren sind Säuren (▶ Kap. 3.4.1). Carboxylgruppen verleihen einer organischen Verbindung ihren **Säurecharakter.**

Im Carboxylat-Anion kann die negative Ladung im Austausch mit der Doppelbindung von einem zum anderen Sauerstoffatom wechseln. Das Carboxylat-Anion ist **mesomeriestabilisiert:**

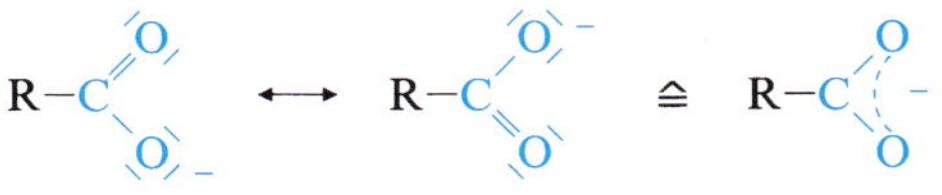

Mesomerie des Carboxylat-Anions

Lerntipp

Bitte beachten Sie in oben stehender Reaktionsgleichung den Mesomerie- oder Resonanzpfeil, der nicht mit dem normalen Reaktionspfeil (mit nur je einer Pfeilspitze) verwechselt werden sollte! Die beiden dargestellten Moleküle sind sogenannte Grenzformeln, d. h.,

> die tatsächliche Elektronenverteilung des Moleküls liegt zwischen den von den Grenzformeln angegebenen Elektronenverteilungen.

Die systematischen Namen der Carbonsäuren leiten sich aus den Namen der zugrunde liegenden Alkane und der Endung „-säure" ab.

In der alltäglichen Anwendung haben sich die Bezeichnungen nach den IUPAC-Regeln aber nicht durchgesetzt. Die einfachen Carbonsäuren sind besser unter ihren Trivialnamen bekannt (▸ Tab. 2.13; ▸ Kap. 6.2.2).

Ein- und mehrwertige Carbonsäuren

Monocarbonsäuren besitzen nur eine Carboxylgruppe. Die allgemeine Formel der aliphatischen Monocarbonsäuren ist:

$$C_nH_{2n+1} - COOH$$

Die kurzkettigen Säuren sind flüssig. Mit länger werdender Kettenlänge wird die Konsistenz wachsartiger und schließlich fest (▸ Tab. 2.13).

Wenn die Carbonsäure zusätzliche funktionelle Gruppen trägt, wird deren Stellung auf die Lage der Carboxylgruppe bezogen. Es existieren zwei Verfahren der Benennung der Kohlenstoffatome (▸ Kap. 6.2.1):

- Beginnend mit dem C-Atom der Carboxylgruppe wird die Kohlenstoffkette aufsteigend nummeriert.
- Gebräuchlicher ist die zweite Methode, nach der das Kohlenstoffatom, das die COOH-Gruppe trägt, als α-Atom bezeichnet wird. Die weiteren C-Atome werden fortlaufend mit kleinen griechischen Buchstaben gekennzeichnet.

- Das letzte Kohlenstoffatom der Kette wird stets als ω-Atom bezeichnet:

$$\underset{\omega}{H_3C} - (CH_2)_n - \underset{\delta}{\overset{5}{CH_2}} - \underset{\gamma}{\overset{4}{CH_2}} - \underset{\beta}{\overset{3}{CH_2}} - \underset{\alpha}{\overset{2}{CH_2}} - \overset{1}{COOH}$$

Mehrwertige Carbonsäuren enthalten mehrere Carboxylgruppen. Sie werden als Dicarbonsäuren (▸ Tab. 2.14), Tricarbonsäuren usw. eingeteilt. Bekanntester Vertreter der Tricarbonsäuren ist die Citronensäure:

$$\begin{array}{c} CH_2 - COOH \\ | \\ HO-C-COOH \\ | \\ CH_2 - COOH \end{array}$$

Merke

> Eine Carboxyl-Gruppe kann ihr Proton abgeben, eine Aldehydgruppe hingegen nicht. Bei diesen fungiert das benachbarte α-C-Atom als Protonendonator. Die Aldehydgruppe ist nicht mesomeriestabilisiert.

Carbonsäurederivate

Die Carbonsäuren sind Grundlage einer großen Familie zahlreicher Verbindungen, die entstehen, wenn die OH-Gruppe der Carboxylgruppe durch andere polare Gruppen ersetzt wird.

Eine kurze Übersicht dieser Carbonsäurederivate gibt ▸ Abb. 2.22:

- Das Ersetzen der OH-Gruppe durch ein Chlormolekül führt zu einem **Säurechlorid.**
- Wenn sich zwei Carboxylgruppen unter Wasserabspaltung verbinden, entsteht ein **Säureanhydrid.**
- Je ein Wassermolekül wird auch freigesetzt bei der Reaktion mit Thiolen, Alkoholen oder Am-

Tab. 2.13 Aliphatische Monocarbonsäuren

Name	Formel	Kettenlänge	Siedepunkt °C
Ameisensäure (Methansäure)	$H-COOH$	C_1	101
Essigsäure (Ethansäure)	$H_3C-COOH$	C_2	118
Propionsäure (Propansäure)	H_3C-CH_2-COOH	C_3	141
Buttersäure (Butansäure)	$H_3C-(CH_2)_2-COOH$	C_4	164
			Schmelzpunkt °C
Palmitinsäure	$H_3C-(CH_2)_{14}-COOH$	C_{16}	63
Stearinsäure	$H_3C-(CH_2)_{16}-COOH$	C_{18}	70

moniak. Es entstehen dann **Thioester, Ester** oder **Säureamide** (▶ Kap. 3.9.3). Durch Hydrolyse ist jeweils wieder die Rückreaktion zur Carbonsäure möglich.

Der R–CO-Rest der Carbonsäurederivate wird als **Acylrest** bezeichnet.

Die Bildung von Carbonsäureanhydriden und Carbonsäureestern wird nachfolgend nochmals dargestellt.

Carbonsäureanhydride

Carbonsäureanhydride entstehen unter Wasserabspaltung aus der Reaktion zweier Carboxylgruppen:

Bei Dicarbonsäuren ist auch eine Verbindung beider Carboxylgruppen zu einem intramolekularen

Ringschluss möglich. Es entstehen dabei bevorzugt 5- oder 6-gliedrige Ringe:

Acetanhydrid   Maleinsäureanhydrid

Lerntipp

Häufige Aufgabe in Prüfungsfragen ist es, aus einer Reihe von Molekülen ein Carbonsäureanhydrid zu erkennen. Dies fällt Ihnen nicht schwer, wenn Sie überprüfen, welches Molekül die für Carbonsäureanhydride charakteristische O=C–O–C=O-Gruppe besitzt.

Carbonsäureester

Ester bilden sich aus einer Carbonsäure und einem Alkohol. Dabei wird ein Wassermolekül abgespalten (▶ Kap. 3.9.3.1):

Säure   Alkohol   Ester   Wasser

Die Bezeichnung des Esters leitet sich aus den Namen der Ausgangsstoffe ab. So bilden Essigsäure und Methanol Essigsäuremethylester.

Die Ethylester besitzen einen fruchtartigen Geruch und Geschmack. Sie sind deshalb als künstliche Aromastoffe in Lebensmitteln zu finden.

Tab. 2.14 Aliphatische Dicarbonsäuren

Name	Formel	Kettenlänge
Oxalsäure (Ethandisäure)	HOOC–COOH	C_2
Malonsäure (Propandisäure)	HOOC–CH_2–COOH	C_3
Bernsteinsäure (Butandisäure)	HOOC–$(CH_2)_2$–COOH	C_4
Glutarsäure (Pentandisäure)	HOOC–$(CH_2)_3$–COOH	C_5

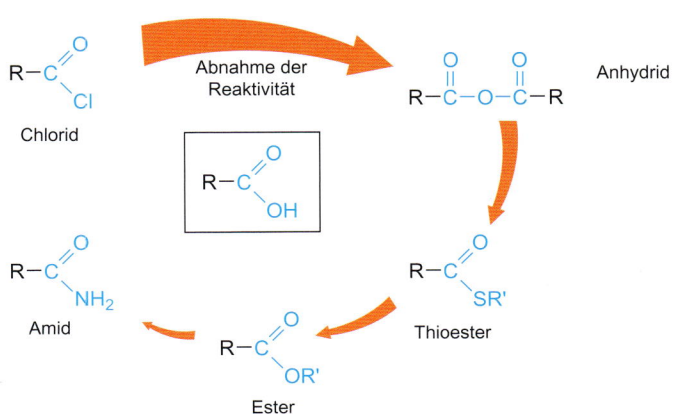

Abb. 2.22 Verschiedene Carbonsäurederivate; die Reaktivität der entstandenen Carbonylgruppe hängt von der Elektronenaffinität des Substituenten ab.

Reagiert die Carboxylgruppe mit einer OH-Gruppe desselben Moleküls, entstehen cyclische Ester, diese werden **Lactone** genannt:

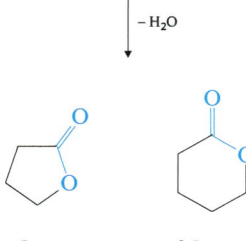

γ-Hydroxybuttersäure

– H₂O

γ-Lacton   δ-Lacton

Auch hier entstehen bevorzugt 5- oder 6-gliedrige Ringe.
Ein 5-gliedriges γ-Lacton entsteht aus einer γ-Hydroxycarbonsäure, das 6-gliedrige δ-Lacton aus einer δ-Hydroxycarbonsäure.

Salzbildung

Carbonsäure-Anionen bilden mit Kationen **Salze.** Die Salze der Carbonsäuren werden im Namen durch die Endung „-at" gekennzeichnet.
So heißen die Salze der Essigsäure Acetate, die der Citronensäure Citrate usw. In wässriger Lösung sind die Salze vollständig dissoziiert.
Die Salze langkettiger Carbonsäuren werden als **Seifen** bezeichnet. Ihre besonderen Eigenschaften liegen in dem gegensätzlichen Verhalten beider Enden des Moleküls begründet (▸ Abb. 2.23). Die Carboxylgruppe ist hydrophil, die lange Kohlenwasserstoffkette dagegen hydrophob. Das Verhalten solcher Moleküle wird **amphiphil** (auch: amphipathisch) bezeichnet. An einer Phasengrenze zum wässrigen Milieu zeigen polare „Köpfe" der

Moleküle ins Innere, während die apolaren „Schwänze" nach außen weisen.
Im Wasser ordnen sich die Seifenmoleküle zu einer Kugelschale an, die **Mizelle** genannt wird (▸ Abb. 2.24). Im Inneren einer solchen Mizelle kann ein apolares Schmutzteilchen transportiert oder können kleinste Fetttröpfchen emulgiert werden.

Merke

Amphiphile Stoffe besitzen sowohl hydrophile als auch hydrophobe Eigenschaften!

Klinik

Im Verdauungskanal bilden die **Gallensäuren** Mizellen, durch die Fette aus der Nahrung emulgiert und dann vom Körper aufgenommen werden können.

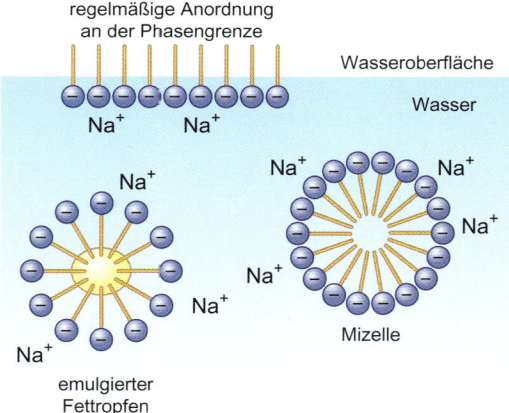

Abb. 2.24 Verhalten langkettiger amphiphiler Moleküle in Wasser am Beispiel des Natriumstearats.

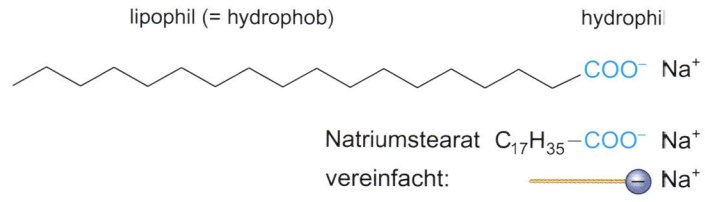

Abb. 2.23 Grundstruktur von Seifen am Beispiel Natriumstearat.

2.5 Carbo- und Heterocyclen

In **cyclischen** Kohlenstoffverbindungen schließt sich die Kohlenstoffkette zu einem Ring. Besteht das Gerüst des Rings nur aus Kohlenstoffatomen, spricht man von **Carbocyclen.** Wenn der Ring noch ein oder mehrere Fremdatome enthält, handelt es sich um **Heterocyclen.** Besonders häufig treten 5- oder 6-gliedrige Ringe auf.

2.5.1 Cycloalkane, Aromaten

2.5.1.1 Cycloalkane

Formal lassen sich **Cycloalkane** vorstellen, indem von beiden Enden eines *n*-Alkans je ein Wasserstoffatom entfernt wird und die Enden der Kohlenstoffkette miteinander zu einem Ring verbunden werden.

Es lässt sich eine homologe Reihe der Cycloalkane bilden, deren allgemeine Summenformel lautet:

$$C_nH_{2n}$$

Das erste denkbare Cycloalkan ist das Cyclopropan, C_3H_6. Die Bindungswinkel weichen in diesem Ring allerdings deutlich vom idealen Tetraederwinkel ab, sodass der Ring stark gespannt ist: Die sp^3-Hybridisierung des Kohlenstoffatoms ist gestört. Diese Anordnung ist so ungünstig, dass sie natürlicherweise kaum auftritt.

Das bedeutendste und häufigste Cycloalkan ist **Cyclohexan,** C_6H_{12}. Hier entsprechen die Bindungswinkel dem Tetraederwinkel von 109,5°. Der Ring ist völlig spannungsfrei. Er ist allerdings nicht eben gebaut (▶ Kap. 2.6.2).

Am Ring können die H-Atome durch Alkylreste oder durch funktionelle Gruppen ersetzt werden. Auf diese Weise lassen sich auch cyclische Alkohole, Thiole oder Ketone bilden.

2.5.1.2 Aromaten

Das bestimmende Strukturelement aromatischer Verbindungen sind Kohlenstoffringe, die **konjugierte Doppelbindungen** aufweisen. Der wichtigste Vertreter der Aromaten ist das **Benzol,** C_6H_6:

- Alle Kohlenstoffatome des Benzolrings liegen in einer Ebene und sind sp^2-hybridisiert. Die Bindungswinkel betragen 120°. Die Wasserstoffatome liegen in der gleichen Ebene wie der Kohlenstoffring.
- Die Lage der π-Bindungen kann als eine von zwei Grenzstrukturen dargestellt werden, zwischen denen die Elektronen ständig wechseln. Die π-Elektronen sind delokalisiert und bilden eine **Ladungswolke** oberhalb und unterhalb des Rings:

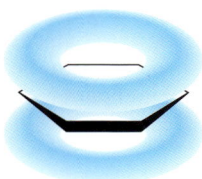

- Um die Mesomerie (▶ Kap. 2.4.1.3) in der Strukturformel zu zeigen, wird anstelle der Doppelbindungen die Ladungswolke als Ring gezeichnet:

Benzol

alternativ

Benzol ist hydrophob, es eignet sich als apolares Lösungsmittel. Es wird in der Erdöl- und Kohleverarbeitung gewonnen. Benzol ist toxisch und kanzerogen.

Als reiner Kohlenwasserstoff kommt Benzol natürlicherweise nicht vor, der Benzolring ist aber ein Strukturelement vieler organischer Verbindungen.

- Tritt der Benzolring selbst an einem anderen Molekül als Substituent auf, wird die C_6H_5-Einheit mit „Phenyl-" benannt. Im Allgemeinen werden aromatische Reste als **Arylreste** bezeichnet.
- Bei mehreren, direkt miteinander verbundenen Benzolringen wird von **kondensierten Kernen** gesprochen. Wichtige mehrkernige Verbindungen sind Naphthalin und Anthracen:

H $-$ C $\cdots$ C $-$ H; H $-$ C $\cdots$ C $-$ H (Benzol) =

Benzol

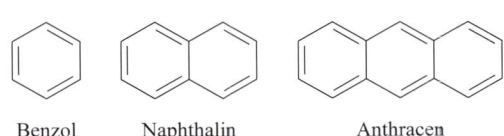

Benzol   Naphthalin   Anthracen

Der Benzolring wird durch die Mesomerie der π-Bindungen stabilisiert und ist eine **energetisch besonders günstige** Anordnung. Die π-Bindungen werden bei Reaktionen des Benzols deshalb nicht aufgebrochen. Es werden lediglich die Wasserstoffatome durch andere Elemente oder funktionelle Gruppen ersetzt (▶ Abb. 2.25 und ▶ Abb. 3.13). Die aromatischen Alkohole werden als **Phenole** bezeichnet. Durch Anlagerung der entsprechenden funktionellen Gruppen an den Benzolring lassen sich die aromatischen Varianten der anderen in ▶ Kap. 2.4.2 beschriebenen Stoffgruppen ableiten. Trägt der Benzolring zwei Substituenten, wird deren Stellung zueinander durch die Bezeichnungen *ortho* (*o*), *meta* (*m*) und *para* (*p*) angegeben:

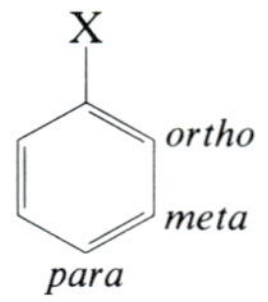

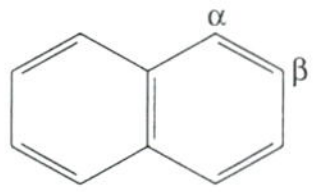

Naphthalin

Lerntipp

Machen Sie sich noch einmal alle Unterschiede zwischen aromatischen und nichtaromatischen cyclischen Kohlenwasserstoffen klar. Bitte prägen Sie sich neben Benzol auch Naphthalin und Anthracen ein. Diese Struktureinheiten müssen Sie in komplexeren Molekülen erkennen können. In dem Zusammenhang wird auch gern die Substitution des jeweiligen Ringsystems abgefragt.

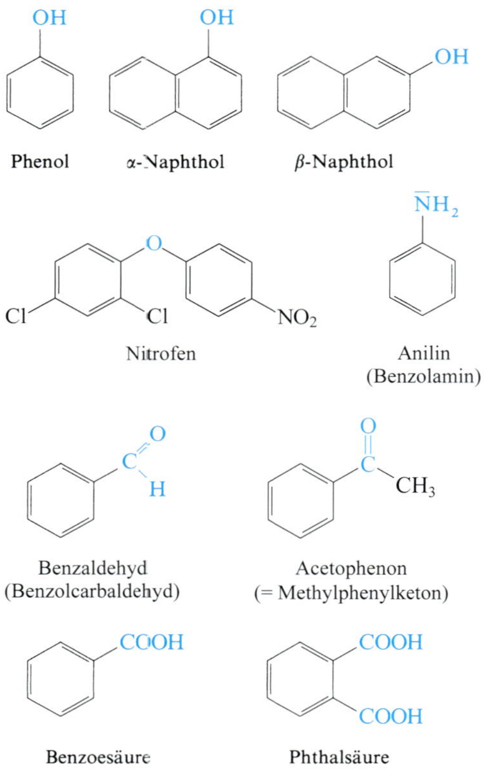

o-Bromtoluol 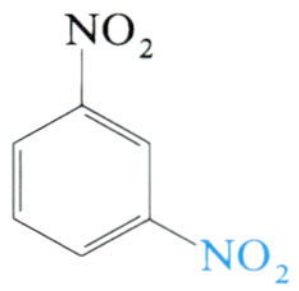 *m*-Dinitrobenzol 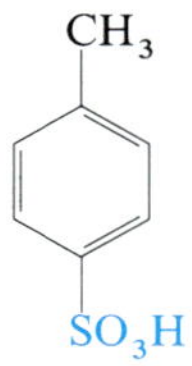 *p*-Toluol-sulfonsäure

Phenol α-Naphthol β-Naphthol

Nitrofen Anilin (Benzolamin)

Merke

Die energetisch günstigste Form liegt vor, wenn beide Substituenten in der *para*-Stellung vorliegen (siehe ▶ Kap. 2.6.2). Die Substituenten sind hier am weitesten voneinander entfernt. Umgekehrt entspricht dann die *ortho*-Stellung der energetisch ungünstigsten Stellung.

Bei mehr als zwei Substituenten werden die C-Atome des Rings von 1–6 nummeriert und die den Positionen entsprechenden Zahlen werden vor die Substituenten gesetzt.

Im Naphthalin sind für einen Substituenten relativ zur Verbindungsstelle beider Benzolkerne zwei Positionen möglich. Die Stellungen werden mit α und β bezeichnet. So können in ▶ Abb. 2.25 für Naphthol die Isomere α-Naphthol und β-Naphthol unterschieden werden:

Benzaldehyd (Benzolcarbaldehyd) Acetophenon (= Methylphenylketon)

Benzoesäure Phthalsäure

Abb. 2.25 Beispiele für aromatische Verbindungen: Alkohol (Phenol und Naphthol); Ether (Nitrofen); Amin (Anilin); Aldehyd (Benzaldehyd); Ketor (Acetophenon); Carbonsäure (Benzoesäure und Phthalsäure).

2.5.1.3 Chinone

Aus einem zweiwertigen Phenol können durch Dehydrierung (▶ Kap. 3.8.1) Chinone entstehen. Chinone werden als eigene Stoffgruppe klassifiziert. In einem **Chinon** sind zwei Sauerstoffatome über C=O-Doppelbindungen an einen 6-gliedrigen Kohlenstoffring gebunden. Die C=O-Doppelbindungen und die Ringstruktur sind durch konjugierte Doppelbindungen mesomeriestabilisiert. Chinone sind deshalb nur in *ortho*- (1,2-Chinon) oder *para*-Stellung (1,4-Chinon) der Sauerstoffatome möglich:

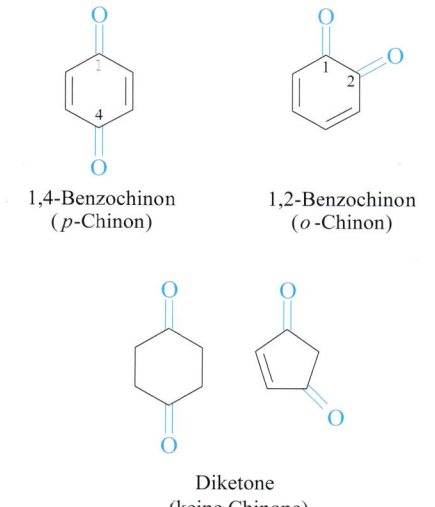

1,4-Benzochinon
(*p*-Chinon)

1,2-Benzochinon
(*o*-Chinon)

Diketone
(keine Chinone)

2.5.2 Heterocyclen

Die Ringstruktur der Heterocyclen enthält neben den C-Atomen noch ein oder mehrere **Fremdatome.** Wegen der Bindungswinkel an den Ringatomen sind nur 5- oder 6-gliedrige Ringe stabil. Die Heterocyclen lassen sich in aromatische und aliphatische unterscheiden:
- **Aromatische** Heterocyclen zeichnen sich durch konjugierte Doppelbindungen aus.
- In **aliphatischen** Heterocyclen sind die Atome des Rings entweder nur über Einfachbindungen verknüpft oder vorhandene Doppelbindungen sind nicht konjugiert.

Heterocyclen treten als Strukturelemente zahlreicher organischer Verbindungen auf. Wegen der Stabilität eines Systems konjugierter Bindungen sind hier die aromatischen Heterocyclen häufiger zu finden.

2.5.2.1 5-gliedrige Heterocyclen

In **Pyrrol** ist das Heteroatom ein Stickstoff-, in **Furan** ein Sauerstoff- und in **Thiophen** ein Schwefelatom:

Pyrrol   Furan   Thiophen

Diese drei Verbindungen sind die kleinsten aromatischen Heterocyclen. Die beiden Doppelbindungen im 5-Ring bilden mit einem freien Elektronenpaar ein delokalisiertes System aus 6 π-Elektronen.
- Pyrrol gibt den an das Stickstoffatom gebundenen Wasserstoff leicht als Proton ab und wird dabei selbst zum Anion. Ein **Tetrapyrrolsystem** aus vier Pyrrolringen wirkt als vierzähniger Chelator (▶ Kap. 2.3.5.3) und tritt in dieser Form u. a. im Häm-Molekül, in Cytochrom c, Chlorophyll a und in Vitamin B_{12} (▶ Kap. 8.3.2.4) auf.
- Nach dem Furan sind die **Furanosen** – d. h. Zucker mit einem 5-Ring (▶ Kap. 4.2.1) – benannt. Im Ring der Furanosen kommen allerdings keine Doppelbindungen vor.
- Die Hydrierung beider Doppelbindungen des Pyrrols führt zum **Pyrrolidin,** einem gesättigten, aliphatischen Heterocyclus. Pyrrolidin tritt in der proteinogenen Aminosäure Prolin auf (▶ Kap. 5.2.1):

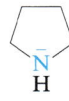

Pyrrolidin

Die Ringe von **Imidazol** und **Thiazol** weisen zwei Heteroatome auf. Bei Imidazol sind dies zwei Stickstoffatome und bei Thiazol ein Stickstoff- und ein Schwefelatom. Es handelt sich um aromatische Heterocyclen. Zusammen mit einem freien Elektronenpaar eines Heteroatoms wird wieder ein konjugiertes System gebildet:

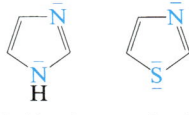

Imidazol   Thiazol

Imidazol kommt in der Aminosäure Histidin vor und Thiazol ist Bestandteil des Thiamins (Vitamin B_1 ► Kap. 8.3.2.1).

2.5.2.2 6-gliedrige Heterocyclen

Pyran enthält als Heteroatom Sauerstoff. Die mit dem Sauerstoff verbundenen Kohlenstoffatome sind mit ihren benachbarten C-Atomen über Doppelbindungen verknüpft. Die Doppelbindungen des Pyranrings sind nicht konjugiert; Pyran ist daher kein aromatischer, sondern ein ungesättigter, aliphatischer Heterocyclus:

Pyran

Pyran ist namengebend für die Gruppe der **Pyranosen,** das sind 6-gliedrige Zucker (► Kap. 4.2.1). Im Ring der Pyranosen kommen aber, wie bei den Furanosen, keine Doppelbindungen vor.
Die aromatischen Heterocyclen **Pyridin** und **Pyrimidin** enthalten Stickstoff. Der Pyridinring enthält ein Stickstoffatom, der Pyrimidinring zwei Stickstoffatome in *meta*-Stellung:

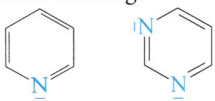

Pyridin   Pyrimidin

Pyrimidin ist Bestandteil der sogenannten Pyrimidinbasen Cytosin, Thymin und Uracil, die zu den Grundbausteinen der DNA bzw. RNA gehören (► Kap. 7.3.2.1).

2.5.2.3 Mehrkernige Heterocyclen

In mehrkernigen Heterocyclen sind die Ringe mehrerer Heterocyclen miteinander verbunden.

Wichtige zweikernige Heterocyclen sind Indol und Purin:

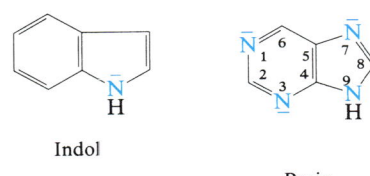

Indol

Purin

Im **Indol** sind Pyrrol und Benzol durch eine gemeinsame Seite ihrer Ringe miteinander verbunden. Indol ist in der Aminosäure Tryptophan enthalten (► Kap. 5.2.1).
Purin enthält die Heterocyclen Pyrimidin und Imidazol. Im Purinsystem werden die Ringatome in der oben gezeigten Weise nummeriert. Purin ist in den Purinbasen Adenin und Guanin enthalten, ebenfalls Grundbausteine der DNA (► Kap. 7.3.2.1).

2.6 Stereochemie

2.6.1 Isomerie

Ein Molekül ist ein dreidimensionales Gebilde, dessen räumliche Struktur entscheidend für seine Interaktionsmöglichkeiten mit Bindungspartnern und damit für sein chemisches Verhalten ist. Die Stereochemie beschäftigt sich mit dem räumlichen Aufbau der Moleküle.

- Die **Konstitution** eines Moleküls ist sein inneres Bindungsmuster, d.h. die Anordnung, mit welchen Nachbarn die Atome des Moleküls verbunden sind. Bei gleicher Summenformel, d. h. gleicher Anzahl der Atome jedes vorkommenden Elements, können daraus verschiedenartige Moleküle aufgebaut werden. Diese Moleküle sind **Konstitutionsisomere** (► Kap. 2.4.1.1). Die Konstitutionsisomere eines Stoffs können völlig unterschiedlichen Stoffklassen angehören, wie bereits am Beispiel des Ethanols und Dimethylethers aufgezeigt wurde.

- Isomere mit gleichem innerem Bindungsmuster, bei denen sich aber wegen anderer Unterschiede trotzdem der räumliche Bau des Moleküls unterscheidet, werden allgemein als **Stereoisomere** bezeichnet. Es wird zwischen Konformations- und Konfigurationsisomerie unterschieden.

2.6.2 Konformation

Eine Einfachbindung ist um ihre Bindungsachse frei drehbar. Die Varianten, die durch Drehung um die Bindungsachse entstehen, werden **Konformere** eines Moleküls genannt.
▶ Abb. 2.26 zeigt die Konformere des Ethans. Durch die Drehung um die C–C-Bindungsachse ändert sich die gegenseitige Lage der Wasserstoffatome. Die perspektivische Darstellung gelingt in der Sägebock-Schreibweise oder der Newman-Projektion übersichtlicher als in der Keilstrich-Schreibweise. In der Newman-Projektion geht die Blickrichtung des Betrachters in Richtung der C–C-Bindung. Hier wird die relative Lage der am vorderen C-Atom gebundenen Atome oder Gruppen zu denen am hinteren C-Atom besonders deutlich. Die Bindungen zum vorderen C-Atom sind als durchgehende Striche bis zum Mittelpunkt gezeichnet, die zum hinteren Atom nur als Striche bis zum Kreis.

In der **gestaffelten** Konformation sind gegenüberliegende H-Atome weiter voneinander entfernt als in der **ekliptischen** Anordnung. Der Energiegehalt der gestaffelten Konformation ist geringer als der der ekliptischen, die gestaffelte Konformation ist daher stabiler.

Merke

Die Konformere eines Moleküls lassen sich nicht voneinander trennen. Sie wandeln sich ständig von einer in die andere Anordnung um. Alle Konformere eines Moleküls stehen miteinander in einem Gleichgewicht.

Wenn die C-Atome zusätzliche Gruppen als Substituenten tragen, sind zwei Varianten der gestaffelten Konformation denkbar. So können beim *n*-Butan bei einer Rotation um die mittlere Bindung die Methylgruppen **anti-** oder **gauche-Staffelung** einnehmen:

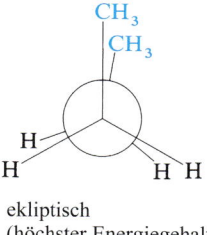

gestaffelt, *anti*
(geringster Energiegehalt)

gestaffelt, *gauche*

ekliptisch
(höchster Energiegehalt)

Merke

In der anti-Staffelung, der stabilsten Form, sind die zusätzlichen Gruppen am weitesten voneinander entfernt. Ihr Energiegehalt ist am geringsten; diese Anordnung stellt sich daher bevorzugt ein. Deshalb bilden Kohlenwasserstoffe eine lang gestreckte Zickzack-Kette und knäueln sich nicht auf.

Vom Cyclohexan existieren als Konformere die **Sessel-** und die **Wannenform.** In beiden Anordnungen ist der 109,5°-Tetraederwinkel der Bindungen am Kohlenstoff erreicht:

gestaffelt   ekliptisch

Keilstrich-Formel

Sägebock-Schreibweise

Newman-Projektion

Abb. 2.26 Die Konformere des Ethans in verschiedenen Darstellungen.

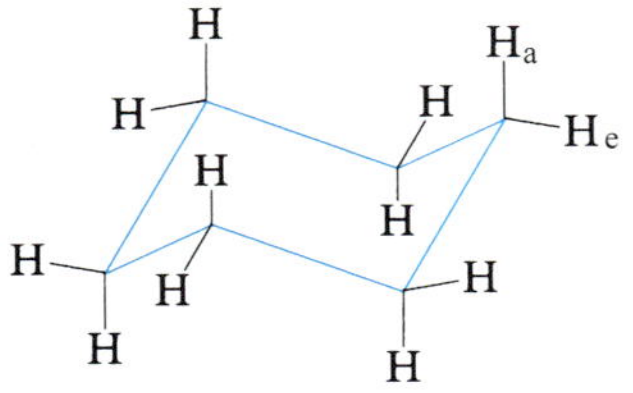

Sesselform

Wannenform

Merke

Sessel- und Wannenform können sich ineinander umwandeln. Die Sesselform ist die energieärmere (d. h. energetisch günstigere) Form und wird daher bevorzugt eingenommen.

Die Wasserstoffatome stehen entweder nach außen weisend in **äquatorialer** Position (e) oder sie zeigen in **axialer** Stellung (a) in Richtung der Ringachse.

Vom Cyclohexan existieren zwei Sesselformen: linkes C-Atom unten, rechtes oben (wie dargestellt) oder linkes oben und rechtes unten. Beim „Umklappen" von einer Sesselform in die andere wechselt die Stellung aller zuvor axialen Atome in äquatorial und umgekehrt die aller zuvor äquatorialen Atome in axial.

2.6.3 Konfiguration

Während die im vorhergehenden Abschnitt beschriebenen Konformere eine Gruppe der Stereoisomere darstellen, die sich ineinander umwandeln können, ist dies bei **Konfigurationsisomeren** nicht möglich. Eine Doppelbindung zwischen zwei C-Atomen ist nicht mehr frei drehbar. Für eine Rotation müsste die π-Bindung gelöst und dann wieder neu geknüpft werden.

Es sind verschiedene gegenseitige Lagebeziehungen der Substituenten an den doppelt verbundenen C-Atomen möglich. Auf diese Weise entstehen, wie am Beispiel des 2-Butens gezeigt ist, die Konfigurationsisomere:

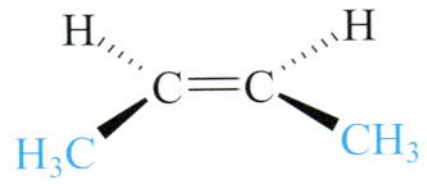

(*Z*)-2-Buten
(*cis*-2-Buten)
Sdp. 3,7 °C

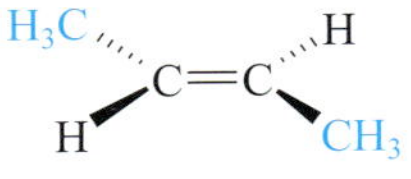

(*E*)-2-Buten
(*trans*-2-Buten)
Sdp. 0,9 °C

In der ***cis*-Stellung** befinden sich die beiden Methylgruppen an der gleichen Seite der Doppelbindung. In der ***trans*-Konfiguration** stehen sie auf entgegengesetzten Seiten. Im Deutschen werden die *cis*-Form auch mit *Z* (für zusammen) und die *trans*-Form mit *E* (für entgegengesetzt) bezeichnet.

Zwischen den Methylgruppen wirken Abstoßungskräfte. Das *trans*-Isomer, bei dem die Gruppen weiter voneinander entfernt sind, ist deshalb die energieärmere der beiden Varianten.

Die Konfigurationsisomere eines Stoffs können sich in ihren physikalischen Eigenschaften unterscheiden, wie an den verschiedenen Siedepunkten des *cis*-2-Butens (3,7 °C) und des *trans*-2-Butens (0,9 °C) deutlich wird.

Merke

Die Konfigurationsisomerie an einer Doppelbindung wird auch **geometrische Isomerie** genannt. Geometrische Isomere wandeln sich nicht spontan ineinander um. Für eine Umwandlung ist Energiezufuhr nötig, um eine der Doppelbindungen zu lösen.

Ein weiteres Beispiel für Konfigurationsisomerie zeigt sich bei den Dicarbonsäuren. Wird Bernsteinsäure (Butandisäure) dehydriert, entsteht eine ungesättigte Dicarbonsäure mit zwei Konfigurationsisomeren:

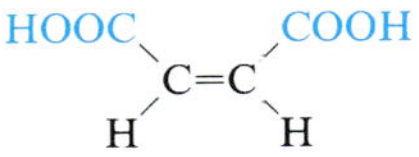

Maleinsäure
(*cis*-Isomer)

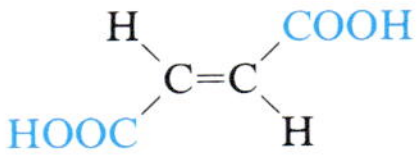

Fumarsäure
(*trans*-Isomer)

Die Isomere erhielten verschiedene Trivialnamen. Das *cis*-Isomer ist die Maleinsäure, das *trans*-Isomer die Fumarsäure.

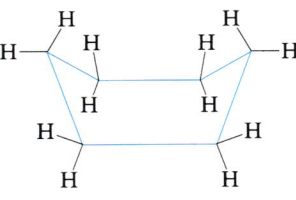

2.6.4 Chirale Verbindungen

2.6.4.1 Verbindungen mit einem Chiralitätszentrum

Von einigen Verbindungen lassen sich bei gleicher Konstitution Moleküle aufbauen, die sich gänzlich oder in Teilen zueinander wie Bild und Spiegelbild verhalten und durch Drehung nicht zur Deckung gebracht werden können. Solche Substanzen werden als **chiral** bezeichnet (von griech. cheir = Hand). Ein Beispiel ist die Milchsäure:

$$H_3C-\underset{\underset{OH}{|}}{C}H-COOH$$

Milchsäure

Spiegelebene

Das Molekül besitzt ein **Chiralitätszentrum,** es wird gebildet von einem sp^3-hybridisierten C-Atom, das vier verschiedene Substituenten trägt („**asymmetrisches C-Atom**").

Die beiden Moleküle, die sich zueinander wie Bild und Spiegelbild verhalten, werden **Enantiomere** genannt. Die Enantiomere einer Verbindung unterscheiden sich nicht in den üblicherweise gemessenen physikalischen Eigenschaften wie Siedepunkt, Schmelzpunkt, Absorptions- oder Emissionsspektren usw. Chirale Verbindungen sind in der Regel **optisch aktiv,** sie drehen die Schwingungsebene polarisierten Lichts. Die Enantiomere werden häufig durch die Angabe der Drehrichtung gekennzeichnet, z. B. als (+)-Milchsäure. Eine Drehung nach rechts im Uhrzeigersinn wird mit (+) bezeichnet, die Linksdrehung gegen den Uhrzeigersinn mit (–). Wenn ein Enantiomer das Licht nach links dreht, dreht es sein Spiegelbild nach rechts.

Lerntipp

Zur Wiederholung: Enantiomere besitzen gleiche Konstitution, aber unterschiedliche Konfiguration. Sie sind aber keine Konformere, da sie nicht durch Drehung um eine Einfachbindung ineinander überführt werden können.

Merke

Die Chiralität ist von besonderer Bedeutung bei enzymgesteuerten Reaktionen. In der Regel sind enzymatische Reaktionen **stereoselektiv,** d. h., die Reaktion findet nur mit einem der beiden Enantiomeren statt.

Ein **Racemat** ist ein Gemisch beider Enantiomere. Hier kompensieren sich die rechts- und die linksdrehenden Einflüsse beider Molekülvarianten gegenseitig.

Aus dem Bau eines chiralen Moleküls lässt sich nicht vorhersagen, in welcher Richtung und um welchen Winkel es polarisiertes Licht drehen wird. Die optische Aktivität kann nur gemessen werden. Verbindungen ohne asymmetrisches C-Atom sind nicht chiral, sie werden **achiral** genannt. In einigen Fällen lassen sich auch bei achiralen Verbindungen eine linke und eine rechte Seite des Moleküls unterscheiden, wie z. B. bei der Brenztraubensäure oder der Propionsäure. Solche Verbindungen werden als **prochiral** bezeichnet:

Brenztraubensäure   Propionsäure

Im Fall der Propionsäure ist die Unterscheidbarkeit der Seiten nicht auf den ersten Blick ersichtlich. Bei Berücksichtigung der dreidimensionalen Anordnung wird aber deutlich, dass sich das linke vom rechten H-Atom in der relativen Stellung zu den anderen Substituenten unterscheidet.

Aus einem prochiralen Molekül kann ein chirales Molekül entstehen, z. B. wenn bei der Propionsäure eines der H-Atome der CH_2-Gruppe durch eine funktionelle Gruppe wie $-NH_2$ oder $-OH$ ersetzt würde oder wenn die Brenztraubensäure hydriert würde.

Die **Stoffwechselreaktionen** im Körper sind in der Regel stereoselektiv.

- Im günstigeren Fall wird von einem Racemat nur die gewünschte Variante umgesetzt, das andere Enantiomer bleibt wirkungslos. Besonders bei Nahrungsergänzungsmitteln sind die Inhaltsangaben daher oft irreführend. Liegt eine chirale Substanz als Racemat vor, ist tatsächlich nur die Hälfte der angegebenen Stoffmenge bioverfügbar.
- Im ungünstigen Fall hat das andere Enantiomer eine unerwünschte Wirkung. Bekanntes Beispiel ist der ehemals unter dem Handelsnamen Contergan® vertriebene Wirkstoff Thalidomid. Nur das *R*-(+)-Enantiomer besaß die gewünschte Wirkung als Beruhigungs- und Einschlafmittel. Das *S*-(–)-Enantiomer zeigte die berüchtigte teratogene Wirkung.

2.6.4.2 D/L-Nomenklatur

Um chirale Moleküle nach ihrem Aufbau zu klassifizieren, wurde zunächst für Zucker und Aminosäuren die D/L-Nomenklatur eingeführt und bis heute in der Biochemie beibehalten.

Die D/L-**Klassifizierung** geht von der Fischer-Projektion des Moleküls aus (▶ Abb. 2.27).

- Die längste C-Atom-Kette wird senkrecht angeordnet.
- Das C-Atom mit der höchsten **Oxidationszahl** (▶ Kap. 3.5.1.2) wird oben angeordnet. Für die Reihenfolge der Oxidationszahlen gilt: $-COOH > -CHO > -CH_2OH > -CH_3$.
- Das Molekül wird so gedreht, dass die dem Chiralitätszentrum benachbarten C-Atome nach hinten weisen.

Weist nun in der Waagerechten die funktionelle Gruppe nach rechts, handelt es sich um die D-**Form,** weist sie nach links, um die L-**Form:**

CHO
H—OH
CH_2OH

D-(+)-Glycerinaldehyd

CHO
HO—H
CH_2OH

L-(–)-Glycerinaldehyd

COOH
$H-C-NH_2$
CH_3

D-Alanin

COOH
H_2N-C-H
CH_3

L-Alanin

Die D/L-Konfigurations-Bezeichnungen stehen in keinem Zusammenhang mit dem Drehsinn der optischen Aktivität. Beispielsweise ist D-Milchsäure linksdrehend und D-Glycerinaldehyd rechtsdrehend. Ein Wechsel der Drehrichtung kann in manchen Fällen schon allein durch die Wahl eines anderen Lösungsmittels erfolgen.

2.6.4.3 *R/S*-Nomenklatur

Für eine eindeutige Klassifizierung komplizierterer chiraler Moleküle ist die D/L-Nomenklatur nicht ausreichend. Deshalb wurde die **R/S-Nomenklatur** eingeführt.

- Jedem Substituenten am Chiralitätszentrum wird eine **Priorität** zugeordnet. Die Priorität eines direkt mit dem Zentrum verbundenen Atoms wächst mit seiner Ordnungszahl: $_1H < _6C < _7N < _8O$. Bei gleicher Priorität zweier Substituenten entscheidet die Priorität der Atome in zweiter Nachbarschaft. Doppelt gebundene Atome zählen zweifach und erhalten damit eine höhere Priorität als ein gleichartiges einfach gebundenes Atom: $-CHO > -CH_2OH$.
- Das Molekül wird so gedreht, dass der Substituent mit der niedrigsten Priorität aus der Blickrichtung nach hinten weist.
- Die anderen Substituenten werden in der Reihenfolge fallender Priorität betrachtet. Daraus

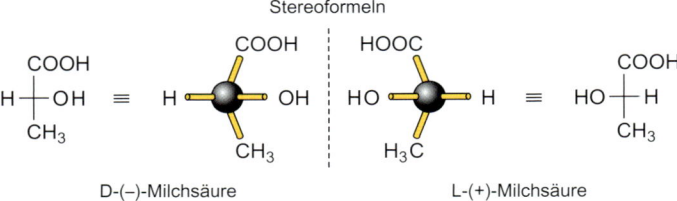

Stereoformeln

COOH
H—OH
CH_3

≡

COOH
H⚫OH
CH_3

D-(–)-Milchsäure

HOOC
HO⚫H
H_3C

≡

COOH
HO—H
CH_3

L-(+)-Milchsäure

Abb. 2.27 D/L-Klassifizierung der Enantiomere der Milchsäure.

ergibt sich eine Kreisbewegung mit einer **Rechts-drehung** (R) (im Uhrzeigersinn) oder einer **Linksdrehung** (S) (gegen den Uhrzeigersinn):

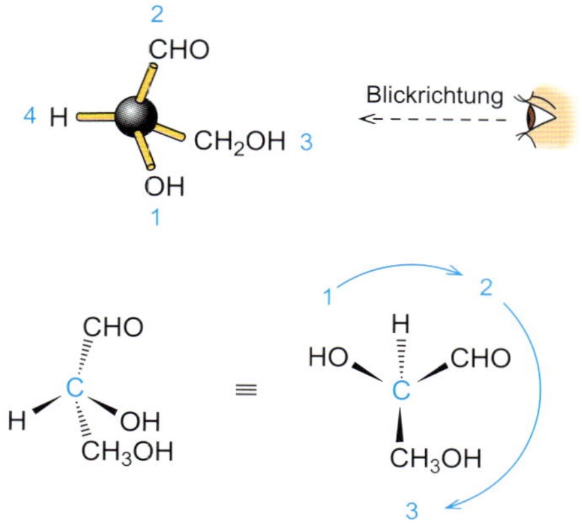

(R)-Glycerinaldehyd

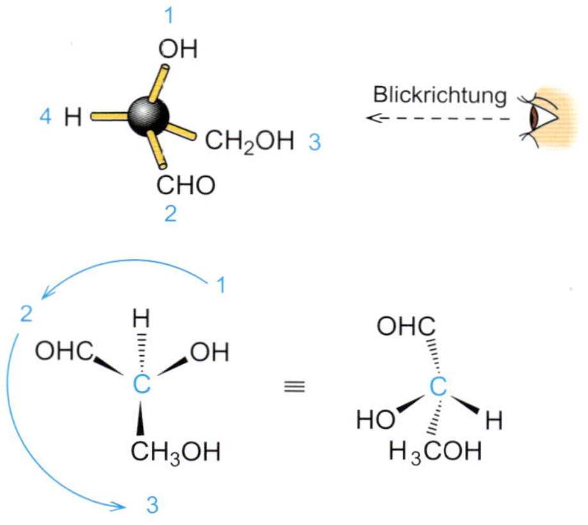

(S)-Glycerinaldehyd

Auch aus den R/S-Bezeichnungen lässt sich nicht ableiten, in welche Richtung ein optisch aktives Molekül die Polarisationsebene des Lichts dreht.

Merke

Die D/L- und die R/S-Nomenklatur sind voneinander unabhängig. Es kann nicht davon ausgegangen werden, dass ein L-Molekül immer als R eingeordnet wird oder umgekehrt.

Lerntipp

Bitte nehmen Sie sich etwas Zeit und prägen Sie sich die verschiedenen stereochemischen Typen gut ein. Am besten suchen Sie sich ein Molekül heraus und malen es in den verschiedenen Formen auf. Dann werden Sie im Examen kein Problem haben, sofort den gesuchten Typ zu erkennen!

2.6.4.4 Verbindungen mit mehreren Chiralitätszentren

Weist eine Verbindung mehrere Chiralitätszentren auf, so muss die Konfiguration an jedem Chiralitätszentrum gesondert betrachtet werden. Bei 2 Chiralitätszentren ergeben sich, wie am Beispiel der Aminosäure Threonin gezeigt, $2^2 = 4$ unterschiedliche Molekülkonfigurationen:

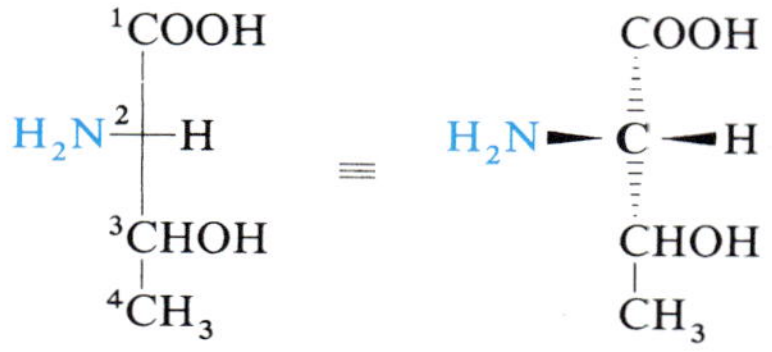

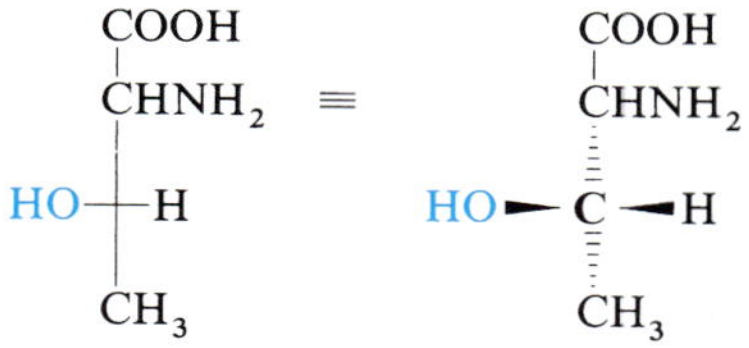

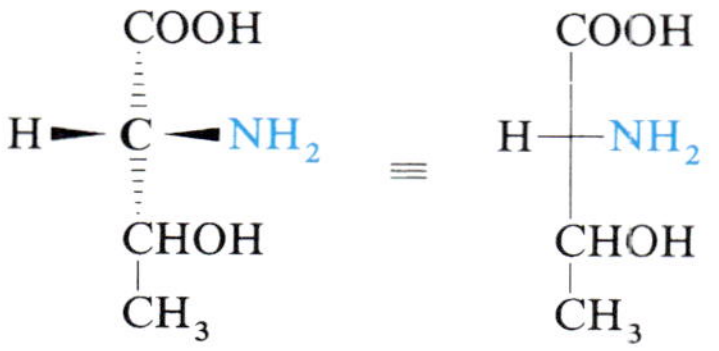

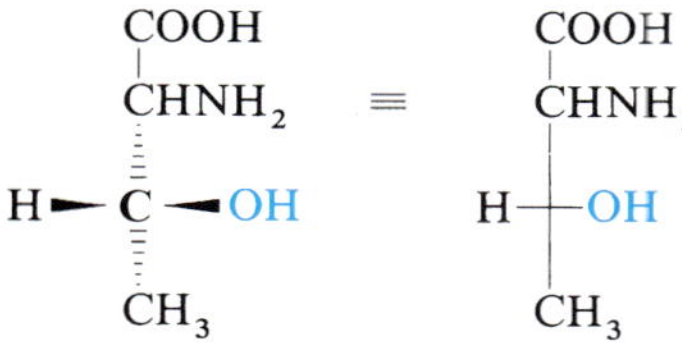

Zusammenfassend ergeben sich in der Fischer-Projektion die folgenden 4 Konfigurationsisomere des Threonins:

```
        COOH                    COOH
  H₂N ──┼── H            H ──┼── NH₂
    H ──┼── OH          HO ──┼── H
        CH₃                     CH₃

    (2S, 3R)      threo     (2R, 3S)


        COOH                    COOH
  H₂N ──┼── H            H ──┼── NH₂
   HO ──┼── H            H ──┼── OH
        CH₃                     CH₃

    (2S, 3S)     erythro    (2R, 3R)
```

- Die Moleküle mit der Konfiguration (2S, 3R) und (2R, 3S) verhalten sich ebenso wie das Paar (2S, 3S) und (2R, 3R) zueinander wie Bild und Spiegelbild. Die Paare sind **Enantiomere**.
- Moleküle einer Verbindung, die sich in ihrer Konfiguration der Chiralitätszentren unterscheiden, aber keine Enantiomere sind, d.h. nicht Bild und Spiegelbild, werden **Diastereomere** genannt. Ein Beispiel hierfür ist das Molekülpaar (2S, 3R) und (2S, 3S).
  - Diastereomere, die mehrere Chiralitätszentren enthalten, sich aber nur in der Konfiguration an einem Chiralitätszentrum unterscheiden, heißen **Epimere** (▶ Kap. 4.2.2.4).
  - Bei Monosacchariden wird darüber hinaus von **Anomeren** gesprochen. Als Anomere werden Zucker in der cyclischen Form bezeichnet, die sich in ihrer Konfiguration am C-Atom der ehemaligen Carbonylgruppe unterscheiden (▶ Kap. 4.2.3.2).

Merke

Im Allgemeinen existieren von einer Verbindung mit n Chiralitätszentren 2^n verschiedene Konfigurationsisomere.

Eine häufig in Lehrbüchern gezeigte und in Prüfungen gefragte **Ausnahme von dieser Regel** bildet die Weinsäure. Die Weinsäure besitzt am 2. und am 3. C-Atom ein Chiralitätszentrum. Beide Chiralitätszentren tragen aber die gleichen Substituenten. Das Molekül ist symmetrisch gebaut:

Weinsäure

$$HOOC \overset{4}{\underset{}{C}}H - \overset{3}{\underset{OH}{C}}H - \overset{2}{\underset{OH}{C}}H - \overset{1}{\underset{}{C}}OOH$$

```
        COOH                    COOH
    H ──┼── OH           HO ──┼── H
   HO ──┼── H             H ──┼── OH
        COOH                    COOH

    (2R, 3R)                (2S, 3S)
 L-(+)-Weinsäure        D-(−)-Weinsäure


        COOH                    COOH
    H ──┼── OH           HO ──┼── H
    H ──┼── OH      ≡    HO ──┼── H
        COOH                    COOH

    (2R, 3S)                (2S, 3R)
```

meso-Weinsäure

Die dritte und die vierte der gezeigten möglichen Varianten sind nicht wirklich verschieden. Sie lassen sich durch eine Drehung ineinander überführen. Es entstehen nur drei Konfigurationsisomere, die (+)-Weinsäure (2R, 3R), die (−)-Weinsäure (2S, 3S) und die *meso*-Weinsäure. Die *meso*-Weinsäure ist optisch inaktiv. Die miteinander im Gleichgewicht stehenden Molekülformen (2R, 3S) und (3R, 2S) kompensieren sich gegenseitig in ihrer Wirkung auf polarisiertes Licht.

Lerntipp

Am Ende dieses Kapitels sollten Sie sich noch einmal überprüfen, ob Sie in eigenen Worten die folgenden Begriffe erklären und anhand von Beispielen die Unterschiede klarstellen können: Konstitution, Konfiguration und Konformation sowie Enantiomere, Diastereomere und Konformere.

03

Stoffumwandlungen

3.1	Wegweiser	46
3.2	Homogene	
	Gleichgewichtsreaktionen	46
3.2.1	Begriffe	46
3.2.2	Chemisches Gleichgewicht	46
3.2.3	Kinetik, Thermodynamik	47
3.2.4	Gekoppelte Reaktionen	48
3.3	Heterogene	
	Gleichgewichtsreaktionen	48
3.3.1	Begriffe	48
3.3.2	Verteilung von Stoffen im	
	Gleichgewicht	49
3.3.3	Oberflächenprozesse	50
3.4	Säure/Base-Reaktionen	51
3.4.1	Definition von Säuren und Basen	
	nach von Brönsted	51
3.4.2	Dissoziationsabhängige Größen,	
	pH-Wert	52
3.4.3	Neutralisation, Puffer	57
3.4.4	Definition von Säuren und	
	Basen nach Lewis	61
3.5	Redoxreaktionen	61
3.5.1	Definitionen und Grundlagen	61
3.5.2	Elektrochemische Zellen	63
3.5.3	Biochemische Redoxreaktionen	66

3.6	Bildung und Eigenschaften	
	der Salze	67
3.6.1	Salzbildung	67
3.6.2	Eigenschaften der Salze	67
3.6.3	Schwer lösliche Salze	68
3.6.4	Elektrolyse	69
3.6.5	Biochemisch wichtige Salze	69
3.7	Ligandenaustausch-Reaktionen . .	69
3.7.1	Definition und Eigenschaften	69
3.7.2	Beispiele	70
3.8	Additions- und	
	Eliminationsreaktionen	70
3.8.1	Addition, Elimination	70
3.8.2	Reaktionen der Carbonylgruppe	71
3.8.3	Tautomerie, Kondensationen	73
3.9	Substitutionsreaktionen	75
3.9.1	Reaktionsablauf, reaktive Teilchen . .	75
3.9.2	Reaktionen am gesättigten	
	Kohlenstoffatom	75
3.9.3	Reaktionen am ungesättigten	
	Kohlenstoffatom	76
3.9.4	Aromaten	78
3.10	Sonstige Reaktionen	78
3.10.1	Nukleinsäuren	78
3.10.2	Carbonsäuren	79
3.10.3	Anorganische Säuren	79

IMPP-Hits

- Heterogene Gleichgewichtsrektion (► Kap. 3.3.1)
- Redoxreaktionen (► Kap. 3.5)
- Säure/Base-Reaktionen (► Kap. 3.4)
- Additions- und Eliminationsreaktionen (► Kap. 3.8)
- Substitutionsreaktionen (► Kap. 3.9)
- Bildung und Eigenschaften der Salze (► Kap. 3.6)

3.1 Wegweiser

Die in ► Kap. 2 dargestellten Verbindungen können auf unterschiedliche Weise miteinander reagieren und damit neue Substanzen bilden. Homogene Gleichgewichtsreaktionen (► Kap. 3.2) finden zwischen Stoffen desselben, heterogene Gleichgewichtsreaktionen (► Kap. 3.3) zwischen Stoffen verschiedenen Aggregatzustands statt.

Spezielle Reaktionstypen sind die Reaktionen von Säuren und Basen (► Kap. 3.4) sowie Redoxreaktionen (► Kap. 3.5).

Die Bildung von Salzen (► Kap. 3.6) stellt ebenfalls eine Stoffumwandlung dar, wie auch der Austausch der Liganden eines Metallkomplexes (► Kap. 3.7). In beiden Fällen entstehen durch die Umwandlung jeweils neue Verbindungen.

Aus der Kenntnis der Grundstruktur einer Verbindung und ihrer funktionellen Gruppen lassen sich grundsätzlich ihre verschiedenen Reaktionsmöglichkeiten ableiten. Dies wird am Beispiel der Additions- und Eliminationsreaktionen (► Kap. 3.8), der Substitutionsreaktionen (► Kap. 3.9) sowie weiteren Reaktionen von Säuren (► Kap. 3.10) gezeigt.

3.2 Homogene Gleichgewichtsreaktionen

3.2.1 Begriffe

Bei einer chemischen Reaktion ändern sich die chemischen und physikalischen Eigenschaften der beteiligten Stoffe. Chemische Reaktionen sind **Stoffumwandlungen,** bei denen aus den Ausgangsstoffen neue Verbindungen entstehen.

Die Reaktion lässt sich durch eine chemische Gleichung beschreiben:

$$2\,H_2 \quad + \quad O_2 \quad \longrightarrow \quad 2\,H_2O \quad + \quad Energie$$
Wasserstoff Sauerstoff   Wasser

Das Beispiel zeigt die sogenannte Knallgasreaktion, die Reaktion von gasförmigem Sauerstoff und Wasserstoff zu Wasser.

Auf der linken Seite stehen die Ausgangsstoffe, sie werden **Edukte** genannt, auf der rechten Seite die in der Reaktion gebildeten Stoffe, die **Produkte.** Der Pfeil kennzeichnet die Richtung, in die die Reaktion verläuft. Ein nicht an der Reaktion beteiligtes Lösungsmittel oder ein Katalysator (► Kap. 9.7) wird in den Reaktionsgleichungen nicht erwähnt.

Man spricht von chemischen Gleichungen, weil bei allen chemischen Reaktionen die Menge der beteiligten Stoffe erhalten bleibt. Massen- und Ladungserhaltung werden benutzt, um den Stoffumsatz quantitativ zu beschreiben. Die notwendigen Berechnungen werden als **Stöchiometrie** bezeichnet.

Beispiel

In einer Knallgasreaktion sollen 180 mL Wasser hergestellt werden. Welche Gasvolumina werden benötigt? Das spezifische Gewicht von Wasser beträgt $1\,g/cm^3$. $180\,cm^3$ (mL) wiegen 180 g.

Die relative Molekülmasse von H_2O ist $1 + 1 + 16 = 18$. Die Masse eines Mols H_2O ist 18 g. Die gewünschten 180 mL entsprechen daher 10 mol.

Nach der Summenformel H_2O werden 10 mol Sauerstoff (O) und 20 mol Wasserstoff (H) benötigt. Beide Stoffe kommen in der Natur aber nur als 2-atomige Gase vor. Deshalb beträgt die Stoffmenge der Edukte 5 mol O_2 und 10 mol H_2. Mit dem Molvolumen eines idealen Gases von 22,4 L/mol unter Normalbedingungen entspricht dies 112 L gasförmigem Sauerstoff und 224 L Wasserstoff.

Daraus entstehen 224 L Wasserdampf (10 mol), die nach Abkühlung zu den gewünschten 180 mL flüssigen Wassers kondensieren.

3.2.2 Chemisches Gleichgewicht

Selten läuft eine Reaktion nur in eine Richtung ab. Im Allgemeinen ist eine Reaktion **reversibel**, sie kann in beide Richtungen ablaufen. Grafisch wird dies durch einen Doppelpfeil in der Reaktionsgleichung verdeutlicht:

$$A + B \rightleftharpoons C + D$$

In der Hinreaktion reagieren die Edukte A und B zu den Produkten C und D. Gleichzeitig läuft die Rückreaktion ab, in der sich aus C und D wieder die Ausgangsstoffe A und B bilden.

Merke

Von außen betrachtet kommt die Reaktion zum Stehen, obwohl die Ausgangsstoffe noch nicht vollkommen verbraucht sind. Es stellt sich ein Gleichgewicht ein, bei dem sich die Konzentrationen der beteiligten Stoffe nicht mehr ändern. Es handelt sich hier aber nicht um einen statischen Zustand, in dem kein Stoffumsatz mehr stattfindet, sondern um ein **dynamisches Gleichgewicht,** bei dem pro Zeiteinheit genauso viele Produkte gebildet werden, wie auch wieder in ihre Ausgangsstoffe zurückreagieren.

Das **Massenwirkungsgesetz** (MWG) beschreibt die Konzentration der beteiligten Stoffe in der Gleichgewichtslage:

$$\frac{c_{(C)} \cdot c_{(D)}}{c_{(A)} \cdot c_{(B)}} = K \quad \text{oder} \quad \frac{[C] \cdot [D]}{[A] \cdot [B]} = K$$

Die Schreibweise in der eckigen Klammer meint dabei die Konzentration des angegebenen Stoffs. Die dimensionslose Zahl K ist die **Gleichgewichtskonstante** der Reaktion.

- Für Werte $K > 1$ liegt das Gleichgewicht auf Seiten der Produkte.   *rechts*
- Werte $K < 1$ beschreiben eine Gleichgewichtslage auf Seiten der Edukte.   *links*

Die Lage des Gleichgewichts und damit der Wert der Gleichgewichtskonstanten sind abhängig von den Umgebungsbedingungen, wie z.B. Druck oder Temperatur. Eine äußerlich zum Stillstand gekommene Reaktion kann durch eine Änderung der Umgebungsbedingungen wieder in Gang gesetzt werden. Nach der Störung des Gleichgewichts läuft die Reaktion weiter, bis ein erneutes Gleichgewicht erreicht ist.

Merke

Eine Reaktion lässt sich durch eine Konzentrationsänderung sowohl der Ausgangsstoffe als auch der Reaktionsprodukte beeinflussen. Wird eines der Produkte – etwa ein entweichendes Gas – fortwährend aus der Reaktion entfernt, kann ein vollständiger Stoffumsatz der Edukte zu den Produkten erreicht werden.

Als Beispiel sei die Esterbildung genannt:

$$\frac{[\text{Ester}] \cdot [H_2O]}{[\text{Carbonsäure}] \cdot [\text{Alkohol}]} = K$$

Wird das in der Reaktion gebildete Wasser entfernt, kann die Ausbeute an Estern erhöht werden.

Lerntipp

Schreiben Sie das Reaktionsschema der exothermen Knallgasreaktion aus ▶ Kap. 3.5.3.1 exemplarisch auf und überlegen Sie sich, wie sich die Lage des Gleichgewichts verändert, wenn die Temperatur oder der Druck erhöht wird. Denken Sie daran, dass bei einer Störung des chemischen Gleichgewichts diejenige Reaktion beschleunigt abläuft, die der Störung entgegenwirkt. Das

bedeutet bei Zufuhr von Wärme ein vermehrtes Ablaufen der endothermen Reaktion, ebenso wie bei Druckerhöhung diejenige Reaktion bevorzugt wird, bei der sich die Anzahl der gasförmigen Moleküle verringert.

3.2.3 Kinetik, Thermodynamik

Jede chemische Reaktion ist nicht nur mit einem Stoffumsatz verbunden, sondern auch mit einer Änderung der inneren Energie der beteiligten Reaktionspartner. Bei der zuvor als Beispiel genannten Knallgasreaktion wird Energie frei. Die energetische Betrachtung der chemischen Reaktionen wird an dieser Stelle nur kurz angesprochen, die ausführlichere Darstellung ist Thema von ▶ Kap. 9.

Eine Reaktion wird **exotherm** genannt, wenn Wärme frei wird, und **endotherm,** wenn Wärme zugeführt werden muss. Die an der Reaktion beteiligten Stoffe besitzen eine innere Energie, die durch die Bindungsenergie der Moleküle bestimmt wird. Diese innere Energie wird durch die **Enthalpie** H angegeben.

Die Reaktionswärme wird durch die Enthalpieänderung ΔH zwischen Produkten und Edukten angezeigt:

- $\Delta H < 0 \rightarrow$ exotherm
- $\Delta H > 0 \rightarrow$ endotherm

Um zu beschreiben, ob eine Reaktion freiwillig abläuft, wird die **freie Reaktionsenthalpie** ΔG (auch: Gibbs' freie Energie oder freie Enthalpie) eingeführt. Sie wird durch die **Gibbs-Helmholtz-Gleichung** definiert:

$$\Delta G = \Delta H - T \cdot \Delta S$$

(ΔG: freie Enthalpie, H: Enthalpie, T: Temperatur, S: Entropie [▶ Kap. 9.2.3]).

Eine Reaktion, die freiwillig abläuft, wird als **exergon** bezeichnet, im anderen Fall als **endergon.** Es gilt:

- $\Delta G < 0 \rightarrow$ exergon
- $\Delta G > 0 \rightarrow$ endergon

Merke

Die freie Reaktionsenthalpie ΔG kann auch als **Triebkraft** einer Reaktion bezeichnet werden. ΔG ist unter anderem abhängig von der Konzentration der an der Reaktion beteiligten Stoffe. Im Verlauf der Reaktion nimmt die Triebkraft stetig ab. Ist das chemische Gleichgewicht erreicht, wird $\Delta G = 0$.

Auch exergone Reaktionen starten häufig nicht selbsttätig oder laufen nur sehr langsam ab.

Um einen nennenswerten Reaktionsumsatz zu erreichen, ist ein **Katalysator** nötig (▶ Kap. 9.7). Ein Katalysator initiiert oder beschleunigt eine Reaktion, ohne selbst durch die Reaktion verändert zu werden. Im Stoffwechsel fungieren die **Enzyme** als Katalysatoren.

3.2.4 Gekoppelte Reaktionen

In einer gekoppelten Reaktion wandeln sich die Produkte einer ersten Teilreaktion in einem zweiten Reaktionsschritt zum Endprodukt um:

1. Reaktion:

$$\frac{[C] \cdot [D]}{[A] \cdot [B]} = K_1$$

$A + B \leftrightharpoons C + D$

2. Reaktion:

$$\frac{[E] \cdot [F]}{[C] \cdot [D]} = K_2$$

$C + D \leftrightharpoons E + F$

Gesamtreaktion:

$A + B \leftrightharpoons E + F$

Die Multiplikation der Massenwirkungsgesetze der Teilreaktionen ergibt:

$$\frac{[C] \cdot [D]}{[A] \cdot [B]} \cdot \frac{[E] \cdot [F]}{[C] \cdot [D]} = K_1 \cdot K_2$$

Die Konzentrationen der Zwischenprodukte kürzen sich heraus und das Gleichgewicht der Gesamtreaktion liegt bei:

$$\frac{[E] \cdot [F]}{[A] \cdot [B]} = K$$

mit $K = K_1 \cdot K_2$.

Merke

Die Reaktionen sind auch **energetisch gekoppelt.** In vielen biochemischen Reaktionen liefert der erste exer-

---

gone Teilschritt die notwendige Energie für eine nachfolgende endergone Reaktion.

3.3 Heterogene Gleichgewichtsreaktionen

3.3.1 Begriffe

Die Einteilung der Stoffgemische wurde bereits in ▶ Kap. 1.3 beschrieben. Wichtige Begriffe werden hier nochmals zusammengefasst:

- **(Echte) Lösung:** Teilchen in einer Flüssigkeit, Teilchengröße < 3 nm (molekular dispers)
- **Kolloidale Lösung:** Teilchengröße 3–200 nm (kolloid dispers)
- **Suspension:** Teilchen > 200 nm (grob dispers)
- **Emulsion:** Öl- oder Fetttröpfchen in Wasser
- **Aerosol:** kleine Partikel oder Flüssigkeitströpfchen in einem Gas.

Lösungen sind Stoffgemische, die entstehen, wenn ein fester, flüssiger oder gasförmiger Stoff in einem flüssigen Lösungsmittel gelöst wird. Die **Konzentration** einer Lösung kann

- als Massenkonzentration angegeben werden in Gramm pro Liter (g/L) oder als
- Stoffmengenkonzentration in Mol pro Liter (mol/L). Die Stoffmengenkonzentration wird als **Molarität** bezeichnet. Eine Lösung der Konzentration 1 Mol pro Liter ist 1-molar, kurz 1 M.
- Häufig werden Konzentrationen auch in Prozent angegeben. Der Prozentwert gibt die Masse des in 100 g Lösungsmittel gelösten Stoffs an. Für wässrige Lösungen ist dies gleichbedeutend mit der Angabe Gramm pro 100 mL.

Beispiel

Eine 0,9-prozentige Kochsalzlösung wird physiologische Kochsalzlösung genannt, weil dieser Wert der Konzentration im Plasma entspricht. Welche Molarität hat die Lösung?

$$0,9\,\% = \frac{0,9\,g}{100\,ml} = 9\,\frac{g}{L}$$

Die Molmasse von NaCl beträgt 22,99 g/mol + 35,45 g/mol = 58,44 g/mol.

$$\frac{9\,g/L}{58,44\,g/mol} = 0,15\,mol/L = 0,15\,M$$

Die Lösung ist 0,15 molar.

Lerntipp

Sie sollten darin geübt sein, Massen- (g/L) und Stoffmengenkonzentration (mol/L) ineinander umzurechnen. Folgende einfache Formel dient dabei als Verbindungsglied zwischen Masse m und Stoffmenge n:

$$n = \frac{m}{M}$$

wobei M die Molmasse des Moleküls in g/mol bezeichnet.

Jede Lösung kann nur eine bestimmte Stoffmenge aufnehmen. Dieses Maximum ist spezifisch für jede Kombination aus Lösungsmittel und zu lösendem Stoff und ist abhängig von der Temperatur. Eine Flüssigkeit kann mit steigender Temperatur eine größere Menge eines Feststoffs aufnehmen.

*   Eine **gesättigte** Lösung hat die maximal mögliche Substanzmenge aufgenommen. Beispielsweise beträgt die Sättigungskonzentration für Kochsalz in Wasser 358 g/L bei 20 °C.
*   Die Lösung wird **übersättigt,** wenn die Konzentration weiter erhöht oder die Lösung abgekühlt wird, denn dann nimmt die Sättigungskonzentration ab. Aus einer übersättigten Lösung fällt der gelöste Stoff aus und bildet einen festen Bodensatz. In diesem heterogenen System aus Festkörper und Lösung stellt sich ein Gleichgewicht ein. Es gehen aus dem Feststoff pro Zeiteinheit genauso viele Teilchen in Lösung, wie aus der Lösung wieder ausfallen.

Merke

Die Aufnahmefähigkeit einer Lösung ist temperaturabhängig!

Ein **heterogenes Gleichgewicht** liegt vor, wenn sich ein Stoff auf mehrere Phasen verteilt und sich an seiner Verteilung nichts mehr ändert.

3.3.2 Verteilung von Stoffen im Gleichgewicht

3.3.2.1 Gesetz von Henry Dalton

Gase können von Flüssigkeiten aufgenommen werden, ohne chemisch verändert zu werden. Das Gas löst sich in der Flüssigkeit. Wenn die Sättigungskonzentration überschritten wird, bilden sich Gasblasen: Das Gas beginnt auszuperlen. Das Verhältnis der Sättigungskonzentration des

gelösten Gases [A] in der Flüssigkeit zum Partialdruck des Gases P_A über der Flüssigkeit ist konstant:

$$\frac{[A]}{P_A} = K$$

(Henry-Dalton-Gesetz)

Der Wert der Konstanten K hängt von der Stoffkombination und der Temperatur ab. Die Löslichkeit eines Gases nimmt mit steigendem Druck zu, mit steigender Temperatur nimmt sie dagegen ab.

In Wasser lösen sich bei 20 °C und 1.013 hPa 434 mg O_2 oder 1.690 mg CO_2.

Klinik

Die Löslichkeit von Gasen ist beim **Tauchen** von Bedeutung. Unter dem erhöhten Umgebungsdruck löst sich eine größere Gasmenge in den Körpergeweben. Die Druckentlastung beim Auftauchen muss langsam und mit Pausen erfolgen, damit keine Übersättigung auftritt und sich keine Gasblasen bilden.

3.3.2.2 Nernst-Verteilungssatz

Zwei verschiedene Lösungsmittel, die sich nicht vollständig ineinander lösen bzw. sich nicht vermischen, bilden zwei voneinander getrennte flüssige Phasen.

Ein in beiden Lösungsmitteln löslicher Stoff A verteilt sich in beiden Phasen. An der Phasengrenze tritt er von einem in das andere Lösungsmittel über. Es stellt sich ein Gleichgewicht ein, das beschrieben wird durch:

$$\frac{[A]_{Oberphase}}{[A]_{Unterphase}} = K$$

(Nernst-Verteilungssatz)

Die Verteilung auf zwei Phasen kann zur **Stofftrennung** ausgenutzt werden. Als Beispiel wird angenommen, zwei Stoffe A und B seien in Wasser gelöst. Es wird Diethylether zugegeben. A sei in beiden Lösungsmitteln lösbar, B löse sich im Ether nicht oder nur schlecht.

Durch „Verschütteln" wird das System durchmischt. Danach bilden Wasser und Diethylether wieder zwei getrennte flüssige Phasen. A ist z.T. auch in den Ether übergegangen, B praktisch nicht.

Die Etherphase wird nun entfernt und durch frischen Diethylether ersetzt. Der Vorgang wird mehrfach wiederholt und so wird A schrittweise aus der wässrigen Lösung von A und B extrahiert.

Lerntipp

Der Nernst-Verteilungssatz spielt in den Prüfungsfragen immer eine wichtige Rolle!

3.3.3 Oberflächenprozesse

An Oberflächen und Membranen werden verschiedene Vorgänge beobachtet, bei denen sich nach einiger Zeit ein Gleichgewicht einstellt.

3.3.3.1 Adsorption

Adsorption bezeichnet die Bindung eines Stoffs an eine feste Oberfläche. Das feste Material, das Flüssigkeiten oder Gase aufnimmt, nennt man **Adsorbens** (Plural: Adsorbenzien).

Die Menge der gebundenen Substanz hängt von der Art des Adsorbens, seiner Oberfläche, der Temperatur und dem aufzunehmenden Stoff ab. In der Regel sinkt die Aufnahmefähigkeit eines Adsorbens mit steigender Temperatur.

Zwischen neu an das Adsorbens gebundenen und sich wieder lösenden Teilchen stellt sich ein Gleichgewicht ein.

Häufig verwendete Adsorbenzien sind Aktivkohle und Kieselgel. Das Adsorbermaterial wird zu einem möglichst feinen Granulat zermahlen, um seine Oberfläche zu vergrößern.

Merke

Das Analyse- und Trennverfahren der **Chromatografie** beruht auf dem Prinzip der Adsorption. Die zu untersuchende Probe wird an einen Träger gebunden. In der Flüssigkeitschromatografie wird die Probe mit einem Elutionsmittel herausgespült. Dabei lösen sich aus einem Stoffgemisch zuerst die am schwächsten gebundenen Substanzen. Auf diese Weise lässt sich das Gemisch auftrennen.

3.3.3.2 Osmose

In einer Flüssigkeit sind die gelösten Teilchen frei beweglich. Sie bewegen sich vom Ort höherer Konzentration zum Ort niedrigerer Konzentration. Es findet ein Konzentrationsausgleich durch **Diffusion** statt.

Wenn der Flüssigkeitsraum durch eine semipermeable Membran getrennt wird, die durchlässig ist für die Moleküle des Lösungsmittels, aber undurchlässig für den gelösten Stoff, ist diese Art des Konzentrationsausgleichs unterbunden. Die Konzentration wird nun ausgeglichen, indem das Lösungsmittel vom Bereich niedrigerer Konzentration durch die Membran in den Bereich höherer Konzentration strömt. Dieser Vorgang wird als **Osmose** bezeichnet. Zwischen beiden Kompartimenten bildet sich eine Druckdifferenz, der osmotische Druck P_{osm}:

$$P_{osm} = [A] \cdot R \cdot T$$

[A] ist die Konzentration des gelösten Stoffs, R die Gaskonstante ($R = 8{,}31$ J $\cdot$ mol^{-1} $\cdot$ K^{-1}) und T die Temperatur. Der osmotische Druck hängt nicht von der Art des gelösten Stoffs ab, sondern nur von der Teilchenzahl. Bei Ionenverbindungen ist das Dissoziationsverhalten zu berücksichtigen. Ein Salzmolekül dissoziiert in zwei oder mehrere Ionen.

Lerntipp

Diese Formel sowie ihre Bedeutung können Sie sich leicht mit folgendem englischen Satz merken: „**P**articles **a**ren't **r**unning **t**hrough."

Klinik

In der Physiologie und Medizin werden Lösungen nach ihrem osmotischen Verhalten eingeteilt in:
- **Hypoton:** Die Konzentration osmotisch wirksamer Teilchen ist geringer als in den Körperzellen.
- **Isoton:** Der osmotische Druck ist gleich dem in der Zelle.
- **Hyperton:** Die Teilchenkonzentration und damit der osmotische Druck sind höher als in den Zellen des Organismus.

3.3.3.3 Dialyse

In der Dialyse sind zwei Flüssigkeiten durch eine **semipermeable Membran** mit einem Porendurchmesser von etwa 10 nm getrennt. Die Membran ist durchlässig für niedermolekulare Stoffe wie Salze; größere Moleküle wie Proteine werden zurückgehalten. Wird auf der anderen Seite der Membran die Spülflüssigkeit fortwährend erneuert, können Salze und andere niedermolekulare Stoffe nahezu vollständig extrahiert werden.

Klinik •

In der Medizin ist die **Hämodialyse** (Blutwäsche) bei Niereninsuffizienz unverzichtbar. Das Blut des Patienten fließt aus einer Arterie in das Dialysegerät und wird von dort in eine Vene zurückgeleitet. Die Schläuche im Inneren des Geräts besitzen kleine Poren und fungieren somit als semipermeable Membran. Aus dem Blut treten niedermolekulare Verbindungen in die Dialyseflüssigkeit über. Zellulare Bestandteile und Plasmaproteine werden zurückgehalten.

3.3.3.4 Donnan-Gleichgewicht

Neben einem Konzentrationsausgleich ist ein System auch bestrebt, einen Ausgleich der elektrischen Ladungen zu erreichen. Dies sei am Beispiel in ▶ Abb. 3.1 verdeutlicht. Zwei Bereiche eines Lösungsmittels sind durch eine semipermeable Membran getrennt. Auf der einen Seite ist ein Salz gelöst, dessen Ionen die Membran passieren können, auf der anderen Seite das Salz eines Proteins, für dessen Anionen die Membran undurchlässig ist. Zunächst diffundieren Cl^--Ionen von Bereich I nach II. K^+-Ionen folgen ihnen nach, um die Elektroneutralität zu erhalten. Das **Donnan-Gleichgewicht** ist erreicht, wenn das Produkt der Konzentrationen von wanderungsfähigen Ionen auf beiden Seiten der Membran gleich ist:

$$\left[K^+ \right]_I \cdot \left[Cl^- \right]_I = \left[K^+ \right]_{II} \cdot \left[Cl^- \right]_{II}$$

Im Beispiel von ▶ Abb. 3.1: $6 \cdot 6 = 9 \cdot 4$. Im Donnan-Gleichgewicht herrscht Elektroneutralität. Allerdings stimmt jetzt die Teilchenzahl auf beiden Seiten der Membran nicht überein. Der Zustand ist nicht stabil. Das osmotische Ungleichgewicht führt jetzt dazu, dass einige K^+-Ionen den Bereich II wieder verlassen. Es entsteht eine Potenzialdifferenz, das **Donnan-Potenzial.**

Auf diese Weise baut sich an der Zellmembran lebender Zellen ein **Membranpotenzial** auf.

3.4 Säure/Base-Reaktionen

3.4.1 Definition von Säuren und Basen nach von Brönsted

Säuren geben Protonen ab. Beispielsweise dissoziiert Chlorwasserstoff in wässriger Lösung in ein Proton und ein Chlorid-Ion:

$$HCl \rightarrow H^+ + Cl^-$$

Im Unterschied zur Dissoziation von Salzen werden hier polare kovalente Bindungen gelöst. Die abgespaltenen Protonen kommen nicht frei vor, sie lagern sich an ein freies Elektronenpaar eines Wassermoleküls an (▶ Kap. 2.3.4):

$$H^+ + H_2O \rightarrow H_3O^+$$

Es bildet sich ein Hydronium-Ion H_3O^+ (auch: Hydroxonium-Ion). Die vollständige Reaktionsgleichung lautet:

$$HCl + H_2O \rightarrow H_3O^+ + Cl^-$$

Das Wassermolekül fungiert als Base, es nimmt ein Proton auf.

Merke •

Die Säure/Base-Definition nach **von Brönsted** richtet sich nach der Übertragung von Protonen:
- **Säuren** geben Protonen ab, sie sind **Protonendonatoren.**
- **Basen** nehmen Protonen auf, sie sind **Protonenakzeptoren.**

Die Dissoziation von HCl ist reversibel. In der Rückreaktion wirkt das Hydronium-Ion als Säure, es gibt ein Proton ab, das vom Chlorid-Ion aufgenommen wird, das jetzt als Base fungiert:

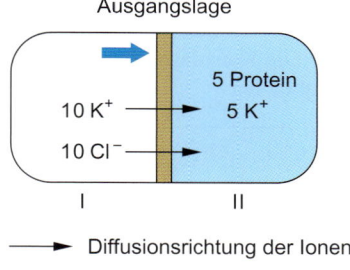

Ausgangslage

10 K^+
10 Cl^-

5 Protein
5 K^+

I   II

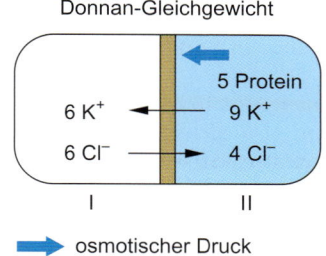

Donnan-Gleichgewicht

6 K^+
6 Cl^-

5 Protein
9 K^+
4 Cl^-

I   II

→ Diffusionsrichtung der Ionen   ➡ osmotischer Druck

Abb. 3.1 Einstellung des Donnan-Gleichgewichts an einer semipermeablen Membran.

$$\text{HCl} \quad + \quad \text{H}_2\text{O} \quad \rightleftharpoons \quad \text{H}_3\text{O}^+ \quad + \quad \text{Cl}^-$$

Säure A	Base B	Säure B	Base A

HCl und Cl$^-$ sowie H$_3$O$^+$ und H$_2$O werden als **konjugierte Säure/Base-Paare** bezeichnet.

Wird eine Säure dargestellt als HA, wobei A für das Anion der Säure steht, können die Dissoziation und die dabei gebildeten konjugierten Säure/Base-Paare allgemein formuliert werden als:

$$\text{HA} \quad + \quad \text{H}_2\text{O} \quad \rightleftharpoons \quad \text{H}_3\text{O}^+ \quad + \quad \text{A}^-$$

Säure	Wasser		Anion

Dissoziationsgleichgewicht

HA/A$^-$ und   H$_3$O$^+$/H$_2$O

konjugierte Säure-Base-Paare

Einige Säuren können pro Molekül mehr als ein Proton abgeben. Die Dissoziation erfolgt dann in mehreren Stufen. Im Beispiel der Schwefelsäure H$_2$SO$_4$ lauten die Dissoziationsschritte:

1. Stufe:

$$\text{H}_2\text{SO}_4 \quad + \quad \text{H}_2\text{O} \quad \rightleftharpoons \quad \text{H}_3\text{O}^+ \quad + \quad \text{HSO}_4^-$$

Säure A	Base B	Säure B	Base A

konjugierte Säure-Base-Paare: H$_2$SO$_4$/HSO$_4^-$ und H$_3$O$^+$/H$_2$O

2. Stufe:

$$\text{HSO}_4^- \quad + \quad \text{H}_2\text{O} \quad \rightleftharpoons \quad \text{H}_3\text{O}^+ \quad + \quad \text{SO}_4^{2-}$$

Säure A	Base B	Säure B	Base A

konjugierte Säure-Base-Paare: HSO$_4^-$/SO$_4^{2-}$ und H$_3$O$^+$/H$_2$O

Man beachte hierbei das HSO$_4^-$-Ion. In der Rückreaktion des ersten Dissoziationsschritts kann es wieder ein Proton aufnehmen, hier ist es eine Base. Es kann aber auch als Säure fungieren, den zweiten Dissoziationsschritt ausführen und ein Proton abgeben.

> Stoffe, die sowohl ein Proton aufnehmen als auch eines abgeben können, also gleichzeitig Säuren- und Basencharakter aufweisen, werden als **Ampholyte** bezeichnet. Ihr Verhalten wird amphoter genannt.

Einige in der Chemie und Biochemie wichtige Säuren sind in ▶ Tab. 3.1 dargestellt.

Lerntipp

Ein solides Wissen über die Säuren, ihre jeweilige Protonigkeit sowie über die dazugehörigen Anionen ist von großem Vorteil für die (Bio)Chemie!

3.4.2 Dissoziationsabhängige Größen, pH-Wert

3.4.2.1 Autoprotolyse des Wassers

Wasser zeigt eine **Eigendissoziation.** Es ist ein Ampholyt. Ein Wassermolekül gibt ein Proton ab, es entsteht das Hydroxid-Ion OH$^-$. Das abgegebene Proton wird von einem anderen Wassermolekül aufgenommen, wobei das Hydronium-Ion H$_3$O$^+$ entsteht:

$$\text{H}_2\text{O} + \text{H}_2\text{O} \rightleftharpoons \text{H}_3\text{O}^+ + \text{OH}^-$$

Das Gleichgewicht liegt, wie die unterschiedliche Länge der Pfeile verdeutlicht, weit auf Seiten der undissoziierten Form.

$$K = \frac{[\text{H}_3\text{O}^+] \cdot [\text{OH}^-]}{[\text{H}_2\text{O}] \cdot [\text{H}_2\text{O}]}$$

Es dissoziiert nur ein sehr kleiner Teil der Wassermoleküle, die Konzentration des Lösungsmittels Wasser kann deshalb praktisch als unverändert angesehen werden.

Sie beträgt $\frac{1000 \text{ g/L}}{18 \text{ g/mol}} = 55{,}6 \text{ mol/L}$.

Zusammen mit der Gleichgewichtskonstanten K lässt sich das **Ionenprodukt** des Wassers berechnen als:

$$[\text{H}_3\text{O}^+] \cdot [\text{OH}^-] = K \cdot [\text{H}_2\text{O}]^2 = 10^{-14} \text{ mol}^2/\text{L}^2$$

H$_3$O$^+$-Ionen und OH$^-$-Ionen sind in gleicher Anzahl vorhanden. Die Konzentration der Hydronium-Ionen beträgt daher:

$$[\text{H}_3\text{O}^+] = \sqrt{10^{-14} \text{ mol}^2/\text{L}^2} = 10^{-7} \text{ M}$$

3.4.2.2 pH-Wert

Der Säure- und Basencharakter eines Moleküls lässt sich durch die Zahl der abgegebenen Proto-

Tab. 3.1 Wichtige Säuren mit Namen, Formeln und Angabe ihrer Anionen

Säure	Summen-formel	Strukturformel	Protonig-keit	Anionen	
Chlorwasser-stoff (Salzsäure)	HCl	H–Cl	Einprotonig	Cl^-	Chlorid
Salpetersäure	HNO_3	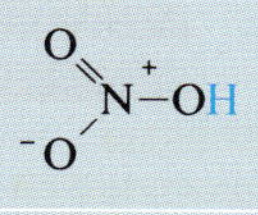 (Strukturformel: O=N⁺–OH, ⁻O)		NO_3^-	Nitrat
Essigsäure	$C_2H_4O_2$	$CH_3–COOH$		$CH_3–COO^-$	Acetat
Blausäure	HCN	H–C≡N		CN^-	Cyanid
Schwefelsäure	H_2SO_4	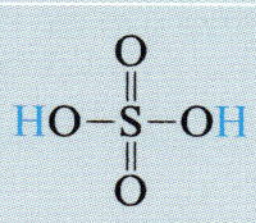 (Strukturformel: HO–S–OH mit zwei =O)	Zweiprotonig	HSO_4^- SO_4^{2-}	Hydrogensulfat Sulfat
Schwefelwas-serstoff	H_2S	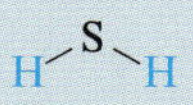 H–S–H		HS^- S^{2-}	Hydrogensulfid Sulfid
Kohlensäure	H_2CO_3	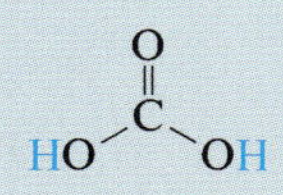 (Strukturformel: HO–C–OH mit =O)		HCO_3^- CO_3^{2-}	Hydrogencarbo-nat Carbonat
Oxalsäure	$C_2H_2O_4$	COOH | COOH		COO^- | COO^-	Oxalat
Phosphorsäure	H_3PO_4	(Strukturformel: HO–P–OH mit =O und OH)	Dreiprotonig	$H_2PO_4^-$	Dihydrogen-phosphat (primäres Phosphat)
				HPO_4^{2-}	Hydrogen-phosphat (sekundäres Phosphat)
				PO_4^{3-}	Phosphat (tertiäres Phosphat)
Citronensäure	$C_6H_8O_7$	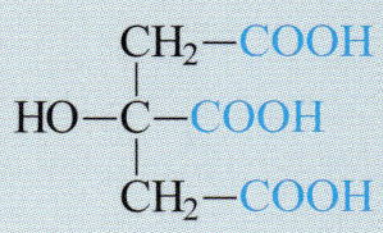 $CH_2–COOH$ | HO–C–COOH | $CH_2–COOH$		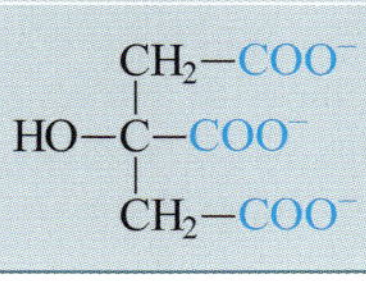 $CH_2–COO^-$ | HO–C–COO⁻ | $CH_2–COO^-$	Citrat

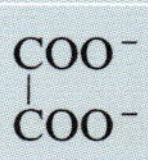

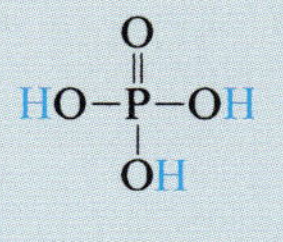

(handschriftlich:) Ammoniak NH_3 H–N̄–H

nen bzw., da diese nicht frei vorkommen, durch die Zahl der gebildeten H_3O^+-Ionen quantitativ beschreiben. Die Konzentration der Hydronium-Ionen variiert über mehrere Zehnerpotenzen, deshalb wird auf den Logarithmus zurückgegriffen.

Der **pH-Wert** ist definiert als der negative deka-dische Logarithmus der Hydronium-Ionenkonzentration:

$$pH = -\log_{10}\left[H_3O^+\right]$$

Der pH-Wert des Wassers liegt bei 7. Dieser Wert wird als neutral definiert. Die **pH-Skala** wird festgelegt für Werte von 0–14.

Die pH-Skala ist eingeteilt in die Bereiche:

$0 \leq$	pH	< 7	sauer
	pH	$= 7$	neutral
$7 <$	pH	≤ 14	basisch (Synonym: alkalisch)

Im Wasser kann die Konzentration der Hydronium-Ionen nur dann unter den Neutralwert von 10^{-7} mol/L sinken, wenn die bei der Eigendissoziation frei werdenden Protonen von anderen gelösten Stoffen gebunden werden. Als Beispiel wird das Dissoziationsverhalten der Natronlauge, NaOH, betrachtet:

$NaOH \rightarrow Na^+ + OH^-$

Das Hydroxid-Ion reagiert mit einem Hydronium-Ion zu Wasser:

$OH^- + H_3O^+ \rightarrow H_2O + H_2O$

In wässrigem Milieu lautet die Gesamtreaktionsgleichung:

$NaOH + H_3O^+ \rightarrow Na^+ + 2\,H_2O$

In einer Lauge werden OH^--Ionen freigesetzt. Analog zum pH-Wert kann ein **pOH-Wert** definiert werden als:

$$pOH = -\log_{10}\left[OH^-\right]$$

Zwischen pOH- und pH-Wert gilt die Beziehung: **pH = 14 – pOH.**

Eine Base muss nicht notwendigerweise Hydroxid-Ionen abgeben, um Protonen zu binden. Für den basischen Charakter genügt ein freies Elektronenpaar, an das sich Protonen anlagern können. Dies sei am Beispiel des Ammoniaks gezeigt:

$NH_3 + H_3O^+ \rightarrow NH_4^+ + H_2O$

Durch die Anlagerung eines Protons bilden sich Ammonium-Ionen NH_4^+.

Ein Molekül kann einen basischen Charakter haben, indem es Hydroxid-Ionen abgibt oder indem es über ein freies Elektronenpaar Protonen aufnimmt.

3.4.2.3 Berechnung des pH-Werts starker Säuren und Basen

Starke Säuren und Basen dissoziieren nahezu vollständig in Wasser. Die Konzentration der Hydronium- bzw. Hydroxid-Ionen kann deshalb gleich der Säure- bzw. Basenkonzentration gesetzt werden:

- Der **pH-Wert starker Säuren** ist:
  $pH = -\log_{10} [Säure].$
- Der **pH-Wert starker Basen** ist:
  $pH = 14 -\log_{10} [Base].$

$0,1\,M\ HCl \rightarrow c = 0,1\,mol/L$
$\rightarrow pH = -\log_{10}(10^{-1}) = 1.$
$0,2\,M\ HCl \rightarrow c = 0,2\,mol/L$
$\rightarrow pH = -\log_{10}(2 \cdot 10^{-1}) = 0,7.$
$10^{-3}\,M\ HCl \rightarrow c = 10^{-3}\,mol/L$
$\rightarrow pH = -\log_{10}(10^{-3}) = 3.$
$0,1\,M\ H_2SO_4 \rightarrow c_{[Säure]} = 0,1\,mol/L \rightarrow$
$c_{H_3O^+} = 0,2\,mol/L \rightarrow pH = -\log_{10}(2 \cdot 10^{-1}) = 0,7.$
Schwefelsäure gibt pro Molekül zwei Protonen ab.
$0,2\,M\ NaOH \rightarrow c = 0,2\,mol/L$
$\rightarrow pH = 14 - \log_{10}(2 \cdot 10^{-1}) = 14 - 0,7 = 13,3.$

Bitte investieren Sie ein wenig Zeit, um das Rechnen mit dem Logarithmus zu üben! Sie sollten auch von gegebenen pH-Werten die Konzentration der jeweiligen starken Säure berechnen können: $c_{[Säure]} = 10^{(-pH)}$. Auch für die folgenden Kapitel sollten Sie die Grundrechenregeln des Logarithmus wiederholen.

$1\,M$ Salzsäure erreicht mit pH 0 den kleinsten Wert der pH-Skala. Salzsäure lässt sich zwar noch höher konzentrieren, dann ist aber das Dissoziationsverhalten gestört. Es werden deshalb keine pH-Werte kleiner 0 angegeben.

Wird Salzsäure unter 10^{-7} mol/L verdünnt, überwiegt die Eigendissoziation des Wassers. Beim Verdünnen einer

Säure wird der pH-Wert deshalb niemals größer als 7. Entsprechend wird beim Verdünnen einer Lauge der pH-Wert nicht kleiner als 7.

3.4.2.4 Berechnung des pH-Werts schwacher Säuren und Basen

Schwache Säuren und Basen dissoziieren nicht vollständig. Das Gleichgewicht liegt hier auf der Seite der undissoziierten Form.
Die Reaktion

$$HA + H_2O \rightleftharpoons H_3O^+ + A^-$$

lässt sich durch das Massenwirkungsgesetz ausdrücken als:

$$K = \frac{[H_3O^+] \cdot [A^-]}{[HA] \cdot [H_2O]}$$

Die Konzentration des Lösungsmittels Wasser wird als konstant betrachtet und in die Gleichgewichtskonstante K einbezogen. So lässt sich für jede Säure eine **Säurekonstante K_s** definieren:

$$K_s = \frac{[H_3O^+] \cdot [A^-]}{[HA]}$$

Für einen hohen Wert von K_s liegt das Dissoziationsgleichgewicht weit auf der rechten Seite. Es handelt sich um eine starke Säure.
Üblicherweise wird die Säurestärke aber in Form des pKs-Werts angegeben. Der **pKs-Wert** ist der negative dekadische Logarithmus der Säurekonstanten:

$$pK_s = -\log_{10}(K_s)$$

___ **Merke** •_____

Starke Säuren besitzen negative oder kleine pKs-Werte. Hohe pKs-Werte stehen für eine schwache Säure.

Einige Beispiele zeigt ▶ Abb. 3.2. Für die Basenstärke lassen sich analog **pKb-Werte** definieren.

___ **Merke** •_____

Für konjugierte Säure/Base-Paare gilt: **pKs + pKb = 14.**

Für die **Berechnung des pH-Werts** wird von der Definition der Säurekonstanten ausgegangen. Die H_3O^+-Konzentration ist gleich der Konzentration der Säureanionen. Die Säurekonzentration verringert sich um den dissoziierten Anteil. Dieser ist bei schwachen Säuren aber so gering, dass die undissoziierte Säure [HA] gleich der anfänglichen Säurekonzentration [Säure] gesetzt wird:

$$K_s = \frac{[H_3O^+] \cdot [A^-]}{[HA]} = \frac{[H_3O^+]^2}{[Säure]}$$

$$pH = -\log_{10}[H_3O^+] = -\log_{10}\sqrt{K_s \cdot [Säure]}$$

$$= -\frac{1}{2}\log_{10}(K_s \cdot [Säure])$$

$$= -\frac{1}{2}(\log_{10} K_s + \log_{10}[Säure])$$

$$= \frac{1}{2}(-\log_{10} K_s - \log_{10}[Säure])$$

$$= \frac{1}{2}(pK_s - \log_{10}[Säure])$$

[Es wurden die Rechenregeln für Logarithmen verwendet: $\log(a)^n = n \cdot \log(a)$ und $\log(a \cdot b) = \log(a) + \log(b)$.]

Damit lassen sich pH-Werte aus der Säure- bzw. Basenkonzentration berechnen für:

- schwache Säuren:

$$pH = \frac{1}{2}(pK_s - \log_{10}[Säure])$$

- schwache Basen:

$$pH = 14 - \frac{1}{2}(pK_b - \log_{10}[Base])$$

Säurecharakter		pK$_s$	Säure/konjugierte Base	
stark		−6	HCl/Cl$^-$	Chlorwasserstoff/Chlorid
		−3	H$_2$SO$_4$/HSO$_4^-$	Schwefelsäure/Hydrogensulfat
		−1,7	H$_3$O$^+$/H$_2$O	Hydroniumion/Wasser
		−1,3	HNO$_3$/NO$_3^-$	Salpetersäure/Nitrat
mittelstark		1,9	HSO$_4^-$/SO$_4^{2-}$	Hydrogensulfat/Sulfat
		2,0	H$_3$PO$_4$/H$_2$PO$_4^-$	Phosphorsäure/Dihydrogenphosphat
schwach		4,8	CH$_3$COOH/CH$_3$COO$^-$	Essigsäure/Acetat
		6,4	CO$_2$/HCO$_3^-$	Kohlendioxid/Hydrogencarbonat
		7,1	H$_2$S/SH$^-$	Schwefelwasserstoff/Hydrogensulfid
		7,2	H$_2$PO$_4^-$/HPO$_4^{2-}$	Dihydrogenphosphat/Hydrogenphosphat
sehr schwach		9,2	NH$_4^+$/NH$_3$	Ammoniumion/Ammoniak
		9,4	HCN/CN$^-$	Blausäure/Cyanid
		10,4	HCO$_3^-$/CO$_3^{2-}$	Hydrogencarbonat/Carbonat
		12,3	HPO$_4^{2-}$/PO$_4^{3-}$	Hydrogenphosphat/Phosphat
		15,7	H$_2$O /OH$^-$	Wasser/Hydroxidion

(Spalte links: Zunahme der Säurestärke ↑)

Abb. 3.2 pK$_s$-Werte einiger Säuren, gemessen bei 25 °C.

Beispiel

0,01 M Essigsäure; pK$_s$ = 4,8 (► Abb. 3.2):

$$pH = \frac{1}{2}\left(4{,}8 - \log_{10} 10^{-2}\right) = \frac{1}{2}\left(4{,}8 + 2\right) = 3{,}4$$

0,01 M Ammoniaklösung:
Ammoniak ist eine Base. Aus dem pK$_s$-Wert des konjugierten Säure/Base-Paars (► Abb. 3.2) wird zunächst der pK$_b$-Wert berechnet: pK$_b$ = 14 − 9,2 = 4,8.

$$pH = 14 - \frac{1}{2}\left(4{,}8 - \log_{10} 10^{-2}\right) =$$

$$14 - \frac{1}{2}\left(4{,}8 + 2\right) = 14 - 3{,}4 = 10{,}6$$

Lerntipp

Die Formeln zur pH-Berechnung starker und schwacher Säuren oder Basen werden in nahezu jeder Prüfung gefragt.

3.4.2.5 Messung von pH-Werten

pH-Werte können mit verschiedenen Methoden gemessen werden, die sich in dem für die Messung benötigten Aufwand und in ihrer Präzision unterscheiden.

Elektrisches pH-Meter

Im Inneren der für pH-Messungen verwendeten **Glaselektrode** befindet sich eine Pufferlösung, die durch eine Glasmembran von der sie umgebenden Messlösung getrennt ist. Auf beiden Seiten der Membran stellt sich ein pH-abhängiger Potenzialunterschied ein, der auf einem angeschlossenen Messgerät als elektrische Spannung angezeigt wird. Die Anzeige des Voltmeters ist so beschriftet, dass direkt der pH-Wert abgelesen werden kann.
Vor jeder Benutzung muss das pH-Meter mit Lösungen bekannten pH-Werts kalibriert werden.

Titration

Zur Anzeige dienen **pH-Indikatoren.** Die Indikatoren sind schwache organische Säuren oder Basen, die bei einem bestimmten pH-Wert ihre Farbe ändern. Die dissoziierte Form des Indikators hat eine andere Farbe als die undissoziierte Form. Eine geringe Menge des Indikators wird der zu messenden Lösung zugegeben.

Bei der **Titration** wird einer Säure tröpfchenweise eine Base zugegeben bzw. einer Base wird eine Säure zugegeben, bis der Farbumschlag des Indikators erreicht ist. Der pH-Wert, bei dem sich die Farbe ändert, ist bekannt. Nun kann aus der Menge der Messlösung und der Menge und Konzentration der zugegebenen Säure oder Base der anfängliche pH-Wert berechnet werden. Dieses Analyseverfahren kann äußerst präzise Ergebnisse liefern, es erfordert aber einen sehr großen Zeitaufwand.

Indikatorstreifen

Ein Indikatorstreifen besteht aus einem in mehrere Segmente unterteilten Filterpapier. Jedes Segment ist mit einem anderen **Indikator** getränkt.

Der Teststreifen wird in die Messlösung getaucht und seine Farbe mit einer Referenzskala verglichen, die den jeweiligen Farben entsprechende pH-Werte angibt. Indikatorpapiere sind für unterschiedliche Anwendungen erhältlich. Ein Teststreifen mit einem großen Messbereich von 0–14 ermöglicht in der Regel nur eine Anzeigegenauigkeit von einer pH-Einheit. Spezielle Papiere mit eingeschränktem Messbereich ermöglichen eine Genauigkeit von 0,3 Einheiten.

Klinik

Die Verwendung von Indikatorstreifen ist die schnellste und kostengünstigste Methode der pH-Messung. Sie wird auch gerne benutzt, um den pH-Wert von Körperflüssigkeiten zu bestimmen, etwa den des Urins.

3.4.2.6 Titrationskurven

Der typische Verlauf der **Titrationskurven** entsteht durch die Definition der pH-Skala über den Logarithmus. Um den pH-Wert von 7 auf 5 zu verschieben, muss die zehnfache Menge an H_3O^+-Ionen zugegeben werden im Vergleich zu einer pH-Änderung von 7 auf 6. Für jede weitere pH-Einheit muss die Zahl der H_3O^+-Ionen jeweils wieder verzehnfacht werden.

Bei Zugabe einer Säure oder einer Lauge ändert sich der pH-Wert zunächst nur wenig. In der Mitte der Skala genügt aber schon eine kleine Änderung der Ionenkonzentration für eine vergleichsweise große pH-Verschiebung. Die Kurve nimmt hier einen steilen, fast senkrechten Verlauf. Es kommt zu einem plötzlichen Umschlagen des pH-Werts von sauer nach basisch bzw. umgekehrt.

- ► Abb. 3.3 zeigt die Titration einer starken Säure mit einer starken Base.
  - Der **Neutralpunkt** der Titrationskurve liegt stets bei dem neutralen pH-Wert von 7. Der **Äquivalenzpunkt** ist derjenige Punkt, in dem zur Säure die äquivalente Menge, d. h. die gleiche Zahl der Moleküle, einer Base zugegeben wurde bzw. umgekehrt.
  - Der Äquivalenzpunkt ist der **Wendepunkt** der Titrationskurve, hier hat die Kurve ihren steilsten Verlauf. Die starke Säure und die starke Base sind beide vollständig dissoziiert. Die OH^-- und die H_3O^+-Ionen neutralisieren sich gegenseitig und reagieren zu Wasser. Neutralpunkt und Äquivalenzpunkt fallen hier zusammen.
- Wird eine schwache Säure mit einer starken Base titriert, ist dies nicht der Fall (► Abb. 3.4). Nicht alle Säuremoleküle sind dissoziiert und es verbleibt ein Überschuss an OH^--Ionen. Am Äquivalenzpunkt ist der pH-Wert im alkalischen Bereich.
- Würde umgekehrt eine schwache Base mit einer starken Säure titriert, läge der Äquivalenzpunkt im sauren Bereich.

Merke

Der Äquivalenzpunkt liegt immer im Bereich der „stärkeren" Flüssigkeit.

Für die Titration sollte der **Indikator** so gewählt werden, dass sein Farbumschlag beim pH-Wert des Äquivalenzpunkts stattfindet.

Die Titrationskurve einer **mehrprotonigen Säure** sieht aus wie mehrere aneinander gelegte Kurven einer einprotonigen Säure (► Abb. 3.5). Für jede Dissoziationsstufe ergibt sich ein separater Äquivalenzpunkt.

3.4.3 Neutralisation, Puffer

3.4.3.1 Neutralisation

Aus den gezeigten Titrationskurven wurde schon ersichtlich, dass sich Säuren und Basen gegenseitig neutralisieren können. Die der Kurve aus ► Abb. 3.3 zugrunde liegende Reaktion ist:

$$NaOH + HCl \rightarrow NaCl + H_2O$$

In der **Neutralisationsreaktion** entstehen Salz und Wasser. Die Reaktion findet in wässrigem Mi-

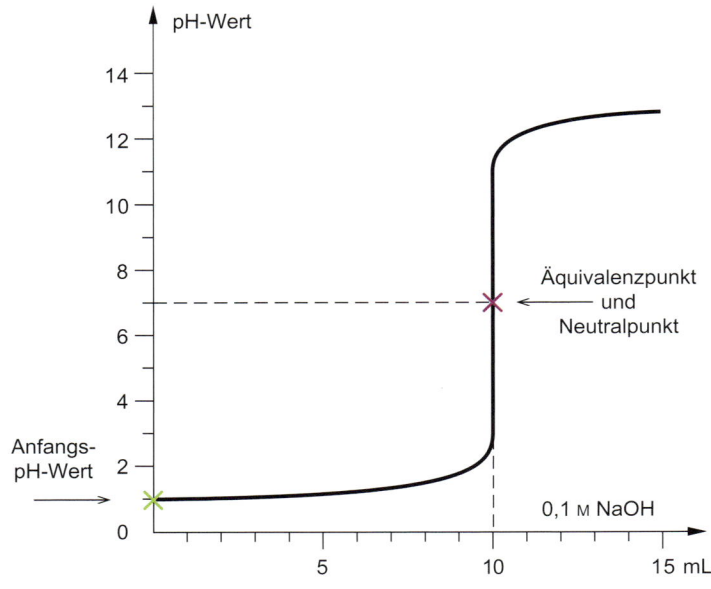

Abb. 3.3 Titration einer starken Säure mit einer starken Base: Titration von 10 mL 0,1 M Salzsäure (HCl) mit 0,1 M Natronlauge (NaOH).

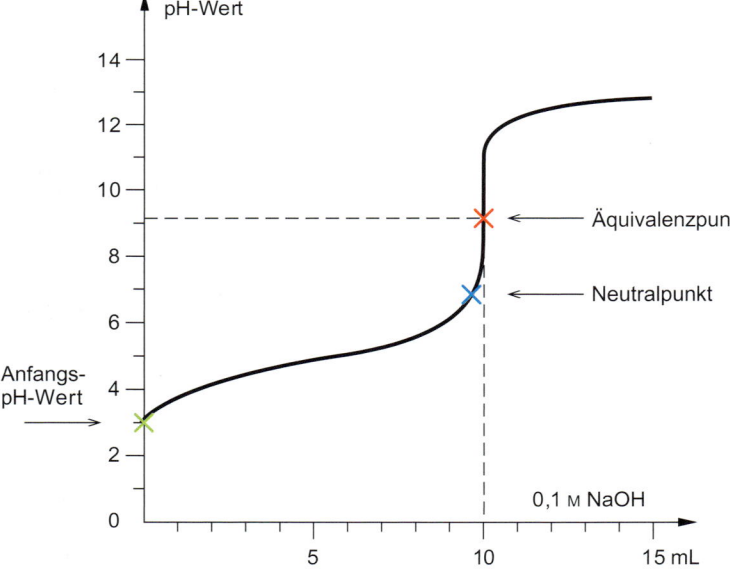

Abb. 3.4 Titration einer schwachen Säure mit einer starken Base: Titration von 10 mL 0,1 M Essigsäure (CH$_3$COOH) mit 0,1 M Natronlauge (NaOH).

lieu statt, das Salz liegt daher in dissoziierter Form vor.

Der Begriff **Neutralisation** bedeutet lediglich, dass äquimolare Mengen einer Säure und einer Base zueinander gegeben wurden.

- Die aus einer starken Säure und einer starken Base entstandene Salzlösung ist pH-neutral, sie hat den pH-Wert 7.
- Der pH-Wert der Salzlösung einer schwachen Säure und einer starken Base liegt im alkalischen

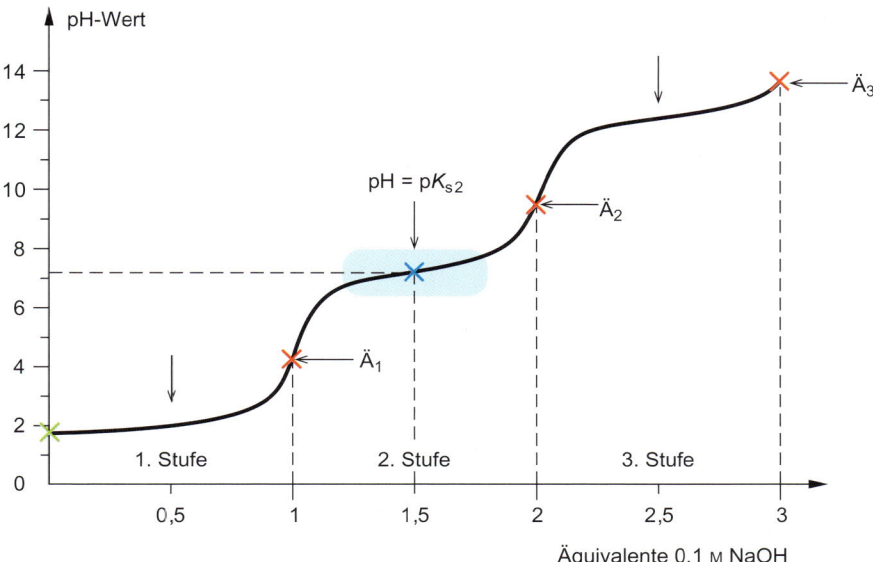

Abb. 3.5 Titrationskurve der Phosphorsäure (Ä: Äquivalenzpunkt). Der physiologisch wichtige Pufferbereich bei pH 7,2 ist farblich unterlegt. Daneben existieren Puffereigenschaften auch an den mit Pfeilen gekennzeichneten Stellen der 1. und 3. Dissoziationsstufe.

Bereich. Man vergleiche hierzu die Lage des Äquivalenzpunkts in ▸ Abb. 3.4.
- Der pH-Wert der Salzlösung einer schwachen Base und einer starken Säure liegt im sauren Bereich.

3.4.3.2 Pufferlösungen
Die Kurve in ▸ Abb. 3.4 verläuft im pH-Bereich zwischen 4 und 6 relativ flach. Die Zugabe einer größeren Menge OH⁻- oder H₃O⁺-Ionen führt hier nur zu einer geringfügigen Änderung des pH-Werts. Die Lösung hat Puffereigenschaften.

> **Merke**
>
> **Pufferlösungen** enthalten Substanzen, die bewirken, dass sich der pH-Wert bei Zugabe von Säuren oder Basen nur wenig ändert.
> Geeignete **Puffersubstanzen** sind:
> - Das Gemisch einer schwachen Säure und ihrer konjugierten starken Base.
> - Das Gemisch einer schwachen Base und ihrer konjugierten starken Säure.

Die Pufferwirkung einer schwachen Säure und ihrer konjugierten Base soll quantitativ betrachtet

werden. Dazu wird vom Massenwirkungsgesetz ausgegangen:

$$K_s = \frac{[H_3O^+] \cdot [A^-]}{[HA]} \rightarrow [H_3O^+] = K_s \cdot \frac{[HA]}{[A^-]}$$

$$pH = -\log_{10}[H_3O^+] = -\left(\log_{10} K_s + \log_{10}\frac{[HA]}{[A^-]}\right) =$$

$$-\log_{10} K_s - \log_{10}\frac{[HA]}{[A^-]} = pK_s + \log_{10}\frac{[A^-]}{[AH]}$$

[Für die Umformung verwendet: log(a · b) = log(a) + log(b) und −log(a/b) = log(a/b)⁻¹ = log(b/a).]
Dies führt zur allgemeinen Form der **Puffergleichung:**

$$pH = pK_s + \log_{10}\frac{\text{konjugierte Base}}{[\text{Säure}]}$$

(Henderson-Hasselbalch-Gleichung)

59

- Als Pufferbereich ist derjenige Bereich definiert, in dem sich der pH-Wert um 1 ändert.
- Die Pufferwirkung ist am größten bei einem pH-Wert, der gleich dem pK_s-Wert der Dissoziationsstufe des Systems ist.

▶ Abb. 3.5 zeigt die Titrationskurve der Phosphorsäure. Der in der Physiologie wichtige Pufferbereich des **Phosphatpuffersystems** in seiner zweiten Dissoziationsstufe bei pH = pK_{s2} = 7,2 ist farbig markiert.

Das System besitzt auch Puffereigenschaften bei pK_{s1} = 2,0 und pK_{s3} = 12,3.

Das Verdünnen einer Pufferlösung ändert deren pH-Wert nicht, denn die Konzentrationen von Säure und konjugierter Base ändern sich gleichermaßen. Das Verdünnen verringert aber die Pufferkapazität der Lösung. Das wird nachfolgend in einem Rechenbeispiel gezeigt.

Verschieden konzentrierte Pufferlösungen unterscheiden sich entsprechend in ihrer Pufferkapazität.

Beispiel

Natriumphosphatpuffer mit dem pH-Wert 7,2 enthält zu gleichen Teilen Natriumdihydrogenphosphat, NaH_2PO_4, und Dinatriumhydrogenphosphat, Na_2HPO_4.

Eine 0,2 M Pufferlösung enthält 0,1 M NaH_2PO_4 und 0,1 M Na_2HPO_4.

Zu einem Liter dieser Pufferlösung werden 10 mL 1 M HCl gegeben, das entspricht 0,01 mol/L.

Die Protonen werden vom HPO_4^{2-} abgefangen, d. h., es verringert sich die Konzentration von HPO_4^{2-}. In gleichem Maße erhöht sich die Konzentration des $H_2PO_4^-$.

$$pH = 7{,}2 + \log_{10} \frac{[0{,}1 - 0{,}01]}{[0{,}1 + 0{,}01]} =$$

$$7{,}2 + \log_{10} \frac{[0{,}09]}{[0{,}11]} = 7{,}2 + \log_{10}(0{,}818) = 7{,}11$$

Die gleiche Menge Salzsäure wird nun zu 0,05 M Pufferlösung gegeben:

$$pH = 7{,}2 + \log_{10} \frac{[0{,}025 - 0{,}01]}{[0{,}025 + 0{,}01]} =$$

$$7{,}2 + \log_{10} \frac{[0{,}015]}{[0{,}035]} = 7{,}2 + \log_{10}(0{,}429) = 6{,}83$$

3.4.3.3 Physiologisch wichtige Puffersysteme

Der pH-Wert des **menschlichen Bluts** liegt bei 7,4 und wird in den engen Grenzen von ±0,03 kon-

stant gehalten. Eine größere Abweichung führt zu starken metabolischen Störungen. Eine pH-Abweichung von 0,3 ist bereits letal.

Der pH-Wert wird durch drei Puffersysteme stabilisiert:

Proteinpuffer

Die Proteinbestandteile des Bluts haben Puffereigenschaften (▶ Kap. 5.4.2.1). Hier tragen besonders das Albumin im Plasma und das Hämoglobin in den Erythrozyten bei. Die Proteine liegen bei pH 7,4 meist als Anionen vor.

Phosphatpuffer

Der Phosphatpuffer ist das Puffersystem, dessen physiologischer Pufferbereich besonders nahe bei pH = 7,0 liegt. Der Phosphatpuffer bildet den kleineren Anteil der gesamten Pufferkapazität. In der 2. Dissoziationsstufe fungiert $H_2PO_4^-$ als Säure und HPO_4^{2-} als die dazu konjugierte Base.

Das System wurde bereits im vorangegangenen Rechenbeispiel und in ▶ Abb. 3.5 gezeigt.

Kohlensäurepuffer

Der Kohlensäurepuffer, das **CO_2/Hydrogencarbonat-System,** ist der wichtigste Mechanismus zur schnellen Einstellung des pH-Werts im Blut.

Der größte Anteil des Kohlendioxids ist im Blut physikalisch gelöst. Ein kleiner Anteil reagiert aber zu Kohlensäure, H_2CO_3. Kohlensäure ist eine schwache Säure, die in H^+ und Hydrogencarbonat, HCO_3^-, dissoziiert:

$$CO_2 + H_2O \rightleftharpoons H_2CO_3 \qquad pK = 3{,}1$$
$$H_2CO_3 + H_2O \rightleftharpoons H_3O^+ + HCO_3^- \quad pK_{s1} = 3{,}3$$
$$\overline{CO_2 + 2\,H_2O \rightleftharpoons H_3O^+ + HCO_3^- \quad pK_s = 6{,}4}$$
$$\text{Hydrogencarbonat}$$

Es liegt eine gekoppelte Reaktion vor. Beide Teilschritte lassen sich zu einer Gesamtreaktion zusammenfassen. Der pK_s-Wert der Gesamtreaktion liegt bei 6,4. Das Gleichgewicht ist aber temperaturabhängig: Bei 37 °C und pH 7,4 ist der Puffer weit von seinem pH-Optimum entfernt. Das Verhältnis von HCO_3^- zu CO_2 liegt bei etwa 20:1. Der Puffer wirkt vorwiegend gegen H_3O^+-Ionen.

Die Besonderheit des Kohlensäurepuffers liegt darin, dass es sich um ein **offenes System** handelt: Über die Atmung wird der CO_2-Gehalt des Bluts reguliert und damit der pH-Wert schnell und in engen Grenzen eingestellt.

Eine bekannte respiratorische Störung bei Personen mit latentem Calciummangel ist das **Hyperventilationssyndrom.** In einem Augenblick psychischer Anspannung atmet der Patient schneller, er hyperventiliert. Es wird verstärkt Kohlendioxid abgeatmet und der pH-Wert des Bluts verschiebt sich in Richtung des alkalischen Bereichs. In dieser Lage wird verstärkt Calcium gebunden. Der Calciummangel führt zu Muskelkrämpfen und Taubheitsgefühl. Die Symptome beunruhigen den Patienten, der daraufhin noch heftiger atmet. Es entsteht ein Kreislauf, der die Symptomatik weiter verstärkt.
Die sinnvolle Erste-Hilfe-Maßnahme ist hier das Rückatmen der Ausatemluft aus einer Plastiktüte, um den CO_2-Spiegel wieder zu erhöhen.

3.4.4 Definition von Säuren und Basen nach Lewis

Die Säure/Basen-Definition nach von Brönsted orientiert sich an der Übertragung von Protonen (► Kap. 3.4.1). Das Lewis-Konzept dagegen betrachtet den Übergang von Elektronen:
- Eine **Lewis-Säure** nimmt Elektronen auf, sie ist ein **Elektronenakzeptor.**
- Eine **Lewis-Base** gibt Elektronen ab, sie ist ein **Elektronendonator.**

Vor diesem Hintergrund wird nochmals die Dissoziation von Chlorwasserstoff betrachtet:

$$HCl \rightarrow H^+ + Cl^-$$

Das Proton ist eine Lewis-Säure, es kann ein Elektron aufnehmen. Das Chlorid-Ion kann ein Elektron abgeben, es ist eine Lewis-Base.

Merke

Nach der Definition von Lewis können auch solche Vorgänge als Säure/Base-Reaktion aufgefasst werden, in denen direkt keine Protonen involviert sind:
- **Lewis-Säuren** sind alle **elektrophilen** Moleküle oder Gruppen, wie z.B. CO_2, $-NH_3^+$ oder $-C=O$.
- **Lewis-Basen** sind Moleküle oder funktionelle Gruppen mit **freien Elektronenpaaren,** wie z.B. H_2O, NH_3, $-NH_2$, $-OH$ oder $-SH$.

3.5 Redoxreaktionen

3.5.1 Definitionen und Grundlagen

3.5.1.1 Oxidation und Reduktion

Im ursprünglichen Wortsinn bedeutet Oxidation eine Reaktion mit Sauerstoff. Eisen rostet, wenn es mit Sauerstoff zu Eisenoxid reagiert:

$$4\,Fe + 3\,O_2 \rightarrow 2\,Fe_2O_3\,(Eisen[III]\text{-}Oxid)$$

Heute wird der Begriff der Oxidation umfassender gebraucht, auch für Reaktionen, an denen kein Sauerstoff beteiligt ist.

Merke

Oxidation und Reduktion beschreiben Elektronenübergänge:
- Oxidation bedeutet Elektronenabgabe.
- Reduktion bedeutet Elektronenaufnahme.

Die Gesamtladung bleibt bei Stoffumwandlungen erhalten. Elektronen, die ein Reaktionspartner aufnimmt, müssen von einem anderen abgegeben werden. Die Vorgänge Oxidation und Reduktion laufen daher stets nebeneinander ab. Chemische Reaktionen sind **Redoxreaktionen.**

Bei der Bildung von Kochsalz gibt Natrium Elektronen ab, die vom Chlor aufgenommen werden:

$$2\,Na + Cl_2 \rightarrow 2\,NaCl$$

In diesem Fall wird Natrium oxidiert und Chlor wird reduziert. In der Reaktion ist Chlor das Oxidationsmittel und Natrium das Reduktionsmittel. Grafisch lassen sich die Vorgänge Oxidation und Reduktion darstellen als:

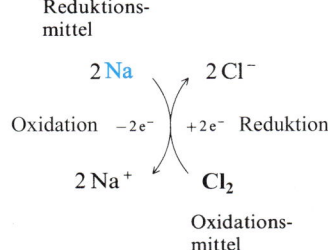

Merke

- Das **Oxidationsmittel** ist der Elektronenakzeptor, es wird selbst reduziert.

- Das **Reduktionsmittel** ist der Elektronendonator, es wird selbst oxidiert.

Bei der Bildung von Ionenbindungen werden tatsächlich Elektronen von einem Atom auf ein anderes übertragen. Aber auch das Eingehen oder Lösen kovalenter Bindungen wird formal als Redoxreaktion beschrieben, z.B. für die Knallgasreaktion:

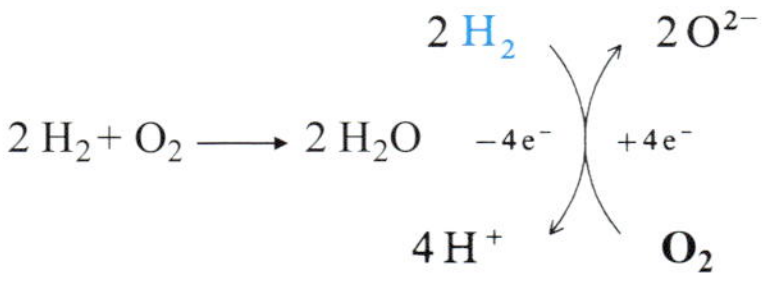

$$2 H_2 + O_2 \longrightarrow 2 H_2O$$

mit $2\,H_2 \rightarrow 2\,O^{2-}$ (−4e⁻) und $4\,H^+ \rightarrow O_2$ (+4e⁻)

Der Sauerstoff wird in dieser Reaktion reduziert.

Merke

In vielen organischen Reaktionen wird Wasserstoff aufgenommen oder abgegeben.
- Eine **Hydrierung** ist die Anlagerung von Wasserstoff, es handelt sich dabei um eine Reduktion.
- Das Abspalten von Wasserstoff, die **Dehydrierung,** ist eine Oxidation.

(Diese Prozesse bitte nicht mit der Hydratisierung/Dehydratisierung [▶ Kap. 3.8.1] verwechseln!)

3.5.1.2 Oxidationszahlen

Zum Aufstellen von Reaktionsgleichungen und deren stöchiometrischer Bilanzierung wird eine formale Hilfsgröße eingeführt, die **Oxidationsstufe.** Sie wird durch ganze Zahlen angegeben, die sogenannten Oxidationszahlen. Jedem Reaktionspartner und jedem Baustein eines Moleküls lässt sich eine Oxidationsstufe zuordnen. Die Oxidationszahl wird als kleine Ziffer über dem Elementsymbol notiert (▶ Abb. 3.6).

Die **Oxidationszahlen** werden nach folgenden Regeln bestimmt:
- Reine Elemente erhalten stets die Oxidationsstufe 0. *elementarer Zustand*
- Für einfache Ionen entspricht die Oxidationsstufe der Ionenladung.
- In komplexen Ionen ergibt die Summe der Oxidationszahlen der einzelnen Bausteine die Gesamtladung des Ions.
- Für Moleküle addieren sich die Oxidationszahlen zu 0. *un geladen*

- *O hat in Verbindungen die Oxidationszahl −2.*
- *H hat in Verbindungen mit Nichtmetallen die Oxidationszahl +1.*

Elemente: (Oxidationsstufe 0)
$$\overset{0}{H_2},\ \overset{0}{O_2},\ \overset{0}{Cl_2},\ \overset{0}{Na},\ \overset{0}{Zn}$$

Einfache Ionen: (Oxidationsstufe = Ladung)
$$\overset{+1}{Na^+},\ \overset{-1}{Cl^-},\ \overset{+2}{Zn^{2+}},\ \overset{+2}{Fe^{2+}},\ \overset{+3}{Fe^{3+}}$$

Komplexe Ionen:
$$\overset{-3}{N}H_4^+,\ \overset{+5}{N}O_3^-,\ \overset{+6}{S}O_4^{2-},\ \overset{+5}{P}O_4^{2-}H,\ \overset{+7}{Mn}O_4^-$$

Moleküle:
$$\overset{-3}{N}H_3,\ \overset{-2}{N}O,\ \overset{-4}{C}H_4,\ \overset{-2}{C}H_3OH,\ \overset{+4}{C}O_2$$

Abb. 3.6 Beispiele für Oxidationszahlen von Elementen, in Ionen und in Molekülen.

Einige Stoffe treten immer in bekannten Oxidationsstufen auf. Für Moleküle und komplexe Ionen werden diese zuerst zugeordnet und dann die Oxidationszahlen der Bindungspartner ermittelt.

Sauerstoff hat meist die Oxidationsstufe −2, Wasserstoff +1. Die Alkalimetalle erhalten die Oxidationszahl +1, die Halogene −1.

Von dieser Regel existieren nur wenige, überschaubare Ausnahmen: Die Oxidationsstufen der Metalle sind immer positiv, daher enthält Wasserstoff in Hydriden, der Verbindung von Metall und Wasserstoff, die Oxidationsstufe −1, z.B. in Natriumhydrid, NaH. Sauerstoff besitzt in Peroxiden nur die Oxidationsstufe −1, so z.B. in Wasserstoffperoxid, H_2O_2.

Lerntipp

Die Oxidationszahlen von H_2O_2 werden gerne in Prüfungen abgefragt.

Merke

- Bei einer Oxidation wird die Oxidationszahl erhöht.
- Bei einer Reduktion wird die Oxidationszahl erniedrigt.

3.5.1.3 Redoxgleichungen

Eine chemische Reaktion wird durch eine chemische Gleichung dargestellt. Es ist nicht immer einfach, aus der Gesamtgleichung zu ersehen, welche Vorgänge bei der Reaktion ablaufen. Es ist auch keine leichte Aufgabe, bei grundsätzlich bekannter Reaktion die Gleichung richtig bilanziert aufzustellen.

Hier erweist sich die Aufstellung von **Redoxgleichungen** als praktisches Hilfsmittel. Indem Oxidation und Reduktion zunächst getrennt dargestellt werden, wird die Richtung des Elektronenflusses verdeutlicht und die stöchiometrische Bilanzierung erleichtert.

Es wird in vier Schritten vorgegangen:

A: Die Formeln für Produkte und Edukte werden notiert und die Oxidationsstufen bestimmt.

B: Die Änderungen der Oxidationsstufen zeigen, welches Produkt oxidiert (Oxidationsstufe erhöht) und welches Produkt reduziert wurde (Oxidationsstufe erniedrigt). Die Teilreaktionen für Oxidation und Reduktion werden notiert. Die zur Änderung der Oxidationsstufen benötigten Elektronen werden in die Gleichungen aufgenommen. Anschließend muss noch mit H^+ bzw. OH^- die Ladung in den Teilgleichungen ausgeglichen werden, je nachdem, ob die Reaktion im Sauren oder im Alkalischen stattfindet. Falls erforderlich, werden die Gleichungen so mit ganzen Zahlen multipliziert, dass in beiden Teilreaktionen die gleiche Anzahl von Elektronen übertragen wird.

C: Die Teilreaktionen werden zur Gesamtreaktion zusammengefasst.

D: Bestandteile, die nicht an der Redoxreaktion teilgenommen haben, werden hinzugefügt. Ionen werden zu Salzen vervollständigt. Die Bilanz wird überprüft und, falls notwendig, ergänzt. Es liegt nun die vollständige Reaktionsgleichung vor.

Beispiel

Zink reagiert mit Salzsäure zu Zink(II)-chlorid und Wasserstoff.

A: Edukte: $\overset{0}{Zn}$, $\overset{+1\ -1}{HCl}$

Produkte: $\overset{+2\ -1}{ZnCl_2}$, $\overset{0}{H_2}$

B Zink wird oxidiert: $Zn \rightarrow Zn^{2+} + 2\,e^-$
Wasserstoff wird reduziert: $2\,H^+ + 2\,e^- \rightarrow H_2$

C: Gesamtreaktion: $Zn + 2\,H^+ \rightarrow Zn^{2+} + H_2$

D: Die Oxidationsstufe des Chlors blieb unverändert. Es hat an der Redoxreaktion nicht teilgenommen. Die Reaktion wird um das Chlor ergänzt zur vollständigen Reaktionsgleichung: $Zn + 2\,HCl \rightarrow ZnCl_2 + H_2$.

Kaliumpermanganat ist ein bekanntes und starkes Oxidationsmittel. Es oxidiert das Chlorid-Ion der Salzsäure:
$a\,KMnO_4 + b\,HCl \rightarrow c\,MnCl_2 + d\,Cl_2 + e\,KCl + f\,H_2O$
D e Gleichung soll bilanziert werden. Es müssen die Koeffizienten a–f bestimmt werden.

A: Edukte: $\overset{+1}{K}$, $\overset{+7\ -2}{MnO_4}$, $\overset{+1\ -1}{HCl}$

Produkte: $\overset{+2\ -1}{MnCl_2}$, $\overset{0}{Cl_2}$, $\overset{+1\ -1}{KCl}$, $\overset{+1\ -2}{H_2O}$

B: Der Elektronenfluss erfolgt vom Chlor auf das Mangan; Mangan wird reduziert:
$MnO_4^- + 5\,e^- + 8\,H^+ \rightarrow Mn^{2+} + 4\,H_2O$

Chlor wird oxidiert: $5\,Cl^- \rightarrow 5\,Cl + 5\,e^-$
Chlor wird als 2-atomiges Gas freigesetzt. Deshalb muss eine gerade Zahl von Chloratomen vorliegen. Die Gleichungen werden mit dem Faktor 2 erweitert:
$2\,MnO_4^- + 10\,e^- + 16\,H^+ \rightarrow 2\,Mn^{2+} + 8\,H_2O$
$10\,Cl^- \rightarrow 10\,Cl + 10\,e^-$

C: Gesamtreaktion:
$2\,MnO_4^- + 16\,H^+ + 10\,Cl^- \rightarrow 2\,Mn^{2+} + 5\,Cl_2 + 8\,H_2O$

D: Das nicht an der Reaktion beteiligte Kalium wird ergänzt. Die Bilanz wird durch Hinzufügen von 6 Cl ausgeglichen, die die Metallionen zu Salzen vervollständigen. Vollständige Reaktionsgleichung:
$2\,KMnO_4 + 16\,HCl \rightarrow 2\,MnCl_2 + 5\,Cl_2 + 2\,KCl + 8\,H_2O$
In der Reaktion werden nur 10 der 16 Cl^--Ionen oxidiert.

Lerntipp

Oft wird man in Prüfungsfragen aufgefordert, zu erkennen, welche der abgebildeten Reaktionsgleichungen eine Redoxgleichung ist. Dies lässt sich schnell durch Berechnen der jeweiligen Oxidationszahlen lösen. Bei den korrelierenden Edukten und Produkten, bei denen sich die Oxidationszahl ändert, liegt eine Redoxgleichung vor.

3.5.2 Elektrochemische Zellen

3.5.2.1 Halbzelle und elektrochemische Zelle

Eine elektrochemische Zelle ist eine Anordnung, in der zwei Elektroden in eine Lösung eines Elektrolyten eintauchen und sich durch chemische Reaktionen eine **elektrische Potenzialdifferenz** zwischen den Elektroden aufbaut. In diesem Sinne ist jedes galvanische Element, d. h. jede Batterie, eine elektrochemische Zelle.

An den **Elektroden** findet eine Oxidation oder eine Reduktion statt:
- Wenn sich Metallionen an einer Elektrode abscheiden, nehmen sie an der Elektrode Elektronen auf, um ihre Ladung auszugleichen. Sie werden reduziert.
- Ionen, die von der Elektrode in Lösung gehen, tun dies als Kationen. Sie lassen Elektronen an der Elektrode zurück, d. h. sie werden oxidiert.

Als Beispiel sei ein Zinkblech angeführt, das in eine Kupfersulfatlösung eintaucht. Kupfer schlägt sich auf dem Blech nieder, Zink-Ionen gehen in Lösung. Hier findet eine Redoxreaktion statt:

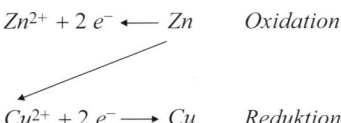

$$Zn^{2+} + 2\ e^- \longleftarrow Zn \qquad Oxidation$$

$$Cu^{2+} + 2\ e^- \longrightarrow Cu \qquad Reduktion$$

Elektronen gehen vom Zink auf das Kupfer über. Jeweils links ist die oxidierte Form und rechts die reduzierte Form dargestellt. Für Oxidation und Reduktion verlaufen die Reaktionspfeile entgegengesetzt.

Würde umgekehrt ein Kupferblech in eine Zinksulfatlösung getaucht, fände keine Reaktion statt. Die Redoxreaktion läuft nur in einer Richtung freiwillig ab. Darauf wird weiter unten im Text nochmals eingegangen.

Zwischen einer Elektrode und einem umgebenden Elektrolyten, der die Kationen des Elektrodenmaterials enthält, bildet sich ein elektrisches Potenzial aus. Das Potenzial einer solchen **Halbzelle** kann aber nicht gemessen werden.

Eine Spannung kann nur zwischen zwei Punkten gemessen werden, dazu sind zwei Elektroden notwendig. Zwei Halbzellen werden daher zu einer **elektrochemischen Zelle** verbunden. Es tauchen nun zwei Elektroden in den Elektrolyten ein. In der elektrochemischen Zelle sind die Reaktionen an beiden Elektroden räumlich getrennt. Dies geschieht, indem zwischen beiden Halbzellen eine Membran gesetzt wird, die nur für die Anionen des Elektrolyten durchlässig ist.

Lerntipp

Das Prinzip und die Abläufe in der elektrochemischen Zelle werden regelmäßig in Examen gefragt.

3.5.2.2 Elektrochemische Spannungsreihe

Die gemessene Spannung hängt von den Materialien beider Elektroden ab.

Als Referenz wurde eine Bezugselektrode festgelegt. Dies ist die **Normalwasserstoffelektrode,** ein mit Wasserstoffgas umspültes Platinblech. Die Messbedingungen sind wie folgt festgelegt:

- Die Elektrode taucht in 1 N Säurelösung (pH = 0) ein.
- Die Wasserstoffbegasung erfolgt mit einem Druck von 1.013 hPa.
- Die Temperatur beträgt 25 °C (298 K).

An der Elektrode läuft die Teilreaktion ab:

$$2\ H_3O^+ + 2e^- \rightarrow H_2 + 2\ H_2O$$

Das Potenzial dieses Systems wird willkürlich als **Standardpotenzial** gleich 0,00 V gesetzt.

Die zweite Elektrode wird durch ein anderes Redoxsystem gebildet. Unter den festgelegten Bedingungen wird dessen **Normalpotenzial** E^0 in Bezug auf die Wasserstoffelektrode gemessen.

Nach ihrem Normalpotenzial lassen sich alle Redoxpaare in einer **Spannungsreihe** anordnen (▶ Abb. 3.7). Wenn in einem äußeren Draht, der beide Elektroden verbindet, Elektronen zur Normalelektrode hinfließen, ist das Potenzial gegenüber dieser negativ. Wird ein positives Potenzial gemessen, gibt die Wasserstoffelektrode Elektronen ab.

Merke

Die Redoxpaare sind in der **Spannungsreihe** aufsteigend nach ihren Normalpotenzialen geordnet. Von oben nach unten nimmt das Oxidationsvermögen zu, die Reduktionskraft wird dementsprechend geringer. Ein Stoff kann einen anderen, der in der Spannungsreihe über ihm steht, oxidieren, aber nicht umgekehrt. Freiwillig laufen nur Redoxreaktionen ab, bei denen die Elektronen „von oben nach unten" fließen.

Vor diesem Hintergrund wird auch die Richtung der Redoxreaktion im zuvor genannten Beispiel verständlich. Kupfer steht in der Spannungsreihe unterhalb von Zink (▶ Abb. 3.7). Kupfer kann Zink oxidieren, d. h. diesem Elektronen entziehen. In umgekehrter Richtung läuft die Reaktion freiwillig nicht ab.

Die Spannung der elektrochemischen Zelle ergibt sich aus der Differenz der Elektrodenpotenziale. Eine Zink-Kupfer-Batterie hat demnach eine Spannung von:

$$U = \Delta E = E^0_{Cu} - E^0_{Zn}$$
$$= 0,35\ V - (-0,76\ V) = 1,11\ V$$

Die **freie Enthalpie** ΔG gibt die in der Redoxreaktion freigesetzte Energie an:

$$\Delta G = -z \cdot e \cdot N_A \cdot \Delta E$$

(z: Anzahl der übertragenen Elektronen, e: Elementarladung $[e = 1,6 \cdot 10^{-19}\ C]$, N_A: Avogadro-Zahl $[N_A = 6,022 \cdot 10^{23}\ mol^{-1}]$, ΔE: Potenzialdifferenz).

Mit der Faraday-Konstanten ($F = 96.485\ C \cdot mol^{-1}$) lässt sich die Reaktionsenthalpie ausdrücken als:

	Ox			Red	E^0 (Volt)
geringe Oxidationskraft				hohe Reduktionskraft	
	Na^+	$+ e^-$	$\rightleftharpoons$	Na	$-2{,}71$
	Mg^{2+}	$+ 2\,e^-$	$\rightleftharpoons$	Mg	$-2{,}40$
	Zn^{2+}	$+ 2\,e^-$	$\rightleftharpoons$	Zn	$-0{,}76$
	Fe^{2+}	$+ 2\,e^-$	$\rightleftharpoons$	Fe	$-0{,}44$
	$2\,H_3O^+$	$+ 2\,e^-$	$\rightleftharpoons$	$H_2 + 2\,H_2O$	$0{,}00$
	Cu^{2+}	$+ 2\,e^-$	$\rightleftharpoons$	Cu	$+0{,}35$
	I_2	$+ 2\,e^-$	$\rightleftharpoons$	$2\,I^-$	$+0{,}58$
	$Chinon + 2\,H_2O^+$	$+ 2\,e^-$	$\rightleftharpoons$	$Hydrochinon + 2\,H_2O$	$+0{,}70$
	Fe^{3+}	$+ e^-$	$\rightleftharpoons$	Fe^{2+}	$+0{,}77$
	Ag^+	$+ e^-$	$\rightleftharpoons$	Ag	$+0{,}81$
	Hg^{2+}	$+ 2\,e^-$	$\rightleftharpoons$	Hg	$+0{,}86$
	$O_2 + 4\,H_3O^+$	$+ 4\,e^-$	$\rightleftharpoons$	$2\,H_2O + 4\,H_2O$	$+1{,}24$
	Cl_2	$+ 2\,e^-$	$\rightleftharpoons$	$2\,Cl^-$	$+1{,}36$
	F_2	$+ 2\,e^-$	$\rightleftharpoons$	$2\,F^-$	$+2{,}86$
hohe Oxidationskraft				geringe Reduktionskraft	

Abb. 3.7 Ausschnitt aus der Spannungsreihe; angegeben sind die Normalpotenziale einiger Redoxpaare (Ox: oxidierte Form, Red: reduzierte Form).

$$\Delta G = -z \cdot F \cdot \Delta E$$

> **Lerntipp**
>
> Zur Spannungsreihe merken Sie sich am besten folgendes Prinzip: Nach rechts **o**ben kann **o**xidiert werden, nach links **u**nten kann red**u**ziert werden.

3.5.2.3 Potenzial bei Nicht-Standardbedingungen

Die Spannungsreihe gibt Normalpotenziale an, die unter den oben genannten definierten **Standardbedingungen** ermittelt werden. Weichen die Bedingungen von diesen Normen ab, ändern sich auch die Elektrodenpotenziale.

Das Redoxpotenzial an einer Elektrode hängt vom Konzentrationsverhältnis zwischen oxidierter Form [ox] und reduzierter Form [red] in der umgebenden Lösung ab. Es wird durch die **Nernst-Gleichung** beschrieben:

$$E = E^0 + \frac{R \cdot T}{z \cdot F} \cdot \ln \frac{[ox]}{[red]}$$

(E^0: Normalpotenzial, R: Gaskonstante [$R = 8{,}31$ $J \cdot mol^{-1} \cdot K^{-1}$], T: Temperatur, z: Anzahl der übertragenen Elektronen, F: Faraday-Konstante [$F = 96.485$ $C \cdot mol^{-1}$]).

Bei $T = 25\,°C$, dem Umrechnen des natürlichen in den dekadischen Logarithmus und dem Einsetzen der Werte für R und F lässt sich die Nernst-Gleichung schreiben als:

$$E = E^0 + \frac{0{,}06\,V}{z} \cdot \log_{10} \frac{[ox]}{[red]}$$

3.5.2.4 pH-Abhängigkeit

Zwischen Säure/Base-Reaktionen und Redoxreaktionen lassen sich Analogien feststellen:

65

- Säure/Base-Reaktionen werden in der Definition nach von Brönsted durch die Übertragung von Protonen beschrieben (► Kap. 3.4.1). Es werden Paare aus der Säure und ihrer konjugierten Base betrachtet.
- Redoxreaktionen werden durch die Übertragung von Elektronen definiert (► Kap. 3.5.1.1). Es werden Redoxpaare aufgestellt, bestehend aus der reduzierten und der oxidierten Form.

Wenn für die Bildung der oxidierten Form eines Redoxpaars Protonen freigesetzt werden, ist das Potenzial abhängig vom pH-Wert. Dies ist der Fall für die Normalwasserstoffelektrode:

$$2 H_3O^+ + 2 e^- \leftrightharpoons H_2 + 2 H_2O$$

Die Nernst-Gleichung lautet:

$$E = 0\ \text{V} + \frac{0,06\ \text{V}}{2} \cdot \log_{10} \frac{\left[2\ H_3O^+\right]}{\left[2\ H_2O\right] \cdot \left[H_2\right]} =$$

$$0\ \text{V} + \frac{0,06\ \text{V}}{2} \cdot \log_{10} \frac{\left[H_3O^+\right]^2}{\left[H_2O\right]^2 \cdot \left[H_2\right]}$$

Die Konzentrationen [H₂O] und [H₂] bleiben unverändert. Sie werden formal gleich 1 gesetzt:

$$E = 0\ \text{V} + \frac{0,06\ \text{V}}{2} \cdot \log_{10} \left[H_3O^+\right]^2$$

$$= 0,06\ \text{V} \cdot \log_{10} \left[H_3O^+\right]$$

Mit

$$pH = -\log_{10}\left[H_3O^+\right]$$

ergibt sich:

$$E = -0,06\ \text{V} \cdot pH$$

 Somit ist jede gegen die Normalwasserstoffelektrode gemessene Potenzialdifferenz pH-abhängig. Die Wasserstoffelektrode ist prinzipiell zur Messung des pH-Werts geeignet.

Die Begasung der Elektrode mit Wasserstoff erfordert aber einen apparativen Aufwand, der gerne vermieden wird. In elektrischen pH-Metern wird deshalb in der Regel die in der Beschreibung der Messverfahren schon angesprochene Glaselektrode eingesetzt (► Kap. 3.4.2.5).

3.5.3 Biochemische Redoxreaktionen

Zahlreiche biochemische Reaktionen sind Redoxreaktionen. Dies soll ohne Anspruch auf Vollständigkeit an einigen Beispielen gezeigt werden.

3.5.3.1 Knallgasreaktion

Im Organismus findet als Teilreaktion in der Atmungskette die, zuvor schon mehrfach als Beispiel angeführte, Knallgasreaktion statt:

$$2 H_2 + O_2 \rightarrow 2 H_2O$$

Wasserstoff reagiert mit dem eingeatmeten Sauerstoff zu Wasser. Aus den Normalpotenzialen lässt sich die Energiebilanz dieser Reaktion aufstellen. Mit einer Potenzialdifferenz von $\Delta E = 1{,}13$ V ist die freie Enthalpie der Reaktion:

$$\Delta G = -z \cdot F \cdot \Delta E = -2 \cdot 96485 \frac{C}{mol} \cdot 1{,}13\ \text{V}$$

$$= -218 \frac{kJ}{mol}$$

Bei der Reaktion von gasförmigem Wasserstoff und Sauerstoff wird diese Energie explosionsartig freigesetzt. Im Organismus wird die Energie, gesteuert durch die Enzyme der Atmungskette, stufenweise abgegeben und für die Synthese von ATP (► Kap. 3.10.3.2) verwendet.

3.5.3.2 Oxidation und Reduktion der Kohlenwasserstoffe

Durch **Dehydrierung,** d. h. der Abspaltung von Wasserstoff, wird ein Alkan zu einem Alken (► Kap. 3.8.1). Es werden die zum Wasserstoff gehörenden Elektronen abgegeben, deshalb ist der Vorgang gleichbedeutend mit einer Oxidation (► Kap. 3.5.1.1).

In der Umkehrung wird in der Reduktion das Alken durch **Hydrierung** zum Alkan gesättigt:

3.5.3.3 Oxidation der Alkohole

Alkohole können oxidiert werden. Es werden 2 Protonen und 2 Elektronen abgegeben. Aus einem primären Alkohol entsteht ein Aldehyd, aus einem sekundären Alkohol ein Keton (▶ Kap. 2.4.2.6):

primärer Alkohol

$$R-CH_2OH \xrightarrow{-2\,H} R-C\!\!\begin{array}{c} O \\ \diagdown \\ H \end{array} \quad \text{Aldehyd}$$

sekundärer Alkohol

$$\begin{array}{c} R \\ \diagdown \\ R \end{array}\!\!CHOH \xrightarrow{-2\,H} \begin{array}{c} R \\ \diagdown \\ R \end{array}\!\!C=O \quad \text{Keton}$$

Tertiäre Alkohole sind unter vergleichbaren Bedingungen nicht mehr oxidierbar.

3.5.3.4 Thioalkohole – Disulfide

Die SH-Gruppe ist wegen der geringeren Elektronegativität des Schwefels leichter oxidierbar als eine OH-Gruppe. Durch Oxidation zweier Thiole bildet sich zwischen beiden eine Disulfidbrücke (▶ Kap. 2.4.2.4):

$$2\,RS-H \underset{\text{Oxidation}}{\overset{\text{Reduktion}}{\underset{-2\,H}{\overset{+2\,H}{\rightleftharpoons}}}} RS-SR$$

Thiol   Disulfid

3.5.3.5 Chinon – Hydrochinon

Ein Chinon kann durch Hydrierung zu einem Hydrochinon reduziert werden. Ein Hydrochinon ist ein zweiwertiges Phenol in *ortho*- oder *para*-Stellung der Hydroxygruppen (▶ Kap. 2.5.1.3). Das Hydrochinon kann wieder zum Chinon oxidiert werden. Chinon und Hydrochinon bilden ein korrespondierendes Redoxpaar:

1,4-Benzochinon   Hydrochinon
(*p*-Chinon)

3.6 Bildung und Eigenschaften der Salze

3.6.1 Salzbildung

Salze sind Ionenverbindungen aus Metall und Nichtmetall. Das Nichtmetall oxidiert das Metall. Daher liegt das Metall stets als Kation und das Nichtmetall als Anion vor.
Salze bilden sich in der **Neutralisationsreaktion** von Säure und Base:

$$\text{Säure} + \text{Base} \rightarrow \text{Salz} + \text{Wasser}$$

Beispiel: $NaOH + HCl \rightarrow NaCl + H_2O$.

Eine weitere Möglichkeit der Salzbildung ist das Ersetzen der Protonen einer Säure durch Metallionen.
Die Namen der Salze leiten sich von denen der Säureanionen (▶ Tab. 3.1) ab, Beispiele: NaCl, Natriumchlorid, $CaCO_3$, Calciumcarbonat.

3.6.2 Eigenschaften der Salze

3.6.2.1 Aggregatzustand

In festem Zustand bilden Salze ein **Kristallgitter,** in dem den positiven Ionen jeweils negative gegenüberstehen (▶ Kap. 2.3.1). In wässriger Lösung **dissoziieren** die Ionen des Salzes. Sie werden von einer **Hydrathülle** aus Wassermolekülen umgeben (▶ Kap. 2.3.4).
Bei den kleineren Ionen wird die Kernladung durch die kleinere Elektronenhülle weniger stark abgeschirmt, deshalb werden die polaren Wassermoleküle stärker angezogen. Während bei den Alkalimetallen die Ionenradien mit der Ordnungszahl zunehmen (▶ Kap. 2.2.4.2), gilt für die Größe der Hydrathüllen daher die umgekehrte Reihenfolge:

$$Li^+_{aq} > Na^+_{aq} > K^+_{aq}$$

Der Index *aq* kennzeichnet hier das hydratisierte Ion.

--- Klinik ●

Hydratisierte Natriumionen sind größer als hydratisierte Kaliumionen. Die Kaliumionen können deshalb Kanäle in der Zellmembran passieren, die für Natriumionen zu klein sind.

3.6.2.2 Lösungswärme

Beim Lösen eines Salzes in Wasser kann in einigen Fällen eine Erwärmung, in anderen eine Abkühlung der Lösung beobachtet werden.

Es ist die Energiebilanz zweier Vorgänge zu betrachten:

- Die Bindungen im Kristallgitter des Salzes müssen aufgebrochen werden. Die hierzu nötige Energie wird als **Gitterenergie** ΔH_U bezeichnet.
- Die regelmäßige Anordnung der Wassermoleküle in der Hydrathülle stellt einen energetisch günstigen Zustand dar. Bei der Bildung der Hydrathülle wird die **Hydratationsenthalpie** ΔH_H frei.

Die **Lösungsenthalpie** ΔH_L ist die Differenz beider Energiebeiträge: *Reaktionsenthalpie*

- $\Delta H_L = \Delta H_H - \Delta H_U > 0$: Die freigesetzte Hydratationsenthalpie ist größer als die Gitterenergie, die Lösung erwärmt sich.
- $\Delta H_L = \Delta H_H - \Delta H_U < 0$: Die Hydratationsenthalpie ist kleiner als die Gitterenergie, der Lösung wird Energie entzogen und sie kühlt ab.

3.6.2.3 Löslichkeit

Die Löslichkeit eines Salzes wird quantitativ durch sein **Löslichkeitsprodukt** angegeben (▶ Kap. 3.6.3).

Das Löslichkeitsprodukt L lässt sich aus dem Massenwirkungsgesetz ableiten (▶ Kap. 3.2.2):

$$\frac{[K^+] \cdot [A^-]}{[KA]} = K$$

$$[K^+] \cdot [A^-] = K \cdot [KA] = L$$

$$L = [K^+] \cdot [A^-]$$

Das Löslichkeitsprodukt ist das Produkt aus der Gleichgewichtskonstanten der Reaktion und der Konzentration des ungelösten Anteils. Es ist auch gleich dem **Ionenprodukt des Salzes**, d. h. dem Produkt der Konzentrationen der Kationen und Anionen.

3.6.2.4 Seifenbildung

Unpolare Säureanionen bilden mit den Kationen der Metalle Seifen. Die Fettsäuren, langkettige Carbonsäuren, bilden mit Natriumionen **Kernseifen,** mit Kaliumionen **Schmierseifen.**

Als Salz sind die Seifen vollständig dissoziiert. Die Kationen der Seifen sind hydratisiert. Die durch die Fettsäuren gebildeten Anionen sind wegen ihres langen apolaren Teils praktisch wasserunlöslich. Sie bilden **Mizellen** (▶ Kap. 2.4.2.7).

3.6.3 Schwer lösliche Salze

Die meisten Salze sind gut in Wasser löslich. Es gibt aber auch Ausnahmen. Die Sulfate, Carbonate und Phosphate der Erdalkalimetalle sowie des Lithiums sind schwer löslich.

Das Löslichkeitsprodukt L eines Salzes gibt die maximale Ionenkonzentration in einer gesättigten Lösung an. Wird diese Konzentration überschritten, fällt das Salz aus und es bildet sich am Boden des Gefäßes ein fester Niederschlag. Es stellt sich ein Gleichgewicht ein, bei dem aus der Lösung gleich viele Ionen ausfallen, wie aus dem Bodensatz wieder in Lösung gehen (▶ Kap. 3.3.1).

Das Löslichkeitsprodukt schwer löslicher Salze ist sehr klein. In einer Fällungsreaktion wird das Überschreiten des Löslichkeitsprodukts zum Nachweis einer Ionensorte oder zur Stofftrennung ausgenutzt. Es werden zwei Salze zusammengegeben, aus deren Ionen sich ein schwer lösliches Salz bildet, das dann aus der Lösung ausfällt.

Ein Beispiel ist der Nachweis von Barium-Ionen durch Zugabe von Natriumsulfat:

$$\underset{\text{Bariumchlorid}}{BaCl_2} + \underset{\text{Natriumsulfat}}{Na_2SO_4} \longrightarrow$$

$$\underset{\text{Bariumsulfat}}{BaSO_4\downarrow} + \underset{\text{Natriumchlorid}}{2\,NaCl}$$

$$Ba^{2+} + SO_4^{2-} \longrightarrow BaSO_4\downarrow$$
$$L = 10^{-10}\ mol^2/L^2$$

Es entsteht das sehr schwer lösliche Bariumsulfat, das aus der Lösung ausfällt.

Klinik

Bariumsulfat wird als Kontrastmittel bei der Röntgenuntersuchung des Gastrointestinaltrakts eingesetzt. Die Ba^{2+}-Ionen sind zwar toxisch, wegen des geringen Löslichkeitsprodukts des Salzes treten sie aber nur in der vernachlässigbar kleinen Konzentration von 10^{-5} mol/L auf.

3.6.4 Elektrolyse

Salzlösungen sind Elektrolyte. **Elektrolyte** leiten den elektrischen Strom durch die Wanderung von Ionen (▶ Kap. 3.5.2.1).

Die **Elektrolyse** ist ein Verfahren zur Stofftrennung. Zwei an eine Spannungsquelle angeschlossene Elektroden tauchen in einen Elektrolyten ein. Im Gegensatz zu der in ▶ Kap. 3.5.2.1 beschriebenen elektrochemischen Zelle sind hier die Elektroden nicht durch eine Membran getrennt. Die Ionen des Elektrolyten wandern zu den Elektroden, gleichen ihre Ladung aus und schlagen sich dort nieder.

Auf diese Weise kann ein elektrisch leitender Gegenstand mit einer dünnen Schicht eines Metalls überzogen werden. Man bezeichnet diese Methode der Oberflächenveredelung als **Galvanisierung.**
Für die Elektrolyse gelten die **Faraday-Gesetze:**

1. Die Masse des an einer Elektrode abgeschiedenen Stoffs ist proportional zum durch den Elektrolyten geflossenen Strom.
2. Zur Abscheidung eines Mols eines Stoffs ist die Ladung $Q = z \cdot F$ erforderlich (z: Wertigkeit der Ionen, F: Faraday-Konstante, $F = 96.485$ C/mol).

3.6.5 Biochemisch wichtige Salze

Salze bzw. ihre Ionen erfüllen zahlreiche biochemische Aufgaben. Die häufigsten Ionensorten im Organismus sind:
- Kationen: Cl^-, I^-, F^-, HCO_3^-, HPO_4^{2-}
- Anionen: Na^+, K^+, Ca^{2+}, Mg^{2+}, Fe^{2+}

Wichtige Aufgaben dieser Ionen sind:
- **Na^+, K^+** und **Cl^-** bauen das Membranpotenzial an den Zellen auf. Sie sind auch wesentlich an der Aufrechterhaltung des osmotischen Drucks beteiligt.
- **Iod** wird als Iodid aufgenommen und ist essenziell für die Hormone der Schilddrüse.
- **Fluorid-Ionen** sind als Fluorapatit Bestandteil des Zahnschmelzes und der Knochensubstanz.
- **Ca^{2+}** ist unentbehrlicher Kofaktor für viele biochemische Reaktionen, u. a. für das Gerinnungssystem des Bluts. Das Skelett ist das Calciumreservoir des Körpers. Calcium ist dessen Hauptbestandteil in Form von Hydroxy-Calcium-Phospho-Apatit $Ca_5(PO_4)_3OH$.
- **Mg^{2+}** ist u. a. zur Übertragung der Phosphatgruppen aus dem ATP notwendig.
- **Fe^{2+}** bildet als Zentralion mit dem Häm-Molekül einen Komplex, in dem Sauerstoff an das Eisen

gebunden und auf diese Weise transportiert wird.
- **HCO_3^-** ist das Anion des offenen CO_2/Kohlensäure-Puffersystems, das den pH-Wert des Bluts regelt (▶ Kap. 3.4.3.3).
- **HPO_4^{2-}** ist das Anion der zweiten Dissoziationsstufe des Phosphatpuffers. Es ist der wichtigste Puffer im Zytoplasma (▶ Kap. 3.4.3.3).

Darüber hinaus benötigt der Organismus noch einige **Spurenelemente** als Bestandteile essenzieller Enzyme (▶ Tab. 2.7). Im Allgemeinen werden auch diese Elemente in Form von Metallionen ihrer Salze aufgenommen.

3.7 Ligandenaustausch-Reaktionen

3.7.1 Definition und Eigenschaften

Liganden besitzen ein oder mehrere freie Elektronenpaare. Sie bilden mit einem positiven **Zentralion** durch koordinative Bindungen einen **Komplex** (▶ Kap. 2.3.5).

- Für den Komplex lässt sich nach dem Massenwirkungsgesetz eine Bildungskonstante K_K angeben:

$$\frac{[\text{Metall} - \text{Komplex}]}{[\text{Kation} \cdot \text{Ligand}]} = K_K$$

- Die reziproke Schreibweise des Massenwirkungsgesetzes ergibt die **Zerfallskonstante** des Komplexes K_Z:

$$\frac{[\text{Kation} \cdot \text{Ligand}]}{[\text{Metall} - \text{Komplex}]} = K_Z = \frac{1}{K_K}$$

Ein Ligand mit einer größeren Bildungskonstante, d. h. höheren Bindungsaffinität, kann einen Liganden mit geringerer Affinität verdrängen. Das **Bindungsvermögen** eines Liganden kann durch seine Elektronegativität (▶ Kap. 2.2.4.2) ausgedrückt werden.

- Für einzähnige Liganden kann eine Reihenfolge aufgestellt werden: $CN^- > CO > O_2 > NH_3 > H_2O$.
- Ein Ligand kann andere, in dieser Anordnung rechts von ihm stehende Liganden verdrängen.
- **Chelatoren** sind mehrzähnige Liganden, sie können praktisch alle einzähnigen Liganden verdrängen. Auch die Chelatoren lassen sich

nach ihrer Bindungsstärke unterscheiden. Weinsäure, HOOC–CHOH–CHOH–COOH, ist ein relativ schwacher Chelator mit zwei Koordinationsstellen.

- Citrate, die Anionen bzw. Salze der Citronensäure, bilden dreizähnige Chelatoren.
- Einer der stärksten bekannten Chelatoren, der fast jeden anderen Chelator verdrängen kann, ist der sechszähnige Ligand EDTA (Ethylendiamintetraessigsäure, ▶ Kap. 2.3.5.3).

Merke •

Die Bildung eines Komplexes verändert entscheidend die Eigenschaften des Zentralions.
Ein Ligandenaustausch führt zu einem neuen Komplex, dessen Eigenschaften von denen des Ausgangskomplexes differieren.

Metallkomplexe sind häufig an einer typischen Farbe erkennbar.

Beispielsweise ist die Lösung des Kupferaquokomplexes blassblau. Von einem **Aquokomplex** wird gesprochen, wenn Wassermoleküle als Liganden auftreten. Es kann hier zwischen den Wassermolekülen unterschieden werden, die als Liganden auftreten, und dem Hydratwasser, das von Wassermolekülen gebildet wird, die zusätzlich als Hydrathülle jeden Komplex umlagern.

Der Ligandenaustausch mit Ammoniak führt zum Tetramminkupfer(II)-Komplex. Die Farbe wechselt durch den Austausch zu Tiefblau:

$$[Cu(H_2O)_4]^{2+} + 4\,NH_3$$

blassblau

$$\downarrow$$

$$[Cu(NH_3)_4]^{2+} + 4\,H_2O$$

tiefblau

Ein Ligandenaustausch kann auch das Redoxpotenzial des Zentralions ändern. Sowohl im Hexamminocobalt- als auch im Hexaaquocobaltkomplex kann Co^{2+} zu Co^{3+} oxidiert werden. In beiden Fällen unterscheidet sich das Redoxpotenzial:

$$[Co(NH_3)_6]^{2+} \rightleftharpoons [Co(NH_3)_6]^{3+} + e^-$$

Hexammin-   Hexammin-
cobalt(II)-ion   cobalt(III)-ion

$$E^0 = +0{,}11\ \text{Volt}$$

$$[Co(H_2O)_6]^{2+} \rightleftharpoons [Co(H_2O)_6]^{3+} + e^-$$

Hexaaqua-   Hexaaqua-
cobalt(II)-ion   cobalt(III)-ion

$$E^0 = +1{,}81\ \text{Volt}$$

Durch die Anlagerung der Liganden entstehen Komplexe, die größer sind als das ursprüngliche hydratisierte Ion. Die Komplexbildung hat einen Einfluss auf die Löslichkeit der Ionen, ihre Wanderungsgeschwindigkeit und ihre Fähigkeit, Ionenkanäle passieren zu können.

Geeignete Chelatoren, z. B. cyclische Ether mit mehreren Ethergruppen, die sogenannten **Kronenether,** können die Löslichkeit von Alkalisalzen so weit beeinflussen, dass sie in apolaren Lösungsmitteln, wie Benzol oder Chloroform, sogar noch besser löslich sind als in Wasser.

3.7.2 Beispiele

Als Beispiel für biologische wichtige Chelatkomplexe wurde der Komplex aus Fe^{2+} und Häm bereits in ▶ Kap. 2.3.5.3 genannt. Weitere Beispiele sind Co^{3+} im Cobalamin (Vitamin B_{12}, ▶ Kap. 8.3.2.4) oder Mg^{2+} in Chlorophyll (▶ Tab. 2.8).

Die Gerinnungsfaktoren II, VII, IX und X binden Ca^{2+} koordinativ in einem zweizähnigen Chelatkomplex. Die Zugabe von Citrat oder EDTA zu einer Blutprobe führt zu einem Ligandenaustausch, wodurch die Blutgerinnung unterbunden wird.

3.8 Additions- und Eliminationsreaktionen

Lerntipp •

Die folgenden Reaktionsmechanismen finden fast alle an C-Atomen von organischen Molekülen statt. Bitte wiederholen Sie dazu noch einmal die in ▶ Kap. 2.4 und ▶ Kap. 2.5 behandelten Molekülklassen sowie das Konzept der Elektronegativität. Dies hilft Ihnen, den Überblick zu behalten.

3.8.1 Addition, Elimination

In einer **Additionsreaktion** werden zusätzliche Atome an ein Molekül angefügt. Additionen sind nur an ungesättigten Verbindungen möglich. Die π-Bindung einer Doppel- oder Dreifachbindung wird gelöst. Es stehen nun zwei freie Elektronen zur Verfügung, die kovalente Bindungen eingehen können. Daher werden stets zwei Atome addiert. Die Additionsreaktion erfolgt mit einem Partner der Form X–Y, wobei X und Y für gleichartige Atome, verschiedene Atome oder für funktionelle Gruppen stehen können (▶ Abb. 3.8).

Bei der Addition werden auch die Bindungselektronen der angefügten Atome aufgenommen. Eine Addition ist deshalb stets auch eine Reduktion.

Nach der Art der addierten Stoffe werden die Reaktionen benannt (▶ Abb. 3.8):

- **Hydrierung** bezeichnet die Addition von Wasserstoff, H–H. Beide Wasserstoffatome werden in der *cis*-Stellung an die Doppelbindung angelagert. Der Vorgang ist zwar exotherm, kommt aber nicht von selbst in Gang. Es ist ein Katalysator notwendig, hierzu dienen Metalle, wie Platin, Palladium oder Nickel.
- **Hydratisierung** ist die Anlagerung eines Wassermoleküls, H–OH. Auf diese Weise entsteht aus einem Alken ein Alkohol. Die Reaktion läuft nicht selbsttätig, sondern nur säurekatalysiert ab.
- **Halogenierung** wird die Addition zweier Halogenatome genannt. Die beiden Atome werden in *trans*-Stellung, d.h. an gegenüberliegenden Seiten der Doppelbindung, angelagert. ▶ Abb. 3.8 zeigt als Beispiel die Bromierung. Auf die gleiche Weise läuft auch eine Chlorierung, Fluorierung oder Iodierung ab (▶ Kap. 6.2.4).
- **Hydrohalogenierung** ist die Addition eines Wasserstoff- und eines Halogenatoms. Das addierte Molekül hat in diesem Fall die Struktur H–X, wobei X für eines der Halogene Fluor, Chlor, Brom oder Iod steht.

Die Umkehrung der Additionsreaktion ist die **Elimination,** bei der Bausteine aus dem Molekül entfernt werden. Die zurückbleibenden ungepaarten Elektronen gehen miteinander eine π-Bindung ein. Es entsteht eine ungesättigte Verbindung. Eine Elimination ist wegen der Elektronenabgabe stets auch eine Oxidation.

- Die Umkehrung der Hydrierung, die Elimination von 2 H wird **Dehydrierung** genannt.
- **Dehydratisierung** ist die Umkehrung der Hydratisierung, d.h. die Abspaltung eines Wassermoleküls.

Addition:

Hydrierung:

Wasserstoff

Hydratisierung:

Wasser

Bromierung:

Brom

Hydrohalogenierung:

Halogen-
wasserstoff
(X = I, Br, Cl)

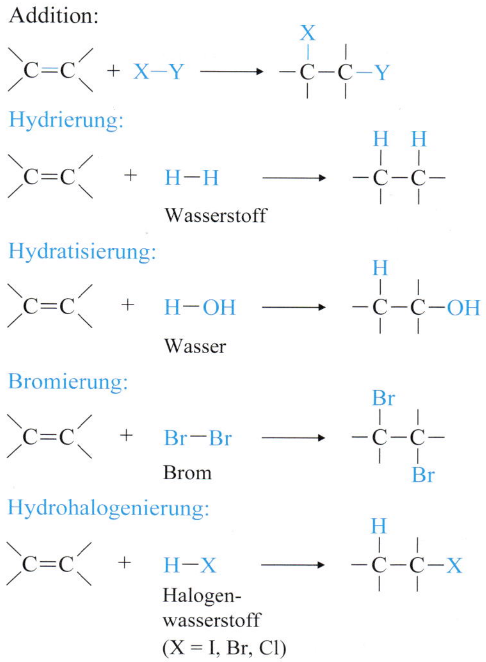

Abb. 3.8 Additionsreaktionen: Prinzip und Beispiele.

> **Merke**
>
> Für eine Addition ist immer eine Doppelbindung notwendig, bei einer Elimination entsteht immer eine Doppelbindung.

3.8.2 Reaktionen der Carbonylgruppe

3.8.2.1 Reaktionsmechanismus

Die funktionelle Gruppe der Aldehyde und Ketone ist die **Carbonylgruppe.** Charakteristisches Strukturelement ist das über eine Doppelbindung an den Kohlenstoff gebundene Sauerstoffatom. Trägt die Carbonylgruppe einen organischen Rest und ein H-Atom, liegt ein **Aldehyd** vor, bei zwei organischen Resten ein **Keton** (▶ Kap. 2.4.2.6).

Das Reaktionsverhalten der Carbonylgruppe wird verständlich, wenn ihre **Ladungsverteilung** näher betrachtet wird. Das Kohlenstoffatom ist sp^2-hybridisiert. Die C=O-Doppelbindung ist stark polarisiert. Die positive Partialladung befindet sich am C-Atom, die negative beim Sauerstoff. Die Polarisierung wird durch die Doppelbindung verstärkt.

Die Carbonylgruppe ist deshalb stärker polarisiert als die C–OH-Bindung einer Alkoholgruppe.

- Das C-Atom stellt das **elektrophile Zentrum** der Carbonylgruppe dar. Seine positive Partialladung wirkt anziehend auf eine negative Ladung. Der angezogene potenzielle Reaktionspartner ist das **Nucleophil,** das selbst negativ geladen ist oder zumindest durch freie Elektronenpaare oder ungepaarte Elektronen Bereiche negativer Partialladung hat. Die negative Ladung des Nucleophils wird von der positiven Ladung am elektrophilen Zentrum der Carbonylgruppe angezogen.
- Das Sauerstoffatom als Träger der negativen Partialladung repräsentiert das **nucleophile Zentrum** der Carbonylgruppe. Dieses zieht elektrophile Reaktionspartner an. Die **Elektrophile** sind selbst wieder positiv geladen.

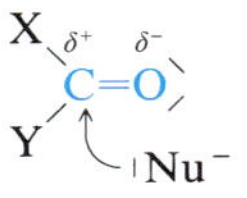

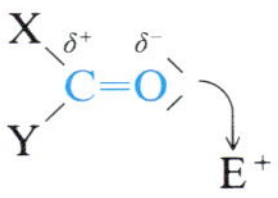

Durch den Angriff eines Nucleophils am C-Atom verschieben sich die Elektronen der C=O-Doppelbindung noch weiter zum Sauerstoff hin, sodass sich dort leicht ein Proton anlagert. Es entsteht eine OH-Gruppe und das Nucleophil lagert sich am C-Atom an.

Diese Reaktion kann durch die Anwesenheit einer Säure katalysiert werden. Ein Proton, das sich als Elektrophil temporär an das Sauerstoffatom anlagert, verstärkt die Polarisation der C=O-Bindung, sodass sich ein Nucleophil leichter an das C-Atom heften kann.

3.8.2.2 Addition von Wasser

Die Addition von Wasser führt bei Aldehyden und Ketonen zu einem Aldehydhydrat bzw. Ketonhydrat. Das Sauerstoffatom des Wassermoleküls greift als Nucleophil die Carbonylgruppe an. Ein Proton des Wassers geht auf das Sauerstoffatom der Carbonylgruppe über:

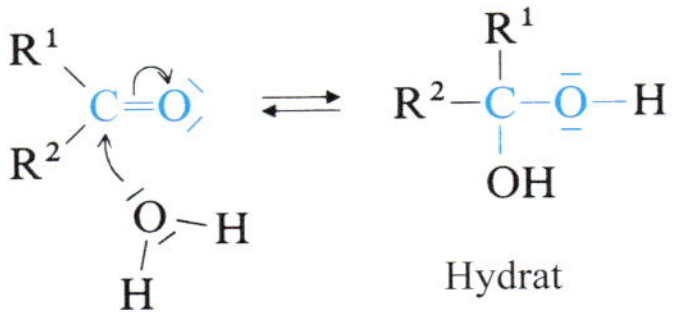

Aldehyd oder Keton ⇌ Hydrat

3.8.2.3 Reaktion mit Alkoholen

Alkohole addieren sich nach dem gleichen Schema wie Wasser an die Carbonylgruppe. Der nucleophile Angriff erfolgt durch die Hydroxygruppe des Alkohols. Das Proton der OH-Gruppe wird auf das O-Atom der Carbonylgruppe übertragen. Aus Aldehyden oder Ketonen bilden sich bei Addition von Alkoholen **Halbacetale:**

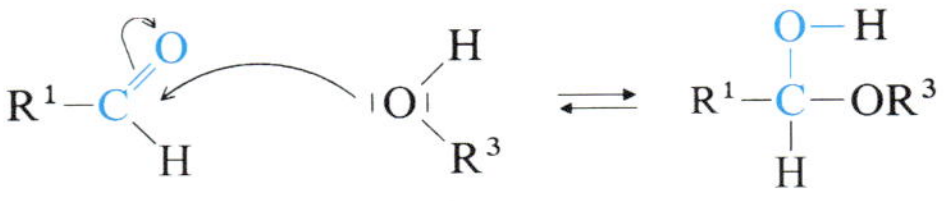

Halbacetal

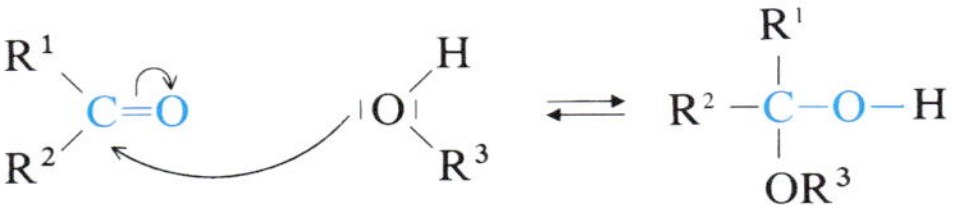

Halbacetal
(früher: Halbketal)

Früher wurden die Acetale der Ketone als Ketale bezeichnet, heute ist diese Unterscheidung aber nicht mehr üblich.

Die Carbonylgruppe kann auch mit einer OH-Gruppe des eigenen Moleküls reagieren. Es findet dann ein Ringschluss zu einem **cyclischen Halbacetal** statt. Stabil sind hier wieder besonders die 5- oder 6-gliedrigen Ringe:

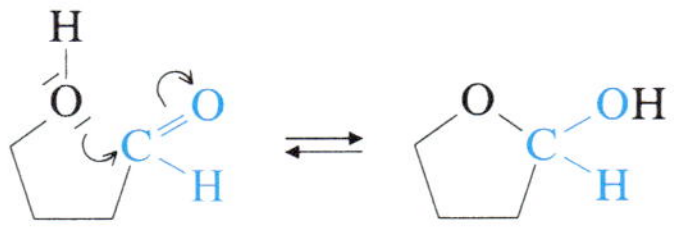

Einige Kohlenhydrate nehmen bevorzugt die Form cyclischer Halbacetale ein (► Kap. 4.2.5.1). Aus einem Halbacetal kann sich unter Wasserabspaltung das Carbenium-Ion bilden. Dieses reagiert erneut mit einem Alkohol weiter zum **Acetal** (auch: Vollacetal; ▶ Abb. 3.9).

> **Lerntipp**
>
> Auch Halbacetale und Acetale werden gern als funktionelle Gruppen von größeren Molekülen gefragt. Prägen Sie sich also ein, dass Halbacetale ein C-Atom mit einer OH- und einer OR-Gruppe enthalten, während in Vollacetalen an einem C-Atom zwei OR-Gruppen zu finden sind.

3.8.2.4 Reaktion mit Aminen

Die Carbonylgruppe reagiert mit primären Aminen zu **Iminen**. Das Carbonyl-C-Atom wird vom freien Elektronenpaar des Stickstoffs nucleophil angegriffen. Nach der Bindung des Stickstoffs an den Kohlenstoff entsteht zunächst ein „Zwitterion". Dessen Ladungen gleichen sich aus, indem ein Proton vom Stickstoff auf den Sauerstoff übertragen wird. Nach der Abspaltung eines Wassermoleküls entsteht ein Imin:

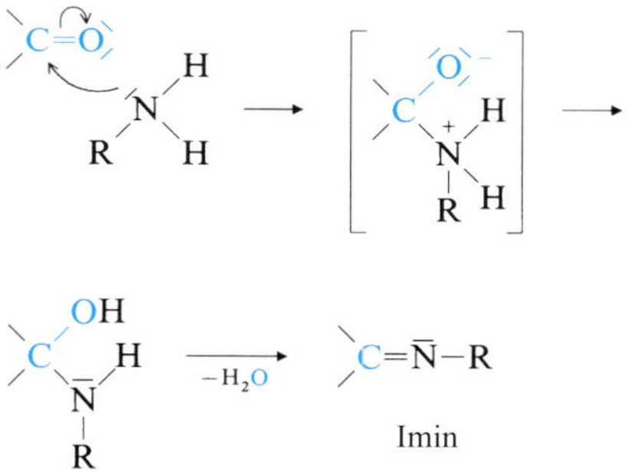

Charakteristisch für Imine ist die Struktur >C=N–R, sie steht im Gleichgewicht mit der Form >C–N=R, in die sie sich durch Wechsel der Doppelbindung umwandelt.

Imine werden auch **Schiff-Basen** genannt.

> **Lerntipp**
>
> Diese Reaktion scheint vielleicht für Chemie nicht sehr prüfungsrelevant zu sein, jedoch werden Sie ihr, wie vielen anderen organischen Reaktionsmechanismen, in der Biochemie wieder begegnen. Dort spielt sie in der Transaminierung von Aminosäuren eine große Rolle, als Kofaktor dient Pyridoxalphosphat.

3.8.3 Tautomerie, Kondensationen

3.8.3.1 Keto-Enol-Tautomerie

In **Ketonen** wirkt die starke Polarität der C=O-Bindung auch auf die benachbarten C-Atome. Diese geben ihre Protonen leicht ab. Es entsteht so zunächst ein Enolat-Ion. An dieses kann sich ein Proton wieder an die ursprüngliche Stelle oder aber auch an das Sauerstoffatom anlagern. Auf diese Weise entsteht die **Enolform.**

> **Lerntipp**
>
> Der Name „Enol" deutet auf die C=C-Doppelbindung („-en") und die Hydroxygruppe („-ol") hin.

Es handelt sich hier um einen speziellen Fall der Konstitutionsisomerie (▶ Kap. 2.4.1.1), der als **Tautomerie** bezeichnet wird. Die beiden Tautomere, die Ketoform und die Enolform, stehen miteinander im Gleichgewicht. Sie wandeln sich spontan ineinander um (▶ Abb. 3.10).

3.8.3.2 Kondensationen

Jede Verbindung zweier Moleküle unter Abspaltung eines Wassermoleküls wird als **Kondensation** bezeichnet.

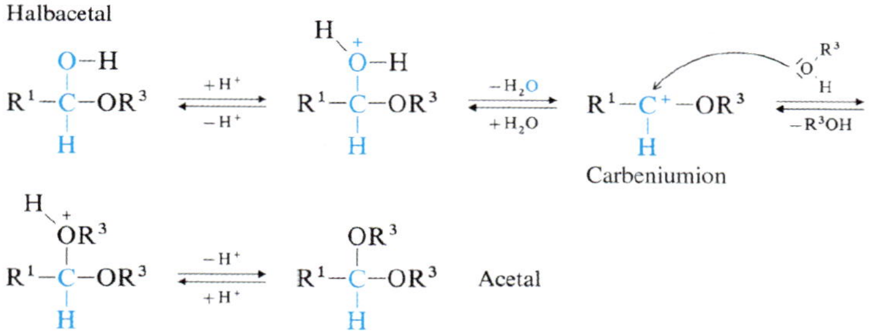

Abb. 3.9 Reaktion des Halbacetals mit einem weiteren Alkohol zum Acetal.

In diesem Sinne ist die zuvor in ▶ Kap. 3.8.2.4 beschriebene Reaktion von Aldehyden bzw. Ketonen mit primären Aminen zu Iminen eine Kondensation. Darüber hinaus sollen hier noch weitere Kondensationsreaktionen vorgestellt werden.

Aldol-Kondensation

Aldehyde verbinden sich in alkalischem Milieu zu Dimeren (griech. dimer = zwei Teile). Das C-Atom an der α-Position, d. h. das der Carbonylgruppe benachbarte C-Atom, gibt leicht ein Proton ab. Das entstandene Carbanion lagert sich nucleophil an das Carbonyl-C-Atom eines unveränderten Aldehyds an. Es entsteht ein **Aldol.**

> ### — Lerntipp •———
>
> Der Name „Aldol" drückt aus, dass die Verbindung eine Aldehydgruppe („-al") und eine OH-Gruppe („-ol") enthält.

Der Vorgang wird als **Aldol-Addition** bezeichnet, denn je zwei Ethanalmoleküle „addieren" sich zum Aldol (▶ Abb. 3.11).
Es schließt sich oft die **Aldol-Kondensation** an, denn Aldole sind instabil. Sie spalten Wasser ab und es entsteht eine zur Carbonylgruppe konjugierte C=C-Doppelbindung.
Im gezeigten Beispiel entstand das Aldol durch Addition zweier Ethanalmoleküle. Die nachfolgende Kondensation führt zum Crotonaldehyd.

Ester-Kondensation

Eine der Aldol-Addition analoge Reaktion wird auch bei Estern beobachtet, die **Ester-Kondensation.** Das Proton am α-C-Atom wird abgegeben und das Carbanion bindet am nucleophilen Zentrum eines anderen Esters:

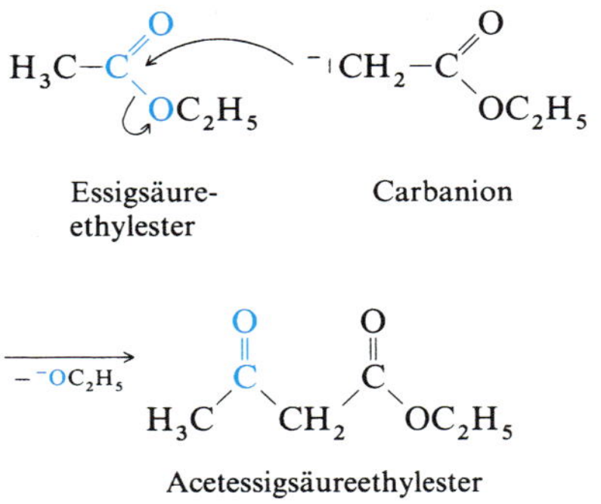

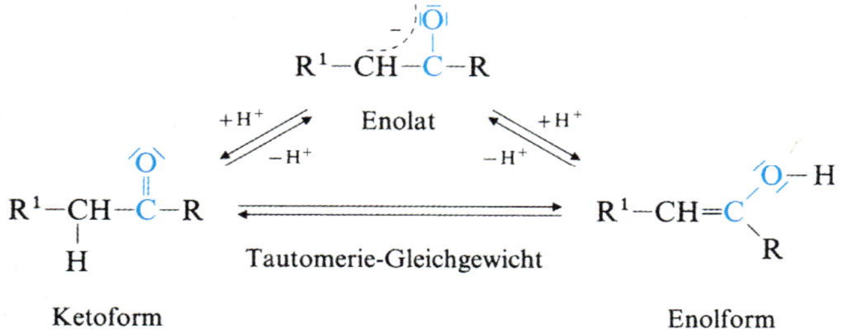

Essigsäure-ethylester   Carbanion

Acetessigsäureethylester

Abb. 3.10 Keto-Enol-Tautomerie.

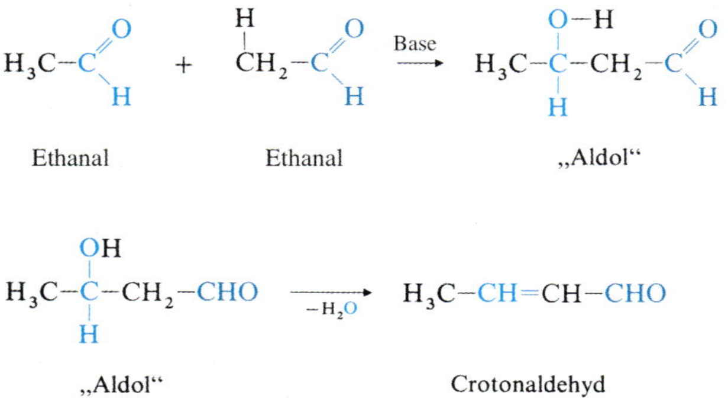

Abb. 3.11 Aldol-Addition und anschließende Aldol-Kondensation zum Crotonaldehyd.

Es wird hierbei kein Wasser, sondern die Gruppe $-OC_2H_5$ abgespalten. Die Reaktion wird trotzdem, in einem erweiterten Sinn des Begriffs, als Kondensation bezeichnet.

Merke

Biochemisch ist die Ester-Kondensation von Bedeutung, denn sie ermöglicht den Aufbau längerer Kohlenstoffketten.

Lerntipp

Bitte behalten Sie bei diesem Mechanismus im Hinterkopf, dass er auch in der Biochemie wichtig ist. Bei der Biosynthese von Fettsäuren wird als erster Schritt ein Acetylrest (C_2-Körper) aus einer Thioesterbindung auf einen Malonylthioester (C_3-Körper) unter Abspaltung eines Thiols und eines CO_2 übertragen.

3.9 Substitutionsreaktionen

3.9.1 Reaktionsablauf, reaktive Teilchen

In einer **Substitution** werden Bausteine eines Moleküls durch andere Atome oder Gruppen ersetzt. Im Unterschied zur Addition oder Elimination, bei denen nur π-Bindungen gelöst oder neu gebildet werden (▶ Kap. 3.8.1), erfordert die Substitution das vollständige Lösen und neue Schließen der kovalenten Bindungen.

Eine kovalente Bindung kann sich auf zwei Arten öffnen:

- **Heterolytischer Bruch:** Hier erhält ein Partner beide Elektronen des ehemaligen Molekülorbitals. Auf diese Weise entstehen Ionen. Der Partner mit beiden Elektronen wird zum Anion, der andere zum Kation.
- **Homolytischer Bruch:** Jeder der Partner erhält eines der Bindungselektronen. Es entstehen zwei sogenannte Radikale.

Ein **Radikal** verfügt über ein ungepaartes Valenzelektron. Dieses wird in der Schreibweise durch einen Punkt gekennzeichnet. Radikale sind äußerst reaktive Teilchen, die andere Moleküle angreifen. Das freie Elektron des Radikals zieht ein Elektron aus einer kovalenten Bindung, die dabei aufgebrochen wird, heraus und bildet mit ihm ein gemeinsames Orbital.

Beispiele für Radikale sind:
- $H^•$, das Wasserstoffatom.
- $Cl^•$, das Chloratom.
- $^•O{-}O^•$, das nur einfach verbundene Sauerstoffmolekül bildet ein Doppelradikal.

Radikale können sich durch Einstrahlung von UV-Licht bilden. Das Chlormolekül wird im ultravioletten Licht in zwei Chlorradikale gespalten:

$$Cl_2 \xrightarrow{\text{UV-Licht}} 2\,Cl^•$$

Radikale können eine **Kettenreaktion** starten. Das Radikal zerbricht ein Molekül und verbindet sich mit einem der Bruchstücke. Das andere Stück bleibt mit einem ungepaarten Elektron zurück. Es ist jetzt selbst ein Radikal, das Bindungen in anderen Molekülen angreift, usw.

Die Reaktionskette bricht erst ab, wenn zwei Moleküle mit ungepaarten Elektronen rekombinieren.

Klinik

In der Anwesenheit von Sauerstoff bilden sich in gewissem Umfang immer auch **Sauerstoffradikale.** Im Organismus können freie Radikale biologisch wichtige Moleküle zerstören. Stoffe, die sich mit einem Radikal verbinden oder ein Elektron auf dieses übertragen, ohne dabei selbst wieder neue Radikale zu bilden, wirken als Radikalfänger. **Antioxidanzien** sind Stoffe mit niedrigem Redoxpotenzial, die leicht ein Elektron an ein Radikal abgeben und somit andere Stoffe vor der Oxidation schützen. Als Antioxidanzien sind die Vitamine C und E bekannt, denen deshalb auch eine schützende Wirkung vor degenerativen Erkrankungen zugeschrieben wird.

Geladene Teilchen oder **polarisierte Teilchen mit starker Partialladung** sind ebenfalls sehr reaktiv. Sie greifen als Nucleophil oder Elektrophil jeweils an Stellen eines Moleküls an, die eine zu ihrer eigenen Ladung entgegengesetzte Partialladung tragen (▶ Kap. 3.8.2.1).

3.9.2 Reaktionen am gesättigten Kohlenstoffatom

3.9.2.1 Radikalische Substitution

Ein Substituent am Kohlenstoffatom wird durch ein Radikal ersetzt. Ein Beispiel ist die radikalische Chlorierung von Alkanen:

$$R{-}H + Cl_2 \xrightarrow{\text{UV-Licht}} R{-}H + 2\,Cl^•$$
$$\rightarrow R{-}Cl + H{-}Cl$$

Die Reaktion kann auch als Kettenreaktion ablaufen. Sie startet mit der Bildung zweier Chlorradikale, von denen jedes eine Kette initiiert, die sich weiter fortpflanzt:

$$R-H + Cl^{\bullet} \rightarrow R^{\bullet} + H-Cl$$

$$R^{\bullet} + Cl-Cl \rightarrow R-Cl + Cl^{\bullet}$$

Die Kette bricht erst dann ab, wenn zwei Radikale rekombinieren.

Eine radikalische Bromierung ist ebenfalls möglich. Iodradikale lösen aber keine Substitutionsreaktion aus. Das Iodradikal ist weniger reaktiv, seine Elektronegativität ist vergleichsweise gering. Es kann kein Elektron aus einer bestehenden C–H-Bindung herauslösen. Iod kann daher als Radikalfänger auftreten, indem es mit Radikalen anderer Stoffe rekombiniert.

3.9.2.2 Nucleophile Substitution

Ein Substituent am Kohlenstoffatom wird durch ein Nucleophil ersetzt. Dazu ist es notwendig, dass das C-Atom ein elektrophiles Zentrum darstellt (▶ Kap. 3.8.2.1). Das heißt, das Kohlenstoffatom ist durch eine polarisierte Bindung zu einem der Substituenten auf die Reaktion vorbereitet.

Das Substrat für die nucleophile Substitution habe die Form $R_3C–X$, d. h., das C-Atom trägt drei beliebige Substituenten R und über eine polarisierte Bindung mit positiver Partialladung am C-Atom den Substituenten X. Die Abgangsgruppe X wird durch das Nucleophil Nu ersetzt.

Es werden zwei Reaktionsverläufe unterschieden: die Substitution mit einem anionischen oder mit einem ungeladenen Nucleophil.

- Das angreifende Nucleophil ist **negativ geladen.** Das gebildete Produkt ist neutral. Die Abgangsgruppe X hat die negative Ladung erhalten:

$$Nu^- + R_3C-X \rightarrow R_3C-Nu + X^-$$

- Als **ungeladene** Nucleophile treten im Allgemeinen Dipolmoleküle auf (▶ Kap. 2.3.4), die ein Proton abspalten können. Die Abgangsgruppe wird zunächst als Anion abgespalten und es entsteht ein positives Zwischenprodukt, das dann ein Proton an die Abgangsgruppe überträgt:

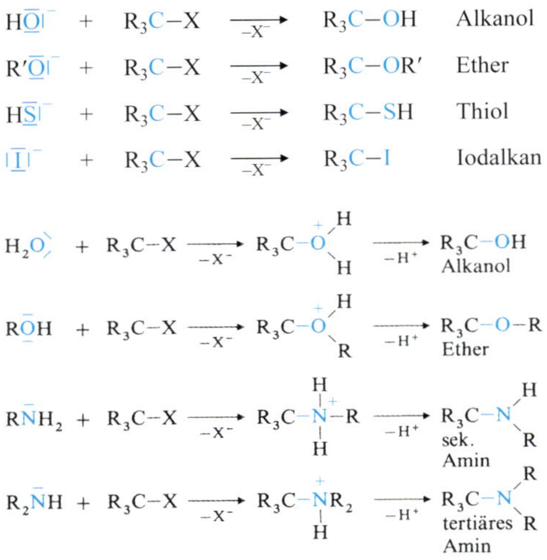

Abb. 3.12 Beispiele für nucleophile Substitutionen mit anionischen Nucleophilen (oben) und neutralen Nucleophilen (unten).

$$Nu-H + R_3C-X \rightarrow R_3C-Nu + H^+ + X^-$$
$$\rightarrow R_3C-Nu + H-X$$

Beispiele für beide Wege der nucleophilen Substitution zeigt ▶ Abb. 3.12.

> **Lerntipp**
>
> Ein biochemisch bedeutsames Nucleophil ist S-Adenosylmethionin (SAM). SAM fungiert in Substitutionsreaktionen als Donator für Methylgruppen, es entsteht S-Adenosylhomocystein, das wieder zu SAM regeneriert wird.

3.9.3 Reaktionen am ungesättigten Kohlenstoffatom

Ein ungesättigtes Kohlenstoffatom hat eine C=C-oder C=O-Doppelbindung. Die Doppelbindungen sind Angriffspunkte für Additionsreaktionen (▶ Kap. 3.8.1 und ▶ Kap. 3.8.2).

Eine Substitution findet an der Carboxylgruppe, –COOH, statt. Bei der Bildung von Carbonsäureestern und -amiden wird die OH-Gruppe der Carboxylgruppe substituiert.

3.9.3.1 Carbonsäureester

Carbonsäuren und Alkohole reagieren miteinander säurekatalysiert unter Wasserabspaltung zu **Estern:**

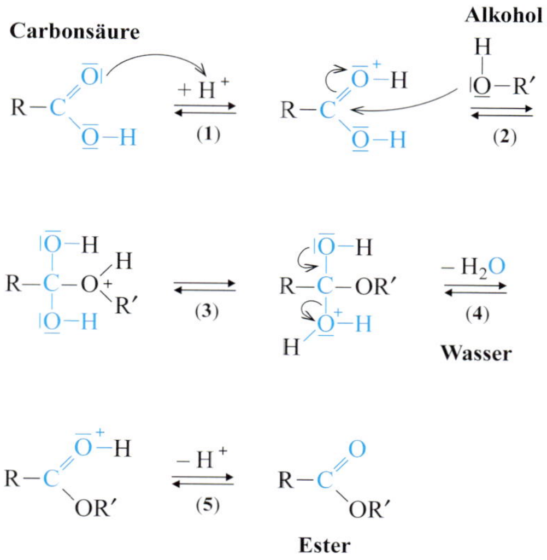

Carbonsäure   **Alkohol**

(1) (2)

(3) (4)

Wasser

(5)

Ester

Ein Proton lagert sich am Carbonyl-C-Atom an (1) und erhöht damit die Elektrophilie des C-Atoms, das daraufhin vom Sauerstoff der OH-Gruppe des Alkohols nucleophil angegriffen wird (2). Das Proton des Alkohol-O-Atoms wird auf die Carboxyl-OH-Gruppe übertragen (3), mit der es ein Wassermolekül bildet, das abgespalten wird (4). Nach der Esterbildung wird das katalysierende Proton wieder abgegeben (5).

Die Reaktion ist reversibel. Die Rückreaktion ist die **saure Esterhydrolyse:** In saurem Milieu spalten sich Ester unter Wasseraufnahme in Carbonsäuren und Alkohole.

Die **alkalische Esterhydrolyse** ist dagegen irreversibel:

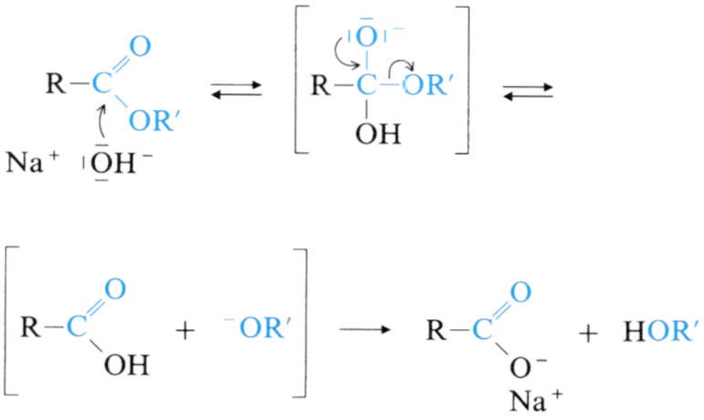

Das OH⁻-Ion ist stark nucleophil. Es bildet sich ein Zwischenprodukt, aus dem der Alkohol zunächst als Alkoholat-Ion verdrängt wird, das dann das Proton der Carboxylgruppe übernimmt.

Das entstandene Carboxylat-Ion ist kein Elektrophil. Es kann deshalb mit dem Alkohol keine Rückreaktion stattfinden. Das Carboxylat-Ion bildet mit dem Kation der Base das Salz der Carbonsäure. Da Seifen die Salze der Fettsäuren sind, wird die alkalische Esterhydrolyse auch als **Esterverseifung** bezeichnet.

3.9.3.2 Carbonsäureamide

In **Carbonsäureamiden** wurde formal die Carboxyl-OH-Gruppe durch ein Amin ersetzt.

Mit einem Proton des Amins ergänzt sich das OH⁻-Ion zu einem Wassermolekül, das bei der Reaktion abgespalten wird. Die Reaktion ist mit der Esterbildung vergleichbar. Sie ist allerdings stark endergon, sodass sie auf diese Weise im Organismus nicht abläuft.

In der Biosynthese der Carbonsäureamide wird am Carbonyl-C-Atom zunächst eine Esterbindung gebildet. Das C-Atom wird dadurch stärker elektrophil, es wird „aktiviert". Erst im zweiten Schritt wird es durch ein freies Elektronenpaar des Stickstoffs nucleophil angegriffen.

Carbonsäureamide bilden sich mit Ammoniak, primären Aminen, seltener mit sekundären Aminen.

Das Amin selbst ist neutral, es reagiert weder als Säure noch als Base. Durch die starke Polarisierung der C=O-Doppelbindung wird die Partialladung am C-Atom so positiv, dass sie das freie Elektronenpaar des Stickstoffs näher zu sich herüberzieht. Damit existiert am Stickstoffatom keine „negative Stelle" mehr, an die sich ein Proton anlagern könnte. Das Stickstoffatom verliert seine Basizität.

Die C–N-Bindung gewinnt als Folge partiellen Doppelbindungscharakter. Die Elektronen wechseln zwischen den mesomeren Grenzstrukturen O=C–N und O–C=N:

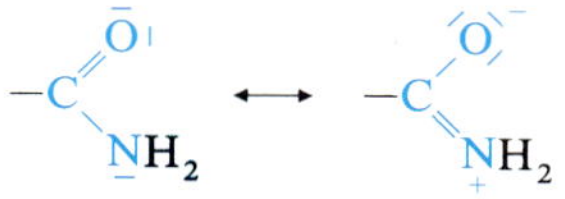

Durch die **Mesomerie** wird die Carbonsäureamidbindung stabilisiert. Carbonsäureamide sind energiereiche Verbindungen, ihre Bildung ist ein endergoner Vorgang. Entsprechend ist die Hydrolyse der Carbonsäureamide exergon. Dennoch sind die meisten Säureamide stabile Verbindungen. Die Hydrolyse startet nicht selbsttätig, sie muss durch Säuren, Basen oder Enzyme katalysiert werden.

Säureamide bilden für die Zelle eine Möglichkeit, Energie in chemischer Form zu speichern.

- Die biochemisch wichtigste Amidbindung ist die Bindung zwischen Aminosäuren. Die Verbindung der Carboxylgruppe einer Aminosäure mit der Aminogruppe einer anderen Aminosäure wird **Peptidbindung** genannt (▶ Kap. 5.3.2).
- Die Verbindung zwischen Aminogruppe und Carboxylgruppe desselben Moleküls ergibt cyclische Amide, diese werden **Lactame** genannt. Je nach Größe des Rings ist der Stickstoff mit dem β-, γ- oder δ-C-Atom verbunden. Entsprechend werden die Lactame als β-, γ- oder δ-Lactame klassifiziert:

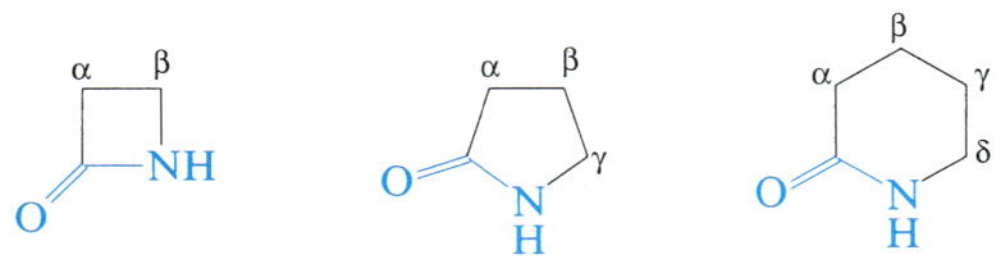

β-Lactam   γ-Lactam   δ-Lactam

Die **Hydrolyse** der Amide kann im sauren oder im alkalischen Milieu erfolgen. Sie ist in beiden Fällen irreversibel. Die Bedingungen müssen härter, d. h. saurer oder alkalischer, als bei der Esterhydrolyse gewählt werden.

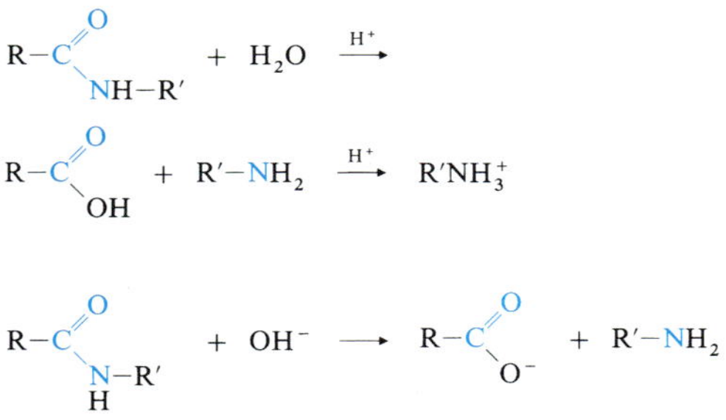

3.9.4 Aromaten

Der sechsgliedrige Kohlenstoffring der Aromaten ist durch konjugierte Doppelbindungen mesomeriestabilisiert (▶ Kap. 2.5.1.2). Diese energetisch günstige Struktur wird nicht aufgegeben. An den Doppelbindungen des Benzolrings finden deshalb keine Additionen statt.

Aromaten reagieren bevorzugt durch elektrophile Substitution. Die delokalisierten π-Elektronen bilden die Ladungswolken entlang des Rings, oberhalb und unterhalb der Ringebene. Diese negativen Ladungen stellen die **nucleophilen Zentren** des aromatischen Rings dar, an denen die positiven Partialladungen der Elektrophile angreifen. Auf diese Weise können verschiedene funktionelle Gruppen an den Benzolring angefügt werden. Je nach Ladungsverteilung und Reaktionsvermögen der angreifenden Elektrophile ist für die Reaktion die Anwesenheit eines Katalysators erforderlich, Beispiele zeigt ▶ Abb. 3.13.

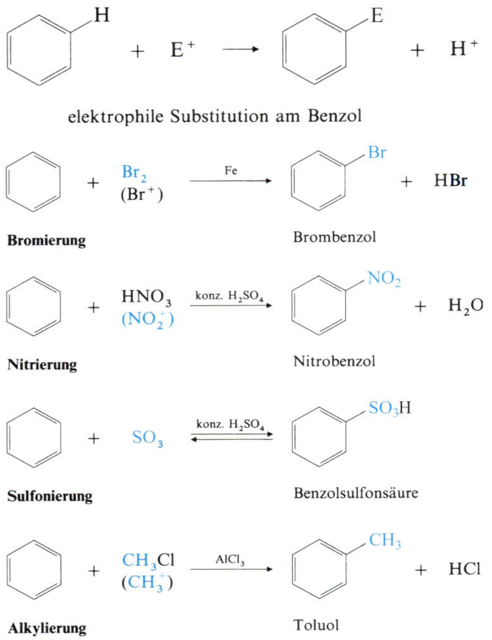

Abb. 3.13 Elektrophile Substitution am Benzol mit Beispielen.

3.10 Sonstige Reaktionen

3.10.1 Nukleinsäuren

Die **Nukleinsäuren** (▶ Kap. 7.3) kodieren in allen Lebewesen deren genetische Information. Sie sind aufgebaut aus Phosphorsäure, den Zuckern Ribose oder Desoxyribose und den Nukleinbasen. Die Nukleinbasen leiten sich von den Heterocyclen Purin oder Pyrimidin ab (▶ Kap. 2.5.2). Alle Nukleinbasen sind Oxypurine bzw. Oxypyrimidine, d. h., ein Sauerstoffatom ist über eine Doppelbindung an den Ring des Heterocyclus gebunden.

Die Nukleinsäuren zeigen wie alle Oxypurine und Oxypyrimidine eine Keto-Enol-Tautomerie (▶ Kap. 3.8.3.1). Dies ist am Beispiel des Cytosins gezeigt:

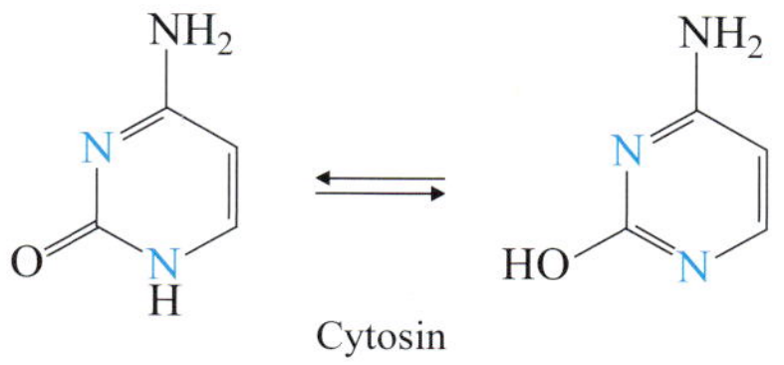

Cytosin

3.10.2 Carbonsäuren

Im Stoffwechsel ist die **Decarboxylierung** ein wichtiger Schritt im Abbau der Fettsäuren. Die Carboxylgruppe einer Carbonsäure wird abgespalten und es wird Kohlendioxid freigesetzt. Formal wird die Bindung zwischen dem Carbonyl-C-Atom und dem α-C-Atom gespalten und das Proton der ehemaligen Carboxylgruppe nimmt den Platz am α-C-Atom ein. Die Reaktion läuft nicht selbsttätig ab, sondern wird im Organismus durch die Enzyme des Fettabbaus katalysiert.

- Aus einer **α-Ketocarbonsäure** entsteht durch Decarboxylierung ein Aldehyd. Der Aldehyd kann in einem weiteren Schritt wieder zu einer Carbonsäure oxidiert werden, deren Kettenlänge dann im Vergleich zur ursprünglichen Säure um ein C-Atom verringert ist.
- Aus **β-Ketocarbonsäuren** werden durch Decarboxylierung Ketone:

α-Ketocarbonsäure　　Aldehyd

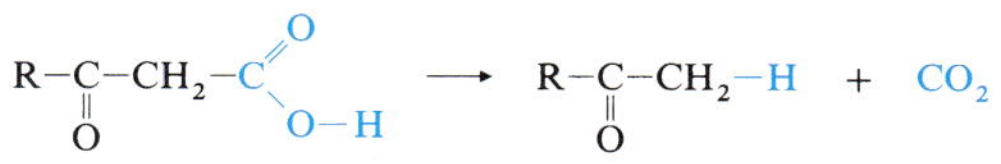

β-Ketocarbonsäure　　Keton

Darüber hinaus ist die Decarboxylierung organischer Säuren ein entscheidender Schritt zur Bildung verschiedenster für den Organismus wichtiger Stoffe. Beispielsweise entsteht Histamin, ein

Botenstoff des Immunsystems, durch Decarboxylierung der Aminosäure Histidin:

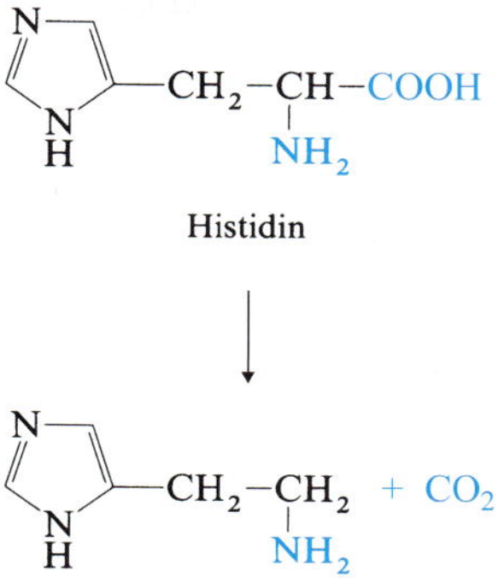

Histidin

Histamin

3.10.3 Anorganische Säuren

Für den Organismus wichtige anorganische Säuren sind Kohlensäure, H_2CO_3, Phosphorsäure, H_3PO_4, und Schwefelsäure, H_2SO_4.

3.10.3.1 Kohlensäure

Kohlensäure ist eine schwache zweiprotonige Säure. Sie ist instabil und zerfällt leicht in CO_2 und H_2O. Kohlensäure ist über das offene CO_2/Hydrogencarbonat-Puffersystem an der Regulation des pH-Werts im Blut beteiligt (▶ Kap. 3.4.3.3).

Wichtige Derivate der Kohlensäure sind Harnstoff und Guanidin:

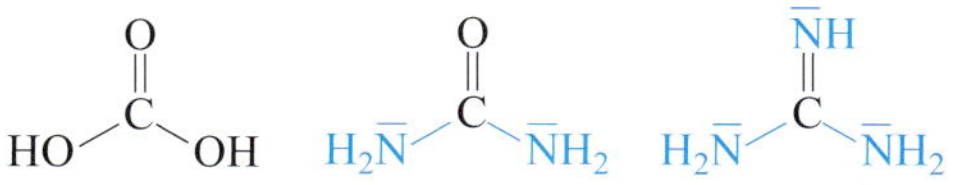

Kohlensäure　　Harnstoff　　Guanidin

Merke

Im Organismus fällt Stickstoff als Abfallprodukt des Eiweißstoffwechsels an. Würde der Stickstoff in Form von Ammoniak freigesetzt, hätte dies unangenehme Folgen. Ammoniak ist für Zellen toxisch, es stört empfindlich den Säure-Basen-Haushalt.
Im Harnstoff sind die OH-Gruppen der Kohlensäure durch Aminogruppen ersetzt. Als Bestandteil des wasserlöslichen Harnstoffs kann Stickstoff aus dem Körper ausgeschieden werden.

Dem Harnstoff verwandt ist das Guanidin. Harnstoff entsteht im Stoffwechsel als letzter Schritt des Harnstoffzyklus durch die enzymatische Hydrolyse der Guanidylgruppe der Aminosäure Arginin.

Lerntipp

Bitte merken Sie sich die Strukturformel von Harnstoff. Sie wird in IMPP-Fragen zu diesem Thema oft vorausgesetzt.

3.10.3.2 Phosphorsäure

Neben ihrer Funktion im intrazellulären Phosphatpuffer (▶ Kap. 3.4.3.3) erfüllen die **Verbindungen der Phosphorsäure** zahlreiche weitere für die Zelle wichtige Funktionen.

Phosphorsäureestern und -anhydriden kommt als energiereiche Derivate der Phosphorsäure im Stoffwechsel eine zentrale Rolle zu.

Genau wie Carbonsäuren kann auch Phosphorsäure mit Alkoholen **Ester** bilden (▶ Kap. 3.9.3.1). Prinzipiell sind Monoester, Diester oder Triester möglich:

$$HO-\overset{\overset{\displaystyle O}{\|}}{\underset{\underset{\displaystyle OH}{|}}{P}}-OH \quad \xrightarrow[-H_2O]{+\;ROH} \quad RO-\overset{\overset{\displaystyle O}{\|}}{\underset{\underset{\displaystyle OH}{|}}{P}}-OH \quad \xrightarrow[-H_2O]{+\;ROH}$$

Phosphorsäure   -monoester

$$RO-\overset{\overset{\displaystyle O}{\|}}{\underset{\underset{\displaystyle OH}{|}}{P}}-OR \quad \xrightarrow[-H_2O]{+\;ROH} \quad RO-\overset{\overset{\displaystyle O}{\|}}{\underset{\underset{\displaystyle OR}{|}}{P}}-OR$$

-diester   -triester

In der Natur spielen aber nur die Mono- und Diester der Phosphorsäure eine Rolle.

- cAMP, ein für die Informationsübertragung in Zellen wichtiges Molekül, ist ein cyclischer Phosphorsäurediester (▶ Kap. 7.2.1).
- Glycerin-3-Phosphat und Phosphoenolpyruvat sind ebenfalls Diester der Phosphorsäure. Beide sind an der Synthese von ATP beteiligt.
- In den Nukleinsäuren, wichtigen Bausteinen der DNA (▶ Kap. 7.3), sind die Zucker durch eine Phosphatgruppe als Diester verbunden.

Die Anhydridbindungen der Phosphorsäure sind energiereicher als ihre Ester. Die Verbindung **Adenosintriphosphat, ATP,** ist ein wichtiger Energiespeicher des Stoffwechsels (▶ Kap. 7.2.1). An das Adenosin sind drei Phosphatgruppen gebunden, die exergon abgespalten werden können. Der erste Phosphatrest ist an den Zucker des Adenosins über eine Esterbindung verknüpft. Die weiteren Phosphatgruppen sind als Anhydride gebunden:

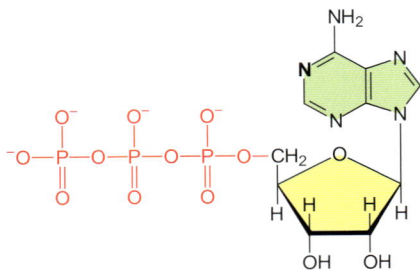

Adenosintriphosphat, ATP

3.10.3.3 Schwefelsäure

Schwefelsäure kann als zweiprotonige Säure mit Alkoholen Mono- und Diester bilden. Die Monoester können noch ein Proton abgeben, sie reagieren sauer.

Ein lipophiler Alkohol kann durch die Veresterung wasserlöslich werden. Im Stoffwechsel können so nicht abbaubare Alkohole und Phenole ausgeschieden werden.

Die notwendigen Sulfatreste $-SO_4$ werden im Organismus durch stufenweise Oxidation der SH-Gruppen der Aminosäure Cystein (▶ Kap. 5.2.1) gebildet.

Derivate der Schwefelsäure sind die **Sulfonsäuren.** Der organische Rest ist hier direkt an das Schwefelatom gebunden. Die Amide der Sulfonsäuren, die sogenannten **Sulfonamide,** werden pharmazeutisch eingesetzt. Sie bilden eine Substanzklasse der Antibiotika:

$$HO-\overset{\overset{\displaystyle O}{\|}}{\underset{\underset{\displaystyle O}{\|}}{S}}-OH \qquad R-\overset{\overset{\displaystyle O}{\|}}{\underset{\underset{\displaystyle O}{\|}}{S}}-OH \qquad R-\overset{\overset{\displaystyle O}{\|}}{\underset{\underset{\displaystyle O}{\|}}{S}}-NH_2$$

Schwefelsäure   Sulfonsäure   Sulfonsäureamid
                                  (= Sulfonamid)

Kohlenhydrate

04

4.1	Wegweiser	81
4.2	Monosaccharide	81
4.2.1	Klassifizierung	81
4.2.2	Beispiele	81
4.2.3	Schreibweisen	84
4.2.4	Stereochemie	85
4.2.5	Reaktionen	86

4.3	Disaccharide	87
4.3.1	Klassifizierung und Aufbau	87
4.3.2	Beispiele	88
4.3.3	Reaktionen	89
4.4	Oligo- und Polysaccharide	89
4.4.1	Klassifizierung und Aufbau	89
4.4.2	Struktur	90

IMPP-Hits

- Disaccharide, Beispiele (► Kap. 4.3.2)
- Disaccharide, Klassifizierung (► Kap. 4.3.1)
- Monosaccharide (► Kap. 4.2)
- Struktur der Polysaccharide (► Kap. 4.4.2)

4.1 Wegweiser

Die **Kohlenhydrate,** auch **Saccharide** oder **Zucker** genannt, sind Hydrate des Kohlenstoffs. Formal wird jedem Kohlenstoffatom ein Wassermolekül zugeordnet. Daraus ergibt sich für die Kohlenhydrate die allgemeine Summenformel:

$$C_n(H_2O)_n$$

Alle Kohlenhydrate verfügen als funktionelles Strukturelement über eine Carbonylgruppe. Daneben liegen mehrere Hydroxygruppen vor. Die Kohlenhydrate könnten deshalb als Polyalkohole mit einer zusätzlichen Carbonylgruppe aufgefasst werden. Das einzelne Kohlenhydratmolekül wird als Monosaccharid bezeichnet (► Kap. 4.2). Die Monosaccharide können sich untereinander zu Disacchariden (► Kap. 4.3), weiter zu Oligosacchariden und schließlich zu Polysacchariden (► Kap. 4.4) verbinden.

4.2 Monosaccharide
4.2.1 Klassifizierung

Die Klassifizierung der Monosaccharide kann nach mehreren Kriterien erfolgen:
- Nach der Zahl der C-Atome (► Tab. 4.1).

- Nach der Position der Carbonylgruppe. In den **Aldosen** liegt sie als Aldehyd –CHO vor, in den **Ketosen** als Keton >C=O.
- Einige Zucker schließen sich in wässriger Lösung zu einem Ring. Nach dem Ringsystem wird unterschieden in **Furanosen** mit einem 5-gliedrigen Ring aus 4 C-Atomen und einem O-Atom und in **Pyranosen** mit einem 6-gliedrigen Ring aus 5 C-Atomen und einem O-Atom.
- Nach Derivaten, die durch zusätzliche funktionelle Gruppen entstehen. Beispielsweise führt der Ersatz einer OH-Gruppe durch eine Aminogruppe zur Klasse der Aminozucker.

4.2.2 Beispiele

Im Folgenden werden Beispiele biologisch bedeutender Monosaccharide vorgestellt.

4.2.2.1 Triosen

Mit der Kettenlänge C_3 sind die Triosen die kleinsten Monosaccharide.
- Die **Aldotriose** Glycerinaldehyd besitzt am C2-Atom ein Chiralitätszentrum. Glycerinaldehyd ist optisch aktiv, es werden die beiden

Enantiomere (+)-D-Glycerinaldehyd und (−)-L-Glycerinaldehyd unterschieden (▶ Kap. 2.6.4.2).

- Verwandt ist die **Ketotriose** Dihydroxyaceton. Das sp^2-hybridisierte C-Atom des Ketons ist kein Chiralitätszentrum. In alkalischer Lösung stellt sich über das Zwischenprodukt Endiol, die Enolform des Dihydroxyacetons, ein Gleichgewicht zwischen den Triosen ein:

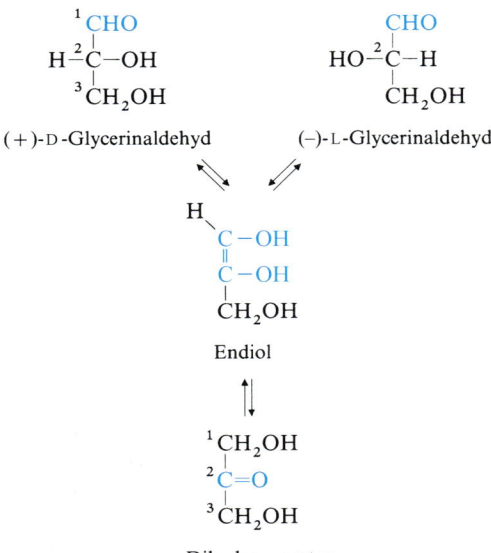

(+)-D-Glycerinaldehyd   (−)-L-Glycerinaldehyd

Endiol

Dihydroxyaceton

Im Organismus stehen Glycerinaldehyd und Dihydroxyaceton in Form von Phosphatestern am C3-Atom, sogenannter 3-Phosphate, über das Enzym **Isomerase** miteinander im Gleichgewicht.

Tab. 4.1 Einteilung der Monosaccharide nach Kettenlänge und Beispiele

Anzahl der C-Atome	Bezeichnung	Beispiel
3	Triose	Glycerinaldehyd
4	Tetrose	Threose
5	Pentose	Ribose
6	Hexose	Glucose
7	Heptose	Sedoheptulose

4.2.2.2 Tetrosen

Aldotetrosen besitzen zwei chirale C-Atome, daher gibt es $2^2 = 4$ Stereoisomere. Die Namen der gezeigten Saccharide weisen auf den Bau der Moleküle hin:

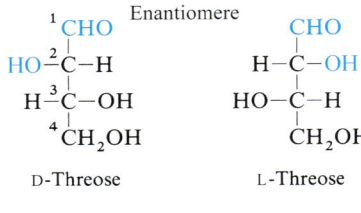

D-Threose   L-Threose

D-Erythrose   L-Erythrose

Wie in ▶ Kap. 2.6.4.2 beschrieben, wird in der Fischer-Projektion die Kohlenstoffkette senkrecht, mit der Aldehydgruppe an der Spitze, dargestellt und beginnend mit dem Carbonyl-C-Atom nummeriert. Die Einordnung des Saccharids in die D- oder L-Reihe richtet sich nach dem am weitesten von der Aldehydgruppe entfernten Chiralitätszentrum. Für die Aldotetrosen legt die Konfiguration am C3-Atom die D- oder L-Form fest.

- Die 4 Stereoisomere lassen sich in 2 **Enantiomerenpaare** einteilen. D- und L-Threose verhalten sich zueinander wie Bild und Spiegelbild, das Gleiche gilt für D- und L-Erythrose.
- Threose und Erythrose sind dagegen **Diastereomere**, d. h. Stereoisomere, die sich nicht wie Bild und Spiegelbild verhalten.

4.2.2.3 Pentosen

Von den Aldopentosen existieren $2^3 = 8$ Stereoisomere.

- Die D-**Ribose** ist in ihrer zu einem Ring geschlossenen Konfiguration Baustein des Strangs der Ribonukleinsäuren (RNA, ▶ Kap. 7.3.1).

- Das Fehlen einer OH-Gruppe führt zur **Desoxyribose.** Die 2-Desoxy-D-Ribose ist Baustein der Desoxyribonukleinsäure (DNA). Hier trägt das C2-Atom keine OH-Gruppe. Die 2-Desoxy-D-Ribose hat daher nur noch zwei chirale C-Atome. Im Allgemeinen wird auch bezüglich der Desoxyribose von einem Zucker gesprochen, obwohl es sich im eigentlichen Sinne eher um ein Derivat eines Zuckers handelt, denn die Summenformel der Saccharide $C_n(H_2O)_n$ ist hier nicht mehr erfüllt.

- D-**Ribulose** ist eine zur D-Ribose gehörende Ketose. Für die Ketosen werden die Darstellung in der Fischer-Projektion und die Nummerierung der C-Atome so gewählt, dass das Carbonyl-C-Atom die niedrigstmögliche Nummer erhält.

D-Ribose   2-Desoxy-D-Ribose   D-Ribulose

4.2.2.4 Hexosen

Die für den Energiestoffwechsel wichtigsten Monosaccharide sind die **Hexosen.** Ihre Summenformel ist $C_6H_{12}O_6$. **Aldohexosen** besitzen 4 chirale C-Atome und daher $2^4 = 16$ Stereoisomere. Bei den Hexosen ist die Einordnung in die D- oder L-Reihe der Monosaccharide durch die Stellung der OH-Gruppe am C5-Atom bestimmt:

- Die unter den Trivialnamen Dextrose oder Traubenzucker bekannte D-**Glucose** dient im Stoffwechsel als Energielieferant. Sie ist gekennzeichnet durch die Stellung der OH-Gruppen: rechts, links, rechts, rechts.
- Eine davon abweichende Anordnung der Hydroxygruppen ergibt die Stereoisomere der Glucose. Von diesen sind im Stoffwechsel noch D-**Mannose** und D-**Galaktose** von Bedeutung. Bei D-Mannose unterscheidet sich die Konfiguration am C2-Atom, bei D-Galaktose am C4-Atom von der der D-Glucose. Monosaccharide, deren Konfiguration sich an nur einem Chiralitätszentrum unterscheidet, werden als **Epimere** bezeichnet (▶ Kap. 2.6.4.4). D-Mannose und D-Galaktose sind daher Epimere der D-Glucose.

- D-**Fructose,** bekannt als Fruchtzucker, besitzt wie alle Ketosen ein Chiralitätszentrum weniger als die entsprechenden Aldosen.

D-Glucose   D-Mannose

D-Galaktose   D-Fructose

Lerntipp

Sie können sich die Stellung der OH-Gruppen leichter merken, wenn Sie eine nach rechts zeigende OH-Gruppe mit der Silbe „ta" und eine nach links zeigende mit der Silbe „tü" bezeichnen. So wird z.B. D-Glucose zu „ta-tü-ta-ta", D-Galaktose zu „ta-tü-tü-ta" und D-Mannose zu „tü-tü-ta-ta".

4.2.2.5 Derivate der Monosaccharide

Von den Monosacchariden leiten sich zahlreiche Derivate ab, von denen hier nur einige wenige exemplarisch vorgestellt werden können.

- Als Baustein in anderen Verbindungen sind **Aminozucker** von Bedeutung. Die bekanntesten sind **Glucosamin** (▶ Abb. 4.2) und **Galaktosamin.** In beiden Molekülen ist die OH-Gruppe am C2-Atom des Saccharids durch eine Aminogruppe ersetzt.
- Auch L-**Ascorbinsäure** (Vitamin C) ist ein Zuckerderivat:

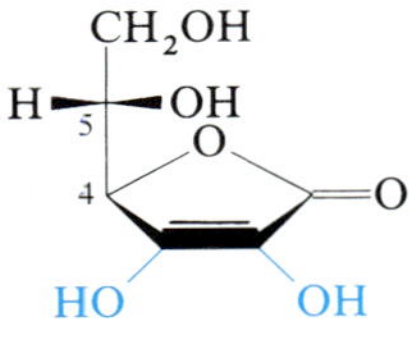

L-Ascorbinsäure
(Vitamin C)

Klinik

Fast alle Lebewesen können D-Glucose enzymatisch in Vitamin C umwandeln. Beim Meerschweinchen und bei Primaten fehlt ein Enzym der Reaktionskette. Der Mensch ist deshalb auf die Zufuhr von Vitamin C in der Nahrung angewiesen (► Kap. 8.2.2).

- **N-Acetyl-D-Neuraminsäure** (NANA) ist ein Desoxyzucker, eine Ketose, ein Amid und gleichzeitig eine Säure. N-Acetyl-D-Neuraminsäure ist ein Baustein der Glykoproteine (► Kap. 4.4.2.2).

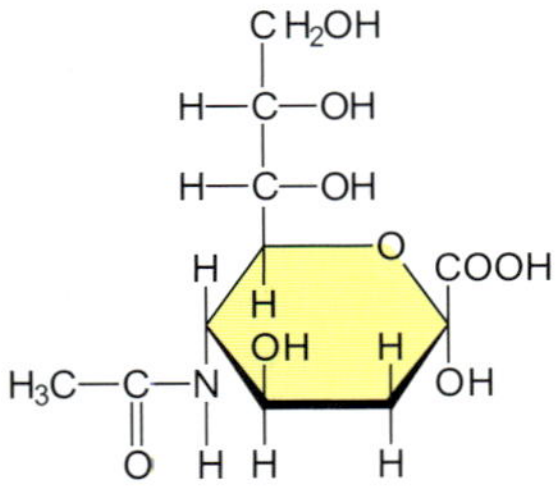

N-Acetyl-Neuraminsäure

4.2.3 Schreibweisen

Zur Darstellung der Monosaccharide sind drei Schreibweisen gebräuchlich, die in ► Abb. 4.1 am Beispiel der Glucose gezeigt sind: die Fischer-Projektion, die Haworth-Formel und die Sesselform-Schreibweise.

4.2.3.1 Fischer-Projektion

Die **Fischer-Projektion** stellt die Zucker in ihrer offenkettigen Form dar (► Abb. 4.1 oben links). Sie wurde bereits in ► Kap. 4.2.2.2 beschrieben und bei den dort gezeigten Beispielen angewendet. Gelegentlich wird die Schreibweise der Fischer-Projektion verkürzt angegeben. Von der Kohlenstoffkette sind nur das erste und das letzte C-Atom gezeichnet und durch einen senkrechten Strich ver-

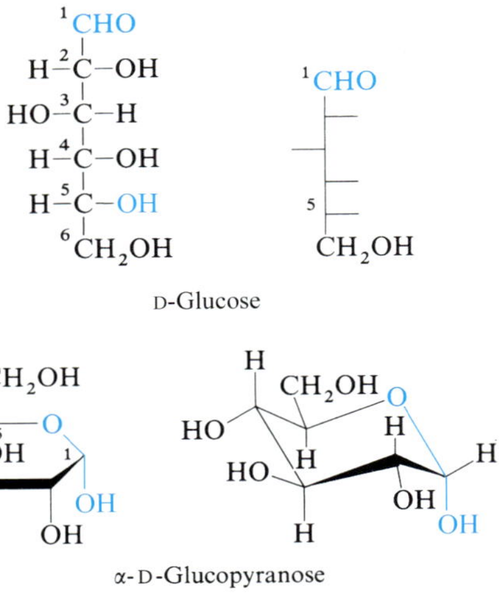

D-Glucose

α-D-Glucopyranose

Abb. 4.1 Schreibweisen der Monosaccharide: Die offenkettige Form der D-Glucose als Fischer-Projektion in vollständiger (oben links) und verkürzter Schreibweise (oben rechts); das cyclische Halbacetal der Pyranose-Form als Haworth-Formel (unten links) und in Sesselform-Schreibweise (unten rechts).

bunden. Kurze waagerechte Striche symbolisieren rechts oder links der Vertikalen die Stellung der OH-Gruppen. Jeder waagerechte Strich steht für eine OH-Gruppe, das nicht gezeichnete C-Atom und das gegenüberliegende, ebenfalls nicht gezeichnete H-Atom (► Abb. 4.1 oben rechts).

Pentosen und Hexosen liegen in wässriger Lösung überwiegend ringförmig, als cyclische Halbacetale vor (► Kap. 3.8.2.3, ► Kap. 4.2.5.1). In dieser Form werden sie als Furanosen oder Pyranosen bezeichnet, abgeleitet von dem 5-gliedrigen Furan oder dem 6-gliedrigen Pyran. Beide enthalten Sauerstoff als Heteroatom (► Kap. 2.5.2). Im Unterschied zu den namengebenden Heterocyclen kommen innerhalb der Ringe der Zucker aber keine Doppelbindungen vor.

Merke

Durch die Bildung eines cyclischen Halbacetals entsteht ein zusätzliches Chiralitätszentrum.

Lerntipp

Beachten Sie, dass beim Ringschluss einer Hexose die OH-Gruppe am C2-Atom „verloren" geht. Das Sauerstoffatom dieser Gruppe – nicht das Sauerstoffatom der Carbonylgruppe – bildet das Heteroatom im Ring. An den C-Atomen im Ring verbleiben nur die OH-Gruppen an C2 bis C4.

4.2.3.2 Haworth-Formel

Die Konfiguration des Rings lässt sich als **Haworth-Formel** darstellen (► Abb. 4.1 unten links):

- Die Ringatome werden in eine Ebene gelegt.
- Der Ring wird perspektivisch dargestellt, mit Blickrichtung von schräg vorne oben auf die Ringebene.
- Das ehemalige Hydroxy-O-Atom wird bei den Pyranosen nach rechts hinten, bei den Furanosen nach hinten gelegt.

Die Substituenten an den C-Atomen stehen nun oberhalb oder unterhalb der Ringebene.

> **Lerntipp**
>
> Eine in der Fischer-Projektion links stehende Gruppe befindet sich in der Haworth-Formel oberhalb der Ringebene. Dies können Sie sich leicht mithilfe der „**Floh**-Regel" merken: „**F**ischer **l**inks = **o**ben **H**aworth".

Nach der Bildung des cyclischen Halbacetals trägt das ehemalige Carbonyl-C-Atom nun 4 verschiedene Substituenten. Damit wird es zu einem neuen Chiralitätszentrum. Stereoisomere der Saccharide, die sich in der Konfiguration am ehemaligen Carbonyl-C-Atom unterscheiden, werden als **Anomere** bezeichnet. Dieses Kohlenstoffatom wird deshalb auch das **anomere C-Atom** genannt.

> **Merke**
>
> Wenn die OH-Gruppe am anomeren C-Atom axial zur Ringebene steht, handelt sich um das α-**Anomer**, bei äquatorialer Stellung um das β-**Anomer** des Kohlenhydrats.

> **Lerntipp**
>
> In der Schreibweise nach Haworth zeigt beim α-Anomer die bestimmende OH-Gruppe nach unten, beim β-Anomer nach oben. Dies können Sie sich gut mit der Eselsbrücke „**b**eta (β) entspricht **ob**en" merken.

4.2.3.3 Sesselform-Schreibweise

Die Haworth-Formeln zeigen zwar die Konfiguration der Saccharide, ihre Konformation wird aber nicht ausreichend verdeutlicht. Zur vollständigen Darstellung der Konformation der Pyranosen wird die **Sesselform-Schreibweise** verwendet (► Kap. 2.6.2). Erst hier wird die axiale oder äquatoriale

Stellung der Substituenten am Ring deutlich erkennbar (► Abb. 4.1 unten rechts).

Furanosen werden meist als Haworth-Formeln dargestellt, denn die unterschiedlichen Konformationen des 5-gliedrigen Rings unterscheiden sich energetisch nur unbedeutend.

4.2.4 Stereochemie

Für die Definition grundlegender Begriffe der Stereochemie sei auf ► Kap. 2.6 verwiesen. Einige speziell die Stereochemie der Kohlenhydrate betreffende Begriffe wurden bereits zusammen mit den Beispielen in ► Kap. 4.2.2 genannt oder zusammen mit den Schreibweisen in ► Kap. 4.2.3 erklärt. Es wird in diesem Abschnitt als Überblick nochmals eine Zusammenfassung gegeben.

- **Stereoisomere** unterscheiden sich in ihrer Konfiguration an chiralen Zentren. Im Fall der Zucker betrifft dies die Stellung der OH-Gruppen.
- **Enantiomere** verhalten sich zueinander wie Bild und Spiegelbild. Sie sind an allen Chiralitätszentren gegensätzlich konfiguriert.
- **Diastereomere** sind Stereoisomere, die keine Enantiomere sind, d. h. sich nicht wie Bild und Spiegelbild verhalten.
- **Epimere** sind Monosaccharide, die sich nur an einem Chiralitätszentrum unterscheiden.
- **Anomere** sind Zucker in der ringförmig zu cyclischen Halbacetalen geschlossenen Form, die sich in ihrer Konfiguration am ehemaligen Carbonyl-C-Atom unterscheiden.
- D/L-**Reihe:** Kohlenhydrate werden nach der D/L-Nomenklatur klassifiziert. Die Einordnung erfolgt nach der Stellung der OH-Gruppe am von der Carbonylgruppe am weitesten entfernten Chiralitätszentrum. Für die Hexosen ist dies das C5-Atom.
- *cis/trans*-**Konfiguration** bezieht sich als Begriff nicht nur auf die Stellung der Substituenten an einer C=C-Doppelbindung, sondern auch auf eine C–C-Einfachbindung eines Ringsystems.
  - In der *cis*-Stellung stehen beide Substituenten näher beisammen, einer ist axial, der andere äquatorial angeordnet.
  - In der *trans*-Konfiguration stehen sie beide in axialer oder beide in äquatorialer Position.
- $^4C_1$- und $^1C_4$-**Konformation der Pyranosen:** Für die Sesselform der Pyranosen sind zwei Konformationen möglich. Beide Konformationen sind am Beispiel der Enantiomere β-D- und β-L-Glucopyranose gezeigt:

- Für die wichtigsten D-Hexosen stehen das C4-Atom oberhalb und das C1-Atom unterhalb einer durch den Sessel gelegten Ebene. Diese Anordnung wird abkürzend als $^4C_1$ bezeichnet. Bei der abgebildeten β-D-Glucopyranose stehen alle Substituenten äquatorial und damit in einer besonders energiearmen und stabilen Form (► Kap. 4.2.5.1).
- Ein Umklappen des Sessels führt zur $^1C_4$-Konformation, die für die Zucker der L-Reihe gilt.

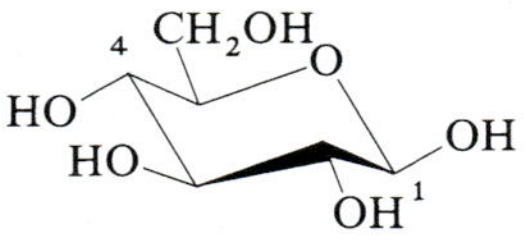

$^4C_1$-Konformation
(D-Reihe)

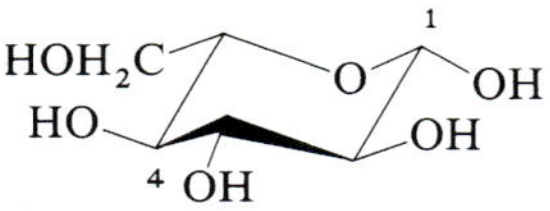

$^1C_4$-Konformation
(L-Reihe)

4.2.5 Reaktionen

Monosaccharide können auf mehrere Arten reagieren. Dabei entstehen ganz unterschiedliche Reaktionsprodukte. Einige von der Glucose abgeleitete Verbindungen sind in ► Abb. 4.2 gezeigt.
Zunächst werden Reaktionen an der Aldehydgruppe und den OH-Gruppen unterschieden.

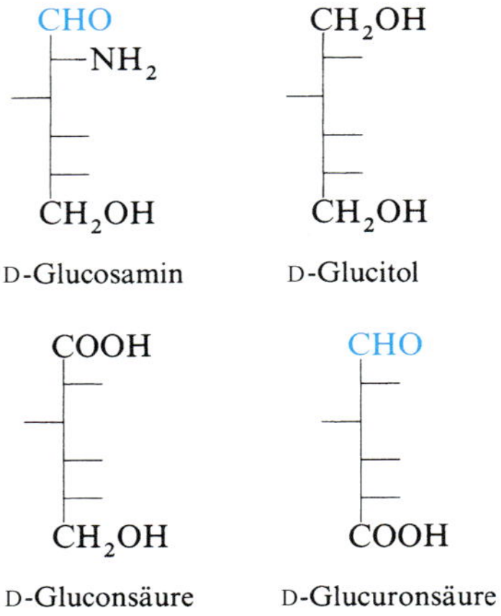

D-Glucosamin

D-Glucitol

D-Gluconsäure

D-Glucuronsäure

Abb. 4.2 Reaktionsprodukte der D-Glucose.

4.2.5.1 Aldehydgruppe

Bildung cyclischer Halbacetale

Pentosen und Hexosen bilden in wässriger Lösung durch Reaktion der Carbonylgruppe mit einer OH-Gruppe desselben Moleküls cyclische Halbacetale (► Kap. 3.8.2.3). Pentosen bilden 5-gliedrige Ringe, sie werden in dieser Form als **Furanosen** bezeichnet. Hexosen bilden 6-gliedrige Ringe, die **Pyranosen.**

Aus offenkettiger D-Glucose bildet sich durch Ringschluss D-**Glucopyranose**. Bei der α-D-Glucopyranose steht die OH-Gruppe am ehemaligen Carbonyl-C-Atom in axialer, bei der β-D-Glucopyranose in äquatorialer Position:

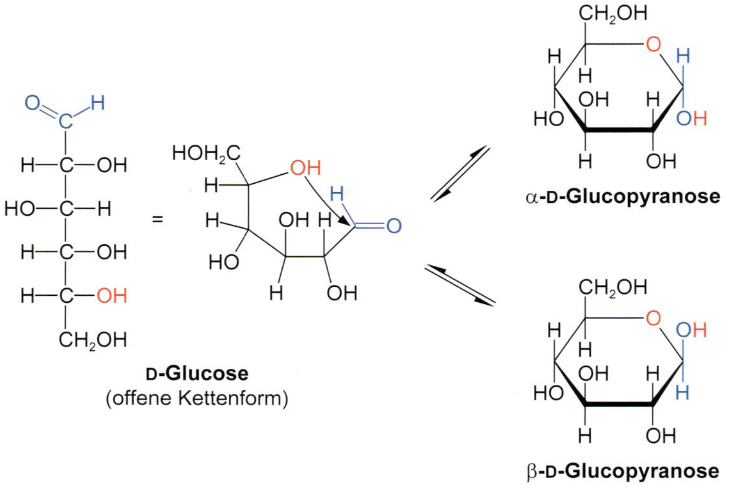

D-Glucose
(offene Kettenform)

α-**D-Glucopyranose**

β-**D-Glucopyranose**

Merke

Beide Varianten können sich über die offenkettige Form ineinander umwandeln. Diese ständige Umwandlung wird **Ring-Ketten-Tautomerie** genannt. Es stellt sich ein Gleichgewicht zwischen der energiereicheren α-D-Glucopyranose und der energieärmeren β-D-Glucopyranose ein. Das Verhältnis beträgt etwa 37 % α-Form zu 63 % β-Form.

Reduktion

Die Reduktion der Aldehydgruppe (Hydrierung) liefert Zuckeralkohole. So wird aus D-Glucose D-Glucitol (auch: D-Sorbit; ▶ Abb. 4.2).

Oxidation

Die Aldehydgruppe kann zur Carboxylgruppe oxidiert werden. Die so aus dem Zucker entstandene Säure trägt die Namensendung „-onsäure". Aus Glucose entsteht Gluconsäure (▶ Abb. 4.2).

4.2.5.2 Alkoholgruppe

Substitution

Durch Substitution einer Hydroxygruppe durch eine Aminogruppe werden **Aminozucker** gebildet. Hier reagiert bevorzugt die Hydroxygruppe am C2-Atom.
Aus Glucose wird der Aminozucker Glucosamin (▶ Abb. 4.2).

Reduktion

Die Reduktion einer sekundären Alkoholgruppe führt zu den Desoxyzuckern. Als im Organismus wichtiger Desoxyzucker wurde bereits die 2-Desoxy-D-Ribose genannt (▶ Kap. 4.2.2.3).

Oxidation

Eine Oxidation der primären Alkoholgruppe unter Erhalt der Aldehydgruppe lässt eine zweite Aldehydgruppe entstehen (▶ Kap. 3.5.3.3). Diese reagiert weiter zur Carboxylgruppe. Auf diese Weise entstehen im Stoffwechsel die „-uronsäuren". Aus dem Namen der Säure lässt sich auf das Saccharid schließen. Aus Glucose wird Glucuronsäure (▶ Abb. 4.2).
Sekundäre OH-Gruppen werden im Allgemeinen nicht oxidiert.

Lerntipp

Prägen Sie sich gut den Unterschied zwischen Gluconsäure und Glucuronsäure ein! Erstere ist einmal am

C1-Atom (der Carbonylgruppe), letztere zweimal am C6-Atom (Alkoholgruppe) oxidiert. Die Glucuronsäure bildet gerne die Ringform aus, während die Gluconsäure stets geöffnet vorliegt.

4.3 Disaccharide

Die Halbacetale der Monosaccharide können mit der Hydroxygruppe eines Alkohols unter Wasserabspaltung weiter zu Acetalen (Vollacetalen) reagieren (▶ Kap. 3.8.2.3). Die Acetale der Monosaccharide werden als **Glykoside** bezeichnet.
Handelt es sich bei der alkoholischen OH-Gruppe um die eines anderen Saccharids, entsteht durch die Verknüpfung zweier Monosaccharide ein **Disaccharid.**

4.3.1 Klassifizierung und Aufbau

Die glykosidische Bindung geht vom Sauerstoffatom der OH-Gruppe des Halbacetals am anomeren C-Atom aus (▶ Kap. 4.2.3.2). Nach dem weiteren Bindungspartner lassen sich die Arten der glykosidischen Bindung einteilen:

- **O-glykosidisch:** Reaktion mit der OH-Gruppe eines Alkohols
- **N-glykosidisch:** Reaktion mit einer Aminogruppe
- **Esterglykosidisch:** Reaktion mit einer Carboxylgruppe oder Phosphatgruppe.

Im engeren Wortsinn wird unter einer glykosidischen Bindung die **O-glykosidische Bindung** verstanden. N- und esterglykosidische Bindung leiten sich formal als Analoga von dieser Bindungsart ab.

Merke

Die OH-Gruppe des Halbacetals ist reaktionsfreudiger als die anderen OH-Gruppen des Moleküls. Sie wird leicht oxidiert. Dabei reduziert sie das Oxidationsmittel. Die halbacetalische OH-Gruppe wird deshalb auch als das **reduzierende Ende** des Zuckers bezeichnet.

Es wird zwischen der anomeren, halbacetalischen OH-Gruppe und den übrigen, alkoholischen OH-Gruppen unterschieden.

Damit ergeben sich zwei Typen der O-glykosidischen Bindung (▶ Abb. 4.3):

- Typ I: Bei der Verbindung einer halbacetalischen und einer alkoholischen OH-Gruppe sind die Saccharide **(1→4) verknüpft.** Es entsteht ein reduzierendes Disaccharid. Es besitzt durch die noch freie halbacetalische OH-Gruppe ein reduzierendes Ende. Beispiele für reduzierende Disaccharide sind Maltose, Cellobiose und Lactose.
- Typ II: Bei der Verbindung zweier halbacetalischer OH-Gruppen wird ein **(1→1) verknüpftes,** nichtreduzierendes Disaccharid gebildet. Beispiele hierfür sind Saccharose und Trehalose.

Abhängig von der Stellung der an der Bindung beteiligten anomeren OH-Gruppe (▶ Kap. 4.2.3.2) wird unterschieden zwischen einer α-glykosidischen Bindung und einer β-glykosidischen Bindung, die beide zu verschiedenen Molekülformen und Eigenschaften des Disaccharids führen:

- In der α-**glykosidischen** Bindung befindet sich das anomere O-Atom in axialer Stellung. Die Ringebenen der beiden verbundenen Zucker sind gegeneinander geneigt. Daraus resultiert eine gewinkelte Form des Disaccharids.
- Bei der β-**glykosidischen** Bindung befindet sich das anomere O-Atom in äquatorialer Position. Das Disaccharid ist gestreckt gebaut.

▶ Abb. 4.4 zeigt die Disaccharide Maltose und Cellobiose. Beide setzen sich aus jeweils zwei Molekülen Glucose zusammen. Die Haworth-Formeln lassen die Konformation des Disaccharids nur unzureichend erkennen. Das acetalische O-Atom wird für die α-glykosidische Bindung perspektivisch nach oben weisend und für die β-glykosidische Bindung nach unten gezeichnet. In der Sesselform-Schreibweise wird die Geometrie des Moleküls deutlicher.

4.3.2 Beispiele

In den folgenden Beispielen wichtiger Disaccharide werden die zugrunde liegenden Monosaccharide, die Stellung der Bindung am Ring der Pyranosen und die Position der anomeren Gruppen angegeben.

- **Maltose:** 2 Moleküle D-Glucose α-glykosidisch (1→4) verknüpft (▶ Abb. 4.4). Die vollständige Molekülbezeichnung lautet α-D-Glucopyranosyl-(1→4)-D-Glucopyranose oder abgekürzt: α-Glc(1→4)Glc. Maltose, bekannt unter dem Trivialnamen Malzzucker, ist Baustein von Stärke und Glykogen.

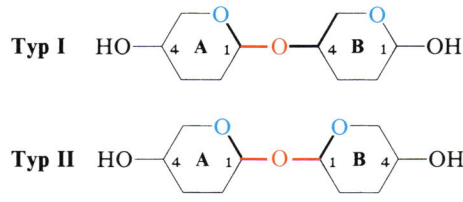

Abb. 4.3 Typen der O-glykosidischen Bindung; reduzierendes (oben) und nichtreduzierendes Disaccharid (unten).

- **Isomaltose:** 2 Moleküle D-Glucose α-glykosidisch (1→6) verbunden: α-Glc(1→6)Glc.
- **Cellobiose:** 2 Moleküle D-Glucose β-glykosidisch (1→4) verknüpft (▶ Abb. 4.4): β-Glc(1→4)Glc. Cellobiose ist Baustein der Cellulose, die als Strukturmaterial pflanzlicher Zellwände dient.
- **Lactose:** D-Galaktose und D-Glucose β-glykosidisch (1→4) verknüpft: β-Gal(1→4)Glc. Lactose ist bekannter als Milchzucker.
- **Trehalose:** 2 Moleküle D-Glucose, die beiden acetalischen OH-Gruppen sind α-glykosidisch (1→1) verbunden: α-Glc(1→1)α-Glc.

- **Saccharose:** D-Glucose und D-Fructose, (1→1) verbunden an den beiden acetalischen OH-Gruppen. Die Bindung steht an der Glucose in α- und an der Fructose in β-Stellung: α-Glc(1→1)β-Fru. Saccharose ist auch als Rohrzucker, Rübenzucker oder unter dem Namen Sucrose bekannt.

Lerntipp

Bitte merken Sie sich neben dem Namen des jeweiligen Disaccharids immer auch seine Verknüpfungsform sowie die Moleküle, aus denen es besteht.

4.3.3 Reaktionen

Die Reaktionen der Disaccharide an ihren funktionellen Gruppen unterscheiden sich im Wesentlichen nicht von denen der Monosaccharide (▶ Kap. 4.2.5). Disaccharide können sich untereinander durch glykosidische Bindungen zu größeren Kohlenhydratverbänden zusammenschließen (▶ Kap. 4.4).

Die Disaccharide können aber auch wieder in Monosaccharide gespalten werden. Chemisch erfolgt dies durch Hydrolyse in saurem Niveau, im Organismus durch enzymatische Spaltung (▶ Kap. 4.3.1).

4.4 Oligo- und Polysaccharide

4.4.1 Klassifizierung und Aufbau

Monosaccharide können sich zu längeren Ketten zusammenschließen. **Oligosaccharide** bestehen aus 3–9 glykosidisch miteinander verbundenen Monosacchariden. Bei einer Verbindung aus 10 und mehr Monosacchariden wird von **Polysacchariden** gesprochen. Polysaccharide können aus mehreren tausend Zuckermolekülen bestehen.

Es werden zwei Gruppen von Oligo- bzw. Polysacchariden unterschieden:

- **Homoglykane** bestehen nur aus einer Sorte von Monosacchariden. Beispielsweise besteht Glykogen nur aus Glucosemolekülen.
- **Heteroglykane** sind aus verschiedenen Monosacchariden aufgebaut. Es können auch Derivate der Monosaccharide enthalten sein, wie z. B. Aminozucker oder Uronsäuren.

Maltose

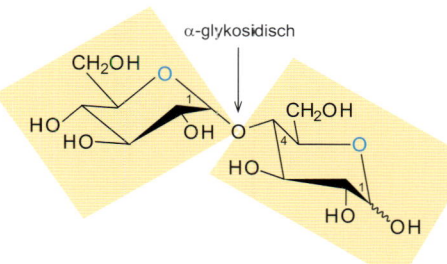

α-glykosidisch

Cellobiose

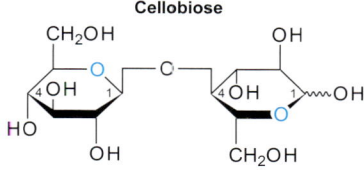

β-glykosidisch

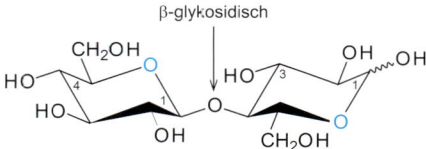

Abb. 4.4 Disaccharide aus jeweils 2 Molekülen D-Glucose: α-glykosidische Bindung (Maltose) und β-glykosidische Bindung (Cellobiose) als Haworth-Formeln und in der Sesselform-Schreibweise.

4.4.2 Struktur

4.4.2.1 Homoglykane

Die biologisch wichtigsten Homoglykane sind Stärke, Cellulose und Glykogen. Alle drei sind nur aus D-**Glucose** aufgebaut. Der Unterschied liegt in der Art der Verknüpfung der Monosaccharide.

Stärke

Die Kohlenhydratreserve der Pflanzen wird durch Stärke gebildet. Stärke ist keine einheitliche Substanz.

- Zu etwa 25 % besteht sie aus **Amylose;** dieser Anteil löst sich in heißem Wasser aus der Stärke heraus. Amylose besteht aus α-(1→4) verknüpften D-Glucose-Molekülen. Durch die α-glykosidische Bindung sind die Pyranosen gegeneinander gewinkelt angeordnet, wie schon in ► Abb. 4.4 am Disaccharid Maltose gezeigt wurde. Ketten aus 200–5.000 Monosaccharideinheiten winden sich zu einer helikalen Anordnung. Im Inneren der Helix verbleibt ein Hohlraum, in den sich Iod einlagern kann. Eine Farbreaktion des eingelagerten Iods in wässriger Lösung dient zum Nachweis der Amylose.
- **Amylopektin** bildet den restlichen, wasserunlöslichen Anteil der Stärke. Auch hier sind die D-Glucose-Einheiten α-(1→4) verbunden. Nach 24–30 Monosacchariden verzweigen sich aber die Molekülketten. An einer Verzweigung ist an die OH-Gruppe in Position 6 eines Zuckers der α-(1→4)-Kette ein weiteres Glucosemolekül α-(1→6) angebunden. Durch viele Verzweigungen erhält das Amylopektin eine netzartige Struktur.

Cellulose

Cellulose besteht aus langen Ketten von mehreren tausend Molekülen D-Glucose, die β-(1→4)-glykosidisch miteinander verbunden sind.

Die lang gestreckten Ketten lagern sich nebeneinander und werden durch Wasserstoffbrückenbindungen zwischen den seitlichen OH-Gruppen fixiert. Es bildet sich ein festes, faserartiges Material, das als Strukturelement der Pflanzen dient. Im Gegensatz zu den meisten Bakterien und Pilzen verfügen der Mensch und die meisten Tiere über keine Enzyme zur Aufspaltung der Cellulose. Ihr Stoffwechsel kann deshalb Cellulose, wenn überhaupt, nur mithilfe von Darmbakterien verwerten.

Glykogen

Glykogen ist die Speicherform der Kohlenhydrate beim Menschen und bei Tieren. Es wird umgangssprachlich auch manchmal als „tierische Stärke" bezeichnet. Der Aufbau des Glykogens ähnelt sehr dem des Amylopektins. Die Ketten aus D-Glucose sind α-(1→4) verknüpft und durch α-(1→6)-Bindungen verzweigt (► Abb. 4.5 und ► Abb. 4.6).

Glykogen wird als Energiereserve in der Leber und in den Muskeln eingelagert. Im Vergleich zum Amylopektin ist es deutlich stärker verzweigt. Da-

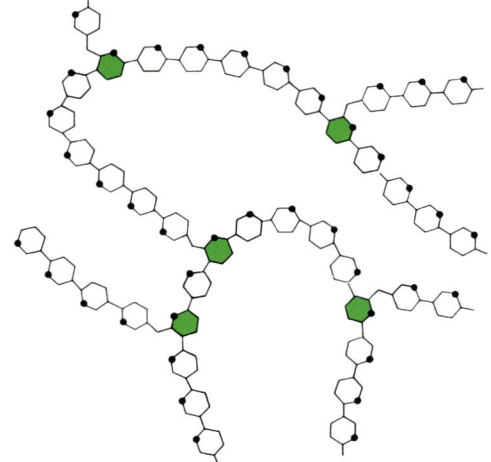

Abb. 4.5 Ausschnitt aus dem Glykogen-Molekül. D-Glucose ist in den Ketten α-(1→4) verknüpft. An den dunkler gezeichneten Verzweigungen setzt eine α-(1→6)-Bindung an.

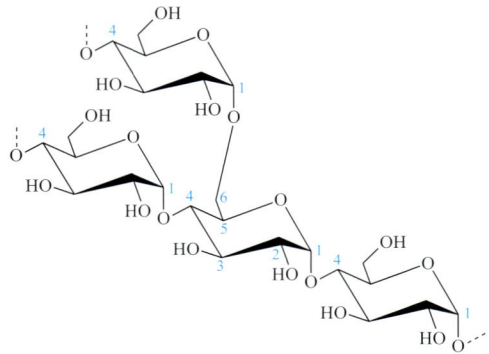

Abb. 4.6 Vergrößerter Ausschnitt aus ► Abb. 4.5. Gezeigt ist die α-(1→4) verknüpfte Kette der Glucose-Moleküle und die Verzweigung durch eine α-(1→6)-Bindung.

mit kann das Glykogen von vielen Angriffspunkten aus gleichzeitig abgebaut und somit die Glucosereserve dem Stoffwechsel rasch zur Verfügung gestellt werden.

4.4.2.2 Heteroglykane

Heteroglykane enthalten verschiedene Sorten der Monosaccharide und unter Umständen auch deren Derivate. Es kann auch ein Protein- oder Lipidanteil enthalten sein.

Glykoproteine

Mit bis zu etwa 20 Monosacchariden ist der Kohlenhydratanteil der Glykoproteine verglichen mit dem Proteinanteil eher gering. Glykoproteine sind Bestandteil der Zellmembranen. Die Saccharide weisen nach außen und bilden die Oberflächenantigene.

Auch alle Serumproteine mit Ausnahme des Albumins sind Glykoproteine.

Proteoglykane

Die Proteoglykane sind aus einer unverzweigten Polysaccharidkette aufgebaut, in der sich Disaccharid-Untereinheiten ständig wiederholen. Der Proteinanteil ist nur gering.

Eines der Monosaccharide ist entweder ein N-Acetylglucosamin oder ein N-Acetylgalaktosamin, das andere meist eine Uronsäure. Die Proteoglykane werden wegen dieses Aufbaus auch als **Glykosaminoglykane** bezeichnet.

Ein Beispiel ist die **Hyaluronsäure,** die einen wichtigen Bestandteil der Gelenkschmiere darstellt. Ihre Grundeinheit ist ein Disaccharid aus D-Glucuronsäure, β-(1→3)-glykosidisch verbunden mit N-Acetylglucosamin. Es können mehrere tausend dieser Untereinheiten miteinander verknüpft sein. Die Hyaluronsäure enthält keinen Proteinanteil.

Glykolipide

Lipide sind hier mit Oligosacchariden verbunden. Meist sind die Glykolipide Bestandteile von Membranen. Die Saccharide stellen wieder die Oberflächenantigene dar.

Aminosäuren, Peptide, Proteine

5.1	**Wegweiser**	93
5.2	**Aminosäuren**	93
5.2.1	Klassifizierung	93
5.2.2	Eigenschaften	94
5.2.3	Beispiele	98
5.2.4	Reaktionen	98
5.3	**Peptide**	99
5.3.1	Klassifizierung und Aufbau	99
5.3.2	Peptidbindung	99

5.3.3	Reaktionen	100
5.4	**Proteine**	101
5.4.1	Klassifizierung und Aufbau	101
5.4.2	Eigenschaften	102
5.4.3	Strukturaufklärung	104

IMPP-Hits

- Klassifizierung der Aminosäuren (▶ Kap. 5.2.1)
- Eigenschaften der Aminosäuren (▶ Kap. 5.2.2)
- Reaktionen der Peptide (▶ Kap. 5.3.3)
- Klassifizierung und Aufbau der Proteine (▶ Kap. 5.4.1)

5.1 Wegweiser

Aminosäuren leiten sich von den Carbonsäuren ab, indem ein H-Atom am aliphatischen oder aromatischen Rest durch eine Aminogruppe ersetzt wurde (▶ Kap. 5.2). Eine Carboxylgruppe und eine Aminogruppe können sich unter Wasserabspaltung miteinander verbinden. Diese Bindungsart wird als Peptidbindung bezeichnet. Zwei oder mehrere so verbundene Aminosäuren bilden ein Peptid (▶ Kap. 5.3). Die Aminosäurenkette der Peptide kann aus nur wenigen Bausteinen, aber auch aus mehreren tausend Aminosäuren bestehen. Proteine, auch Eiweiße genannt, sind Polypeptide (▶ Kap. 5.4). Sie bestehen aus einer langen Kette von Aminosäuren.

5.2 Aminosäuren

5.2.1 Klassifizierung

Zunächst lassen sich die Aminosäuren nach ihrer Struktur einteilen. Beim Abbau von Proteinen fin-

den sich 20 verschiedene Aminosäuren, die sich in ihrer Grundstruktur ähneln. Nach der Stellung der Aminogruppe werden die Aminosäuren in α-, β- oder γ-Aminosäuren eingeteilt. Die meisten biologisch wichtigen Aminosäuren sind α-Aminosäuren. Sie unterscheiden sich durch den Rest R am α-C-Atom:

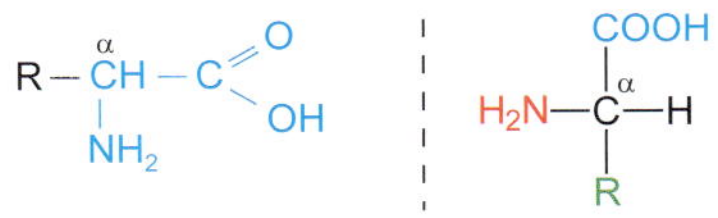

Das α-C-Atom trägt 4 verschiedene Substituenten, es bildet somit ein Chiralitätszentrum. Bei den Aminosäuren lassen sich eine L- und eine D-Reihe unterscheiden (▶ Kap. 2.6.4.2):

*asymmetrisches C

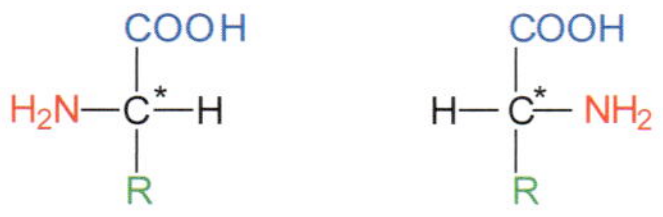

L-AS   **D-AS**

Eine Übersicht der biologisch wichtigen Aminosäuren ist in ▶ Abb. 5.1 zusammengestellt. Die Namen der Aminosäuren werden bei der Angabe der Sequenz in Peptiden international durch einen Drei-Buchstaben-Code oder einen Ein-Buchstaben-Code abgekürzt.

An den abgebildeten Aminosäuren wird deutlich:

- Alle natürlichen Aminosäuren mit Ausnahme von β-Alanin und γ-Aminobuttersäure sind α-**Aminosäuren.**
- Alle chiralen Aminosäuren beim Menschen sind L-**Aminosäuren.**

D-Aminosäuren kommen häufig bei Bakterien vor. Die Aminosäuren werden nach weiteren Unterscheidungskriterien klassifiziert:

- Vorkommen in Proteinen:
  - **Proteinogene** Aminosäuren sind diejenigen Aminosäuren, die als Bausteine der Proteine auftreten. Die 20 proteinogenen Aminosäuren sind: Alanin (Ala), Asparagin (Asn), Asparaginsäure (Asp), Arginin (Arg), Cystein (Cys), Glutamin (Gln), Glutaminsäure (Glu), Glycin (Gly), Histidin (His), Isoleucin (Ile), Leucin (Leu), Lysin (Lys), Methionin (Met), Phenylalanin (Phe), Prolin (Pro), Serin (Ser), Threonin (Thr), Tryptophan (Trp), Tyrosin (Tyr) und Valin (Val).
  - **Nicht proteinogene** Aminosäuren spielen im Stoffwechsel eine Rolle, kommen aber nicht in Proteinen vor. Nicht proteinogen sind z. B. Ornithin und Citrullin.
- Aufnahme mit der Nahrung:
  - **Essenzielle** Aminosäuren müssen mit der Nahrung zugeführt werden. Essenziell sind 10 der 20 proteinogene Aminosäuren: Arginin, Histidin, Isoleucin, Leucin, Lysin, Methionin, Phenylalanin, Threonin, Tryptophan und Valin. Davon sind Arginin und Histidin nur für Säuglinge essenziell.
  - **Nichtessenzielle** Aminosäuren können im Körper selbst synthetisiert werden. Durch

Transaminierung kann eine Aminosäure in eine andere umgewandelt werden. So kann der Körper z. B. Tyrosin aus Phenylalanin oder Cystein aus Methionin herstellen.

- Chemische Struktur:
  - **Aliphatische** Aminosäuren enthalten einen verzweigten oder unverzweigten Kohlenstoffrest als Seitenkette.
  - **Aromatische** Aminosäuren besitzen einen aromatischen Ring in ihrer Seitenkette.
  - **Heterocyclische** Aminosäuren weisen einen Heterocyclus in ihrer Seitenkette auf.
- Polarität:
  - **Apolare** Aminosäuren haben apolare (hydrophobe) Seitenketten, z. B. Alanin, Valin und Leucin.
  - **Polare** Aminosäuren besitzen polare (hydrophile) Gruppen in ihren Seitenketten. Dies betrifft z. B. Asparagin, Glutamin und Cystein.
- Chemisches Verhalten:
  - **Neutrale** Aminosäuren besitzen eine Carboxyl- und eine Aminogruppe.
  - **Saure** Aminosäuren haben eine Amino- und zwei Carboxylgruppen.
  - **Basische** Aminogruppen verfügen über eine Carboxyl- und mehrere Aminogruppen.

Lerntipp

Sie müssen die Struktur der Aminosäuren nicht bis ins letzte Atom auswendig kennen. Trotzdem sollten Sie wissen, welche grundlegenden Eigenschaften die einzelnen Aminosäuren besitzen und welche Besonderheit sie jeweils kennzeichnet.

- Gluconeogenese:
  - **Glucogene** Aminosäuren sind Aminosäuren, aus deren Abbauprodukten im Stoffwechsel Glucose neu aufgebaut werden kann (Gluconeogenese).
  - **Ketogene** Aminosäuren sind die Aminosäuren, deren Abbauprodukte nicht für die Gluconeogenese verwendet werden können.

5.2.2 Eigenschaften

Aminosäuren sind **Ampholyte** (▶ Kap. 3.4.1). An der Aminogruppe reagieren sie basisch, dort kann sich ein Proton anlagern. Die Carboxylgruppe ist verantwortlich für den Säurecharakter, sie kann ein Proton abgeben.

Aliphatische Aminosäuren

neutral

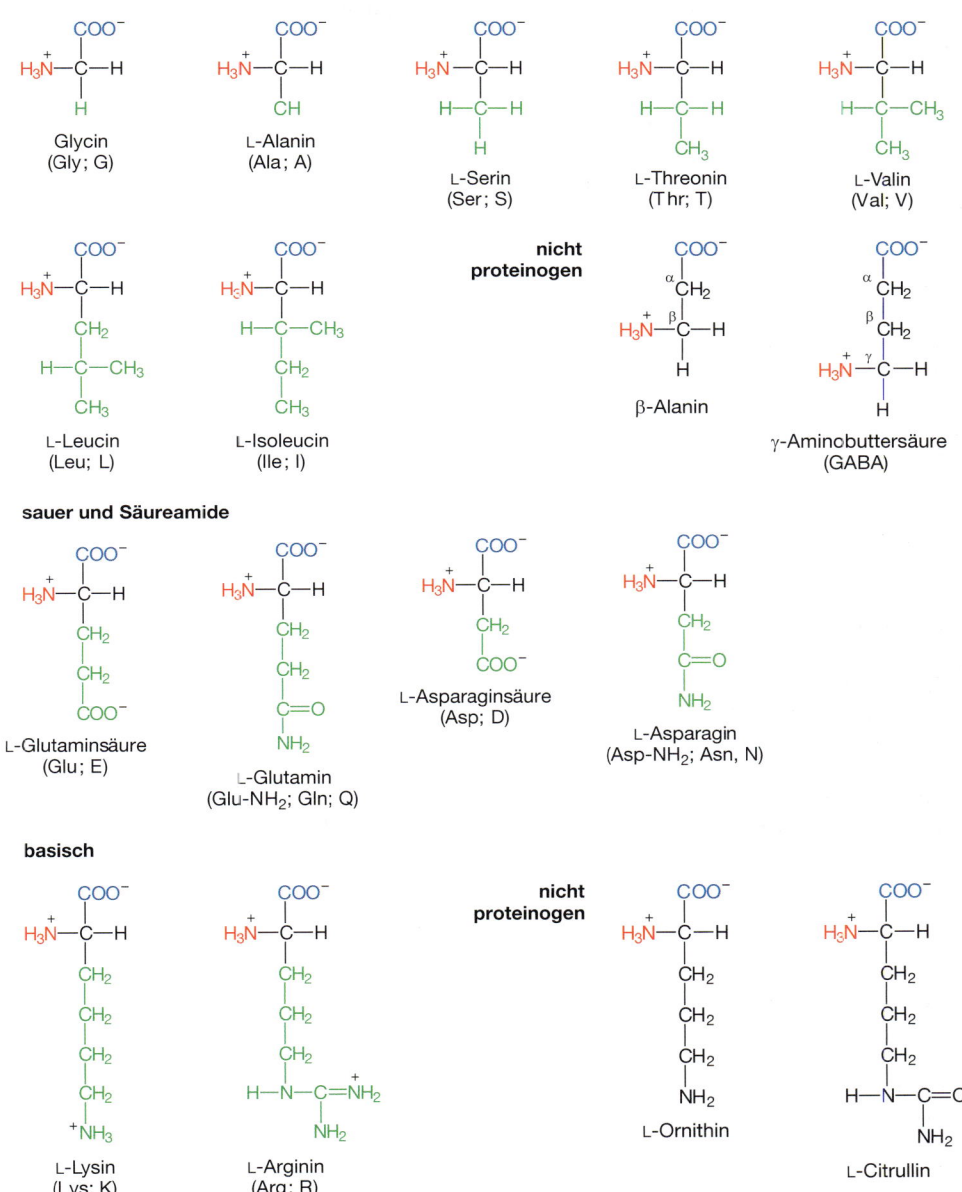

Abb. 5.1a Wichtige Aminosäuren mit Namen, Abkürzung und Strukturformel.

Zur Verdeutlichung der Konstitution und Konfiguration des Moleküls werden die Aminosäuren wie in ► Abb. 5.1 in der neutralen Form dargestellt.

Dies gibt aber nicht ihre tatsächlichen Eigenschaften wieder. In wässriger Lösung liegen sie in einer vom pH-Wert abhängigen dissoziierten Form vor.

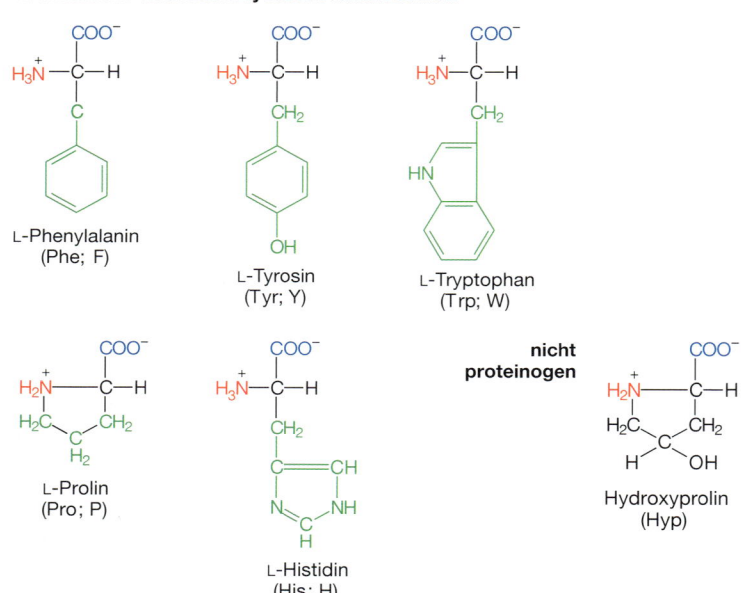

Abb. 5.1b Wichtige Aminosäuren mit Namen, Abkürzung und Strukturformel.

5.2.2.1 Puffereigenschaft und Titrationskurve

> **Lerntipp**
>
> Bitte wiederholen Sie zum Verständnis dieses Abschnitts ▶ Kap. 3.4.2 und ▶ Kap. 3.4.3, in denen Grundlegendes zu pH-Wert, Puffern und Titrationskurven erklärt wird.

Eine Aminosäure besitzt mehrere **Dissoziationsstufen** (▶ Kap. 3.4.1). Dies sei am Beispiel der neutralen Aminosäure Glycin, NH_2–CH_2–COOH, gezeigt.

Sie kann auftreten als:
- Kation: $^+NH_3$–CH_2–COOH
- Zwitterion: $^+NH_3$–CH_2–COO^-
- Anion: NH_2–CH_2–COO^-

▶ Abb. 5.2 zeigt die **Titrationskurve** (▶ Kap. 3.4.2.6) von Glycinhydrochlorid mit Natronlauge. Zu wässriger Glycinlösung wird Salzsäure zugegeben. Es bildet sich das Salz des Glycins, das Hydrochlorid, in dem Glycin zu Beginn der Titration als Kation vorliegt.

An der Kurve lassen sich zwei Dissoziationsstufen erkennen, mit den Gleichgewichten der konjugierten Säure/Basen-Paare:

- Kation/Zwitterion:

$$pK_{s1} = -\log_{10} \frac{\left[{}^{+}\mathrm{NH_3-CH_2-COO^-}\right]\cdot\left[\mathrm{H_2O}\right]}{\left[{}^{+}\mathrm{NH_3-CH_2-COOH}\right]\cdot\left[\mathrm{OH^-}\right]} = 2,4$$

- und Zwitterion/Anion:

$$pK_{s2} = -\log_{10} \frac{\left[\mathrm{NH_2-CH_2-COO^-}\right]\cdot\left[\mathrm{H_2O}\right]}{\left[{}^{+}\mathrm{NH_3-CH_2-COO^-}\right]\cdot\left[\mathrm{OH^-}\right]} = 9,8$$

Bei pH-Werten in der Nähe der pK_s-Werte besitzt die Aminosäure Puffereigenschaften.
Saure und basische Aminosäuren besitzen mehr als zwei Dissoziationsstufen. Eine Aminosäure mit einer Carboxyl- und zwei Aminogruppen oder mit zwei Carboxyl- und einer Aminogruppe besitzt drei Dissoziationsstufen. Die Titrationskurve ähnelt der einer dreiprotonigen Säure und zeigt drei pK_s-Werte.

5.2.2.2 Isoelektrischer Punkt
Als Anion oder Kation wandert die Aminosäure im elektrischen Feld. Dieser Effekt wird in der **Gel-Elektrophorese** zur Stofftrennung genutzt.

Die Ladung des Moleküls und damit sein Verhalten im elektrischen Feld sind abhängig vom pH-Wert. In dem Zustand als Zwitterion gleichen sich die Ladungen der Amino- und der Carboxylgruppen aus. Das Molekül ist nach außen hin neutral und bewegt sich im elektrischen Feld nicht. Der pH-Wert, bei dem dieser Zustand vorliegt, wird als **isoelektrischer Punkt** der Aminosäure bezeichnet, abgekürzt IP oder pH_I.

> **Merke**
>
> Bei einem $pH < pH_I$ wandert die Aminosäure zur Kathode und bei einem $pH > pH_I$ zur Anode.

- Für Glycin und andere **neutrale** Aminosäuren liegt der isoelektrische Punkt beim Mittelwert beider pK_s-Werte:

$$IP = \frac{2,4 + 9,8}{2} = 6,1$$

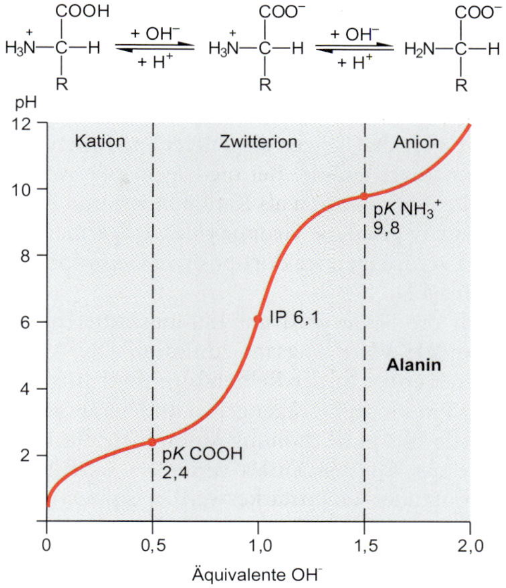

Abb. 5.2 Titrationskurve von Glycinhydrochlorid: Dissoziationsgleichgewichte konjugierter Säure/Basen-Paare: pK COOH: Kation/Zwitterion; pK NH$_3^+$: Zwitterion/Anion; IP = pH am isoelektrischen Punkt.

Aminosäuren mit einem $pH_I = 5–6,5$ werden als „neutral" bezeichnet, z.B. Alanin, Glutamin, Glycin und Phenylalanin.

- Für **saure** Aminosäuren liegen zwei der drei pK_s-Werte im sauren Bereich. Der IP ist das arithmetische Mittel der beiden sauren pK_s-Werte. Beide Carboxylgruppen zusammen sind hier im Mittel einfach negativ geladen. Am IP wird diese Ladung von der einfach positiv geladenen Aminogruppe kompensiert.
Beispielsweise besitzt Glutaminsäure die pK_s-Werte 2,19, 4,25 und 9,67:

$$IP = \frac{2,19 + 4,25}{2} = 3,22$$

- Bei **basischen** Aminosäuren liegen zwei der drei pK_s-Werte im alkalischen Bereich. Der IP liegt beim Mittelwert der alkalischen pK_s-Werte. Ein Beispiel ist Lysin mit den pK_s-Werten 2,18, 8,95 und 10,53:

$$IP = \frac{8,95 + 10,53}{2} = 9,74$$

5.2.2.3 Verhalten an Ionenaustauschern

Gemische von Aminosäuren lassen sich durch **Ionenaustauschchromatografie** trennen. In Lösung wird das Aminosäuregemisch als mobile Phase auf einen festen Träger aufgebracht. Häufig befindet sich der Träger als Pulver im Inneren der Chromatografiesäule. Bei niedrigem pH-Wert liegen die Aminosäuren als Kationen vor und binden an negativ geladene Gruppen des Trägermaterials. Dabei verdrängen sie dort positive Gegenionen, in der Regel Na^+.

Durch die Säule wird ein Elutionsmittel filtriert, dessen pH-Wert langsam zunimmt. Die Aminosäuren werden in der Reihenfolge ihrer isoelektrischen Punkte vom Träger gelöst und herausgespült. Anstelle der pH-Erhöhung kann auch die Ionenstärke des Elutionsmittels verändert werden. Mit zunehmender Ionenstärke werden sukzessive die Aminosäuren vom Trägermaterial verdrängt. Beide Varianten lassen sich auch kombinieren.

Das Elutionsmittel wird in kleinen Fraktionen aufgefangen, die dann analysiert werden.

5.2.2.4 Redoxverhalten

Die schwefelhaltige Aminosäure Cystein ist leicht oxidierbar. Zwei Moleküle reagieren unter Ausbildung einer Disulfidbrücke (▶ Abb. 2.20) zum **Cystin** (Cys–Cys). In einer Analyse ist Cystein in der Regel nur als das Oxidationsprodukt Cystin zu finden.

Methionin reagiert ebenfalls leicht am Schwefelatom. Hier wird die Methylgruppe abgespalten. Methionin bildet mit ATP zunächst S-Adenosylmethionin (SAM), aus diesem wird nach Abgabe der Methylgruppe und des Adenosins die Aminosäure **Homocystein**.

5.2.3 Beispiele

In den vorangegangenen Abschnitten wurden bereits Beispiele biologisch wichtiger Aminosäuren und ihrer Aufgaben angeführt. Es soll hier noch auf einige spezielle Beispiele eingegangen werden.

- In den schwefelhaltigen Aminosäuren kann das Spurenelement Selen an die Stelle des Schwefels treten. In der Aminosäure **Selenocystein** sind gegenüber dem Cystein die Schwefelatome durch Selen ersetzt. Selenocystein wird heute auch als die 21. proteinogene Aminosäure angesehen. Es existiert keine eigene Transfer-RNA (▶ Kap. 7.3.1) für Selenocystein. Selenocystein entsteht daher bei der Proteinsynthese nachträglich aus der Aminosäure Serin, indem dort das Sauerstoffatom der OH-Gruppe gegen Selen ausgetauscht wird (▶ Abb. 5.1).

- Die nichtessenziellen Aminosäuren können im Körper bei Bedarf aus anderen essenziellen Aminosäuren hergestellt werden. **Tyrosin** entsteht aus Phenylalanin. Bei zu geringer Zufuhr von Phenylalanin wird auch Tyrosin zur essenziellen Aminosäure.

- Neben ihrer Funktion als Bausteine der Proteine erfüllen Aminosäuren auch andere Aufgaben. So sind **Ornithin, Citrullin** und **Arginosuccinat** am Harnstoffzyklus beteiligt.

- **β-Alanin** und **γ-Aminobuttersäure** sind die einzigen wichtigen Aminosäuren, die keine α-Aminogruppe enthalten. Beide sind achiral. β-Alanin ist ein guter Chelator (▶ Kap. 2.3.5.3). Es entsteht im Organismus beim Abbau von Uracil und ist Bestandteil von Coenzym A (CoA, ▶ Kap. 8.3.2.9).

γ-Aminobuttersäure (GABA) lässt sich durch Decarboxylierung aus der Glutaminsäure ableiten. GABA ist ein inhibitorischer Neurotransmitter.

5.2.4 Reaktionen

Die Reaktionen der Aminosäuren sind durch ihre funktionellen Gruppen bestimmt. Die Reaktionswege ähneln grundsätzlich denen der Amine und der Carbonsäuren.

Es befinden sich freie Elektronenpaare am Sauerstoff der Carboxylgruppe und am Stickstoff der Aminogruppe, die für koordinative Bindungen zur Verfügung stehen. Alle Aminosäuren sind daher zweizähnige Chelatoren (▶ Kap. 2.3.5.3).

Eine Besonderheit ist die Verbindung der Carboxylgruppe einer Aminosäure mit der Aminogruppe einer anderen Aminosäure, durch die sich Aminosäureketten bilden können. Auf diese Peptidbindung wird in ▶ Kap. 5.3.2 noch näher eingegangen. Des Weiteren sind auch Reaktionen funktioneller Gruppen der Seitenketten der Aminosäuren zu betrachten.

5.2.4.1 Aminogruppe

Die Aminogruppe bildet mit einem Aldehyd unter Wasserabspaltung Imine (Schiff-Basen, ▶ Kap. 3.8.2.4). Diese Reaktion ist bei der **Transaminierung** von Bedeutung, bei der eine α-Aminogruppe auf eine α-Ketocarbonsäure übertragen wird. Die Transaminierung ist der wichtigste Weg der Synthese nichtessenzieller Aminosäuren.

Mit einer organischen Säure bilden sich an der Aminogruppe Säureamide (▶ Kap. 3.9.3.2).

Die **Desaminierung** ist die Abspaltung der Aminogruppe. Dies ist ein Schritt beim Abbau der Aminosäuren.

5.2.4.2 Carboxylgruppe

> **Merke**
>
> Die Carboxylgruppe bildet mit OH-Gruppen Ester (▶ Kap. 3.9.3.1), mit Aminogruppen Amide (▶ Kap. 3.9.3.2), mit einer weiteren Säuregruppe Anhydride (▶ Kap. 2.4.2.7).

Die **Decarboxylierung** ist die Abspaltung der Carboxylgruppe unter Abgabe von CO_2 (▶ Kap. 3.10.2). Aus den Aminosäuren entstehen durch Decarboxylierung **biogene Amine,** z. B. Histamin, das aus Histidin entsteht, oder Cysteamin, gebildet aus Cystein.

5.2.4.3 Seitenketten

> **Merke**
>
> OH-Gruppen in den Seitenketten können mit einer Carboxylgruppe einen Ester bilden (▶ Kap. 3.9.3.1). Mit einer anderen OH-Gruppe ist eine O-glykosidische Bindung möglich, mit einer Aminogruppe eine N-glykosidische Bindung (▶ Kap. 4.3.1).

SH-Gruppen bilden untereinander **Disulfidbrücken** (▶ Abb. 2.20). In Proteinen verbinden sich so die Seitenketten zweier Cysteinmoleküle. Durch Disulfidbrücken sind dimere Proteine wie die Immunglobuline verbunden.

5.3 Peptide

5.3.1 Klassifizierung und Aufbau

Aminosäuren verbinden sich zu Ketten, den **Peptiden.** Zwei durch eine Peptidbindung verknüpfte Aminosäuren bilden ein **Dipeptid,** drei ein **Tripeptid**. Bei einer Kettenlänge bis zu 20 Aminosäuren wird von **Oligopeptiden** gesprochen, darüber hinaus von **Polypeptiden**. **Proteine** bzw. Eiweiße sind Polypeptide mit einem Molekulargewicht größer als 10^4 Dalton, das entspricht etwa 100 Aminosäuren.

Alle proteinogenen Aminosäuren sind α-Aminosäuren.

Die Peptidkette ist repetitiv aufgebaut: Auf das α-C-Atom, das die Aminogruppe und die restliche Seitenkette der Aminosäure trägt, folgt eine Carboxylgruppe. Die Carboxylgruppe ist mit der Aminogruppe des nächsten α-C-Atoms verbunden usw.

> **Merke**
>
> Die Reihenfolge der Aminosäuren in einem Peptid wird als **Sequenz** bezeichnet. Die Aminosäuresequenz bildet die **Primärstruktur** eines Peptids (▶ Kap. 5.4.1.2). In der Darstellung der Formel eines Peptids sind die einzelnen Aminosäuren an ihren Seitenketten erkennbar.

Jedes Peptid besitzt ein C-terminales und ein N-terminales Ende. Die Aminogruppe bildet das N-terminale Ende. Sie wird in einer abkürzenden Schreibweise des Peptids nur mit H angegeben. Die Carboxylgruppe repräsentiert das C-terminale Ende, abgekürzt als OH (▶ Abb. 5.3). Ein Peptid hat, wie die einzelne Aminosäure, dadurch gleichzeitig Säure- und Baseneigenschaften und es besitzt einen isoelektrischen Punkt.

> **Lerntipp**
>
> Merken Sie sich, dass Proteinsequenzen grundsätzlich von N- nach C-terminal notiert werden. Das N-terminale Ende ist sozusagen das Kopfende.

Zwei verschiedene Aminosäuren bilden zwei mögliche Dipeptide, die sich in der Reihenfolge der Aminosäuren unterscheiden (▶ Abb. 5.3). Dieser Fall der Konstitutionsisomerie wird als **Sequenzisomerie** bezeichnet. Mit wachsender Kettenlänge nimmt die Zahl der möglichen Sequenzisomere rasch zu.

5.3.2 Peptidbindung

> Eine Carbonsäureamidbindung (▶ Kap. 3.9.3.2) zwischen zwei Aminosäuren wird als **Peptidbindung** bezeichnet.

Die Peptidbindung ist mesomeriestabilisiert (▶ Abb. 5.4 oben). Die C–N-Bindung erhält partiellen Doppelbindungscharakter. Die Bindungslänge wird verkürzt und die freie Drehbarkeit um die

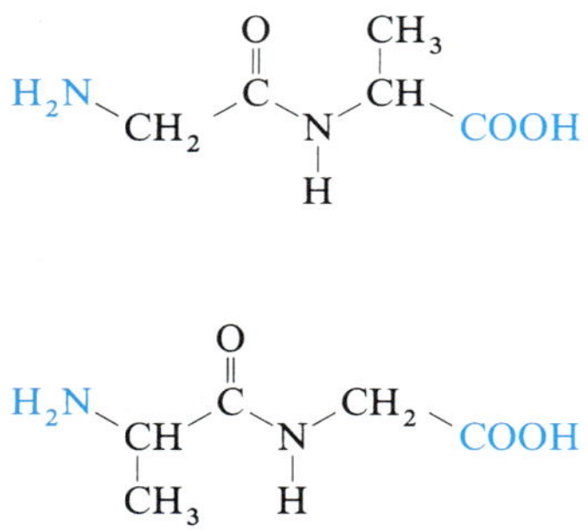

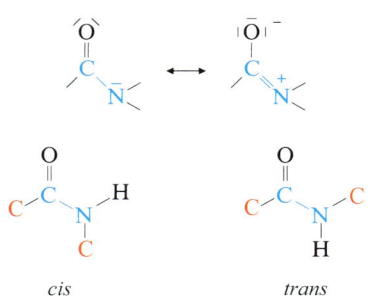

Abb. 5.3 Sequenzisomere des Dipeptids aus Alanin und Glycin.

Abb. 5.4 Mesomeriestabilisierung und partieller Doppelbindungscharakter der Peptidbindung (oben) und daraus resultierende *cis*- und *trans*-Konfiguration der C–N-Bindung (unten).

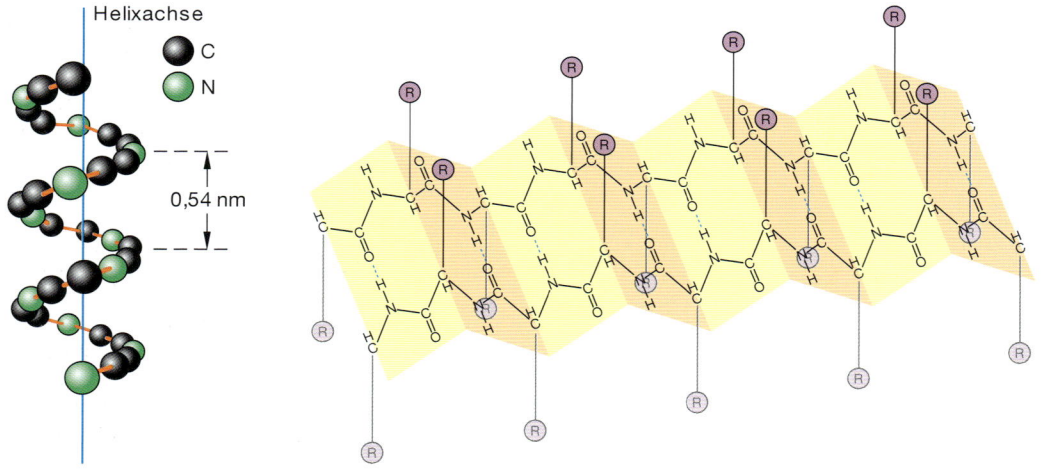

Abb. 5.5 Sekundärstrukturen der Proteine: α-Helix und β-Faltblatt.

Bindungsachse ist herabgesetzt. Deshalb kann an der C–N-Bindung wie an einer C=C-Bindung zwischen *cis*- und *trans*-Konfiguration unterschieden werden (▶ Abb. 5.4 unten).

Alle an das C- und das N-Atom der Amidbindung gebundenen Atome liegen in einer Ebene. Das betrifft in einer Peptidkette jeweils 4 benachbarte Atome: α-C, C=O, NH und α-C. Die Bindungsanordnung am α-C-Atom ist tetraederförmig. Das α-C-Atom ist die Nahtstelle benachbarter Ebenen der Peptidkette, die hier in einem Winkel gegeneinander geneigt sind (▶ Abb. 5.5).

Die Amidbindung verhält sich in wässriger Lösung neutral. Die Basizität des Stickstoffs ist durch die benachbarte positive Partialladung des Carbonyl-

C-Atoms so weit herabgesetzt, dass sich hier kein Proton mehr anlagert.

5.3.3 Reaktionen

Eine Peptidkette kann prinzipiell sowohl an ihrem N-terminalen als auch am C-terminalen Ende durch weitere Peptidbindungen verlängert werden.

> Eine Peptidbindung bildet sich nicht direkt durch Wasserabspaltung, sondern es muss ein geeignetes Kondensationsmittel vorhanden sein, das die Carboxylgruppe aktiviert, d.h. für den nucleophilen Angriff der Aminogruppe vorbereitet (▶ Kap. 3.9.3.2).

• Eine chemische Synthese wird an festen Trägern durchgeführt und kann heute automatisiert ablaufen. Chemisch gelingt aber nur die Herstellung kleiner und mittlerer Peptide.

- Die Biosynthese der Peptide erfolgt an den Ribosomen. Die Peptidkette wird immer an ihrem Carboxyl-Ende mit der nächsten Aminosäure verbunden. Das Carboxyl-C-Atom wird zunächst durch eine Esterbindung aktiviert, die dann von der Aminogruppe der nächsten Aminosäure angegriffen wird.
- Die Hydrolyse der Peptide kann im sauren oder im alkalischen Milieu erfolgen.

Im Stoffwechsel werden Peptidketten durch Verdauungsenzyme wie Trypsin oder Chymotrypsin jeweils nur zwischen bestimmten Aminosäuren gespalten.

5.4 Proteine

5.4.1 Klassifizierung und Aufbau

5.4.1.1 Proteinklassen

Die Einteilung der Proteine erfolgt nach ihrer Zusammensetzung. Neben den Peptiden können auch noch Anteile anderer Stoffklassen enthalten sein.

- Struktur:
  - **Einfache Proteine** bestehen aus nur einer Peptidkette.
  - **Zusammengesetzte Proteine** werden durch den Zusammenschluss mehrerer Untereinheiten gebildet. Ein Beispiel ist das Hämoglobin, ein Tetramer aus vier Häm-Molekülen.
- Bestandteile:
  - **Glykoproteine** (▶ Kap. 4.4.2.2) enthalten neben dem Proteinanteil auch noch Kohlenhydrate. Die Kohlenhydrate sind mit dem Peptid O- oder N-glykosidisch verbunden.
  - **Lipoproteine** enthalten einen Lipidanteil. Die Lipoproteine dienen im Organismus als Emulgatoren für den Transport von Lipiden. Es werden verschiedene Subkategorien der Lipoproteine unterschieden, z.B. LDL (Low-Density-Lipoprotein) und HDL (High-Density-Lipoprotein).
  - **Metalloproteine** bilden einen Chelatkomplex (▶ Kap. 2.3.5.3) mit einem zentralen Metallion. Das Metall-Kation ist für die biologische Funktion des Komplexes unerlässlich.
- Löslichkeit:
  - **Globuläre Proteine** sind wasserlöslich und haben eine eher kugelförmige Gestalt.
  - **Fibrilläre Proteine** sind wasserunlösliche faserartige Proteine. Sie dienen als Bausteine vieler Stützgewebe.
- Prosthetische Gruppe:
  - Proteine mit **prosthetischen Gruppen** sind nur dann biologisch wirksam, wenn eine zusätzliche funktionelle Nicht-Protein-Gruppe vorhanden ist. Die prosthetische Gruppe wird auch als Coenzym bezeichnet (▶ Kap. 8.2.1).

5.4.1.2 Struktur der Proteine

Der räumliche Bau der Proteine lässt sich in verschiedenen Strukturebenen betrachten.

> **Lerntipp**
>
> Als Grundwissen sollten Sie die verschiedenen Typen der chemischen Bindung parat haben. Während des Lernens dieses Abschnitts sollten Sie sich besonders einprägen, welche Bestandteile der Aminosäuren an welchem Bindungstyp beteiligt sind und welche Struktur dieser Bindungstyp hauptsächlich stabilisiert.

Primärstruktur

Die Primärstruktur ist die Aminosäuresequenz der Proteine (▶ Kap. 5.3.1.2). Die Reihenfolge der Aminosäuren und, falls vorhanden, die Anordnung von Disulfidbrücken bestimmen die spätere Konformation des gesamten Proteins. Die Primärstruktur ist die komplette Beschreibung aller kovalenten Bindungen innerhalb des Proteins.

Sekundärstruktur

Die Sekundärstruktur ist die nächste Stufe der Konformation der Proteine. Die Sekundärstruktur wird durch Wasserstoffbrückenbindungen innerhalb des Peptidrückgrats sowie durch hydrophobe Wechselwirkungen zwischen den Seitengruppen nahe beieinander liegender Aminosäuren stabilisiert.

Durch die Primärstruktur wird festgelegt, welche Sekundärstruktur sich später ausbilden kann. Als regelmäßige Sekundärstrukturen treten zwei Varianten auf, die α-Helix- und die β-Faltblattstruktur (▶ Abb. 5.5).

- **α-Helix:** Die Peptidkette windet sich zu einer schraubenförmigen, rechtsgängigen Wendel, der α-Helix. In Richtung der Wendelachse stehen sich jeweils die CO-Gruppe einer Aminosäure und die NH-Gruppe der jeweils in der Sequenz folgenden vierten Aminosäure gegenüber (▶ Abb.

5.5 links). Zwischen diesen beiden Gruppen bilden sich Wasserstoffbrückenbindungen, die die Helix stabilisieren. Die räumlichen Abmessungen der Windungen sind im Wesentlichen durch die gegeneinander geneigten Ebenen der Peptidbindungen bestimmt. Eine Windung enthält 3,6 Aminosäuren. Die Ganghöhe der Helix liegt bei 0,54 nm. Die Seitenketten am α-C-Atom der Aminosäuren weisen radial nach außen.

Merke

Theoretisch wären für eine Helix beide Umlaufrichtungen denkbar. In den Proteinen wird jedoch nur die rechtsgängige α-Helix gefunden.

- **β-Faltblatt:** Die Aminosäurekette ist bei der β-Faltblattstruktur gestreckt. Durch die gegenseitige Neigung der Ebenen der einzelnen Peptidbindungen ergibt sich ein „zickzackförmiger" Verlauf der Kette. Benachbarte Ketten lagern sich nebeneinander und es bilden sich Wasserstoffbrücken zwischen gegenüberliegenden CO- und NH-Gruppen. Es entsteht ein eher plattenartiges Gebilde. Die Seitenketten der Aminosäuren weisen senkrecht zur Ebene des Faltblatts nach oben oder unten (▶ Abb. 5.5 rechts). Die Faltblattstruktur tritt in der Natur beim β-Keratin und beim Seidenfibroin auf.

Merke

Verschiedene Stränge des Faltblatts können parallel oder antiparallel verlaufen. Häufig kehrt eine Peptidkette in einer linksgängigen β-Schleife ihre Richtung um und liegt dann antiparallel neben ihrem vorhergehenden Abschnitt.
Die haarnadelförmigen β-Schleifen waren namengebend für die Bezeichnung β-Faltblatt. Besonders häufig treten Struktureinheiten aus zwei bis fünf parallelen β-Strängen auf.

Tertiärstruktur

Die Tertiärstruktur der Proteine bildet sich durch Wechselwirkungen zwischen Aminosäureresten, die in der linearen Sequenz der Peptidkette weit voneinander entfernt liegen. Als Wechselwirkungen treten auf:
- Wasserstoffbrücken
- Disulfidbrücken

- elektrostatische Anziehung zwischen polaren oder geladenen Gruppen
- Assoziation durch hydrophobe Wechselwirkungen
- Chelatkomplexe.

Die Sekundärstruktur bleibt nicht gestreckt. Durch Biegungen und Schleifen knäuelt sie sich zu einem kompakten Gebilde zusammen. Innerhalb eines Proteins können sich Bereiche mit helikalem Bau, Faltblattstruktur oder eher unregelmäßigen Windungen (Random Coil) abwechseln. Ein Bereich des Proteins, in dem ein bestimmtes Strukturmerkmal vorherrscht, wird als **Domäne** bezeichnet.

Merke

Besonders die globulären Proteine zeichnen sich durch eine recht komplexe Tertiärstruktur aus. Eher starre helikale Abschnitte wechseln sich mit flexibleren Bereichen ab. Durch die Faltung werden hydrophobe Reste ins Innere des kugelförmigen Proteins gebracht. Hydrophile Reste weisen nach außen und sind verantwortlich für die gute Wasserlöslichkeit.

Die Tertiärstruktur eines Proteins ist abhängig von den Umgebungsbedingungen. So bilden sich Partialladungen, die eine elektrostatische Anziehung zwischen verschiedenen Aminosäureresten hervorrufen, oft erst durch Dissoziation.
Eine Änderung des umgebenden Milieus beeinflusst entsprechend die Bindungen der tertiären Struktur. Das Protein denaturiert, es verliert durch die Änderung seiner Gestalt seine biologische Funktionsfähigkeit (▶ Kap. 5.4.2.3).

Quartärstruktur

Die Quartärstruktur entsteht durch die Zusammenlagerung von Proteineinheiten zu einem größeren funktionsfähigen Gebilde. Als Beispiel für ein solches aus Untereinheiten zusammengesetztes Protein wurde schon das Tetramer **Hämoglobin** genannt.

5.4.2 Eigenschaften

5.4.2.1 Puffereigenschaften

Proteine sind, wie auch die einzelnen Aminosäuren, Ampholyte: Sie können Protonen aufnehmen oder abgeben. Damit besitzen sie Puffereigenschaften (▶ Kap. 3.4.3.2). Die Eigenschaften hängen von der Anzahl saurer oder basischer Reste in den Aminosäureresten des Proteins ab. Das Verhalten der sauren Aminosäuren ergibt insgesamt einen pK_s-

Wert im sauren Bereich. Für die basischen Aminosäuren resultiert ein Wert im basischen Bereich.

Aus dem arithmetischen Mittel beider Werte lässt sich für jedes Protein ein isoelektrischer Punkt angeben (▶ Kap. 5.2.2.2).

Klinik

Der **Proteinpuffer** stellt den größten Anteil der Pufferkapazität des Bluts dar. Die wesentlichsten Proteine sind hierbei das Albumin im Plasma und das Hämoglobin im Erythrozyten.

5.4.2.2 Hydrophile und hydrophobe Wechselwirkung

In Proteinen treten Bereiche mit überwiegend hydrophilen oder hydrophoben Aminosäureseitenketten auf.

- Polare Stellen der Proteine erhöhen die Löslichkeit in Wasser. An ihnen lagern sich Wassermoleküle an, das Protein wird hydratisiert.
- Apolare Bereiche lagern sich aneinander an, um den Kontakt mit Wasser zu vermeiden. Bei der hydrophoben Wechselwirkung handelt es sich nicht um eine tatsächliche, anziehende Kraft zwischen den apolaren Bereichen. Benachbarte apolare Moleküle bzw. apolare Regionen eines Proteins werden von dem umgebenden polaren Lösungsmittel wie von einer äußeren Klammer zusammengehalten.
- Zwischen gegensätzlich geladenen Stellen der Proteine wirken elektrostatische Anziehungskräfte, die die Tertiärstruktur der Proteine stabilisieren.

Merke

Neben dem Einfluss auf die Konformation der Proteine sind hydrophile oder hydrophobe Wechselwirkungen auch für die Ausbildung der Lipiddoppelschichten in den Zellmembranen (▶ Kap. 6.3.1), für die Anordnung der Moleküle eines Emulgators in Form von Mizellen (▶ Abb. 2.24) oder für die Bindung eines apolaren Substrats an der ebenfalls apolaren Rezeptorstelle eines Enzyms (▶ Kap. 6.4.2) verantwortlich.

5.4.2.3 Hydratisierung und Denaturierung

Enzyme sind globuläre, wasserlösliche Proteine. Die Eigenschaften einer Enzymlösung sind von denen einer echten Lösung verschieden. Wegen der Größe der Proteine handelt es sich hier um eine kolloidale Lösung. An für die Proteine undurchlässigen Membranen baut sich ein osmotisches Druckgefälle auf.

Die Hydrathülle des gelösten Proteins stabilisiert seine Tertiärstruktur. Wird das Wasser durch ein apolares Lösungsmittel ersetzt oder durch Trocknung entzogen, verliert ein Enzym in der Regel seine biologische Aktivität.

Proteine können aus einer Lösung durch Zugabe einer größeren Salzmenge ausgefällt werden. Die Ionen des Salzes konkurrieren mit dem Protein um die polaren Wassermoleküle. Nach Zugabe von Wasser gehen die Proteine erneut in Lösung.

Auch Säuren oder Schwermetalle bewirken das Ausfallen der Proteine. Hier wird die Proteinstruktur aber irreversibel denaturiert.

Die Erhöhung der Temperatur über ein für jedes Protein spezifisches Maximum führt ebenfalls zu einer irreversiblen Denaturierung.

Klinik

Blutpräparate und viele aus Blut gewonnene Medikamente, wie die bei Hämophilie applizierten Gerinnungsfaktoren, können nicht hitzesterilisiert werden. Die Hitzedenaturierung würde die Proteine inaktivieren und das Präparat somit wertlos machen.

Ein Infektionsrisiko kann deshalb bei der Verwendung von Blutprodukten niemals völlig ausgeschlossen werden.

5.4.2.4 Trennverfahren

Zur Trennung von Proteingemischen sind mehrere Verfahren im Gebrauch. Die Proteine werden nach Eigenschaften wie Molmasse, Ladung oder Affinität an ein bestimmtes Trägermaterial getrennt.

- Die **Zentrifugation** separiert Proteine nach ihrer Dichte.
- Bei der **Elektrophorese** wandern die Proteine in einem von außen angelegten elektrischen Feld (▶ Kap. 5.2.2.2). In der Gel-Elektrophorese müssen sie sich dabei durch die Poren eines Gels hindurchbewegen. Die Wanderungsgeschwindigkeit der Proteine hängt von ihrer Ladung, aber auch von ihrer Größe und räumlichen Struktur ab.
- Die **Chromatografie** der Proteine verläuft auf die gleiche Weise wie die chromatografische Trennung einzelner Aminosäuren (▶ Kap. 5.2.2.3). Die Proteine binden an ein Trägermate-

rial, von dem sie durch ein Elutionsmittel nacheinander in der Reihenfolge steigender Affinität abgelöst werden.

5.4.3 Strukturaufklärung

Nachdem das gewünschte Protein durch Trennverfahren wie Chromatografie oder Elektrophorese isoliert wurde, können seine Eigenschaften und seine Struktur gezielt untersucht werden.

Die **Hydrolyse** in stark saurem oder stark alkalischem Milieu spaltet die Peptidbindungen des Proteins. Das Protein wird in einzelne Aminosäuren zerlegt. Nach der Trennung des Aminosäurengemischs wird deutlich, aus welchen Aminosäuren das Protein bestand und in welchen Anteilen sie enthalten waren.

Durch Enzyme wie Trypsin oder Chymotrypsin kann das Protein zunächst in kleinere Bruchstücke zerlegt werden. Diese Fragmente werden dann voneinander getrennt und einzeln analysiert.

Die **Sequenzierung** eines Proteins gibt Aufschluss über seine Primärstruktur. Die Sequenzanalyse ist die Umkehrung des Synthesevorgangs. Es wird sukzessive eine Aminosäure nach der anderen enzymatisch von der Peptidkette abgespalten und anschließend identifiziert. Inzwischen wurden automatische Sequenzierungsverfahren entwickelt. Prinzipiell ist der Abbau der Peptidkette von beiden Enden her möglich. In den gängigen Analyseverfahren wird aber durch ein bestimmtes Reagenz (Phenylisothiocyanat) zunächst das N-terminale Ende des Proteins bestimmt und von dort eine Aminosäure nach der anderen abgetrennt.

Durch die Aminosäuresequenz werden zwar auch die Sekundär- und die Tertiärstruktur des Proteins festgelegt, welche Konformation das Protein aber einnimmt, lässt sich aus der Kenntnis der Sequenz nicht einfach ableiten. Die räumliche Struktur von Proteinen wird deshalb auch mit der **Röntgenstrukturanalyse** untersucht. Aus den Beugungsmustern der Röntgenstrahlen wird auf den Bau des Proteins zurückgeschlossen.

06

Fettsäuren, Lipide

6.1   Wegweiser   105

6.2   Fettsäuren   105
6.2.1   Klassifizierung   105
6.2.2   Beispiele   106
6.2.3   Eigenschaften   107
6.2.4   Reaktionen   107

6.3   Acylglycerine   108
6.3.1   Struktur und Klassifizierung   108
6.3.2   Eigenschaften   109

6.4   Sphingolipide   110
6.4.1   Struktur und Klassifizierung   110
6.4.2   Eigenschaften   111

6.5   Steroide   111

IMPP-Hits

- Fettsäuren: Beispiele (▶ Kap. 6.2.2)
- Acylglycerine (▶ Kap. 6.3.1)
- Steroide (▶ Kap. 6.5)

6.1   Wegweiser

Eine Vielzahl von Naturstoffen wird unter dem Sammelbegriff Lipide zusammengefasst. Diese Stoffe können in ihrem Aufbau stark variieren, sie zeigen aber eine Übereinstimmung bezüglich charakteristischer Eigenschaften. Alle Lipide weisen ausgedehnte apolare Molekülanteile auf und sind daher nicht wasserlöslich.

Trägt das Lipidmolekül an seinem Ende noch eine polare Gruppe, bewirkt diese ein amphiphiles Verhalten: Fettsäuren bestehen aus einer polaren Säuregruppe und einem apolaren Kohlenwasserstoffrest (▶ Kap. 6.2). Die Moleküle sind dann oberflächenaktiv, sie ordnen sich in einer regelmäßigen Struktur an einer Grenzfläche zum wässrigen Milieu an. Amphiphile Lipide sind für den Aufbau biologischer Membranen von Bedeutung.

Eine weitere Gruppe der Lipide sind die Fette, die als Energiereserve im Organismus gespeichert werden. Beispiele hierfür sind die Acylglycerine, Verbindungen aus Fettsäuren und Glycerin (▶ Kap. 6.3). Sphingolipide (▶ Kap. 6.4) dagegen sind wich-

tige Bestandteile biologischer Doppelmembranen sowie von Nervengewebe und dienen der Signalübertragung.

Daneben werden manche Vitamine bzw. deren Vorstufen sowie einige Hormone zur Klasse der Lipide gezählt. Zu ihnen gehören die Steroide mit dem aus Isopreneinheiten zusammengesetzten Cholesterin (▶ Kap. 6.5).

6.2   Fettsäuren

6.2.1   Klassifizierung

Monocarbonsäuren ab einer Kettenlänge von 10 C-Atomen werden auch als **Fettsäuren** bezeichnet, da sie in natürlichen Fetten vorkommen.

Die Fettsäuren werden weiter eingeteilt in:

- **Geradzahlige – ungeradzahlige** Fettsäuren: Es wird die Anzahl der C-Atome gezählt und zwischen Fettsäuren mit gerader und ungerader Zahl von C-Atomen unterschieden.

- **Gesättigte – ungesättigte** Fettsäuren: In gesättigten Fettsäuren kommen nur C–C-Einfachbindungen vor. Bei einer oder mehreren C=C-Doppelbindungen wird von einfach bzw. mehrfach ungesättigten Fettsäuren gesprochen.
- **Essenzielle – nichtessenzielle** Fettsäuren: Essenzielle Fettsäuren, wie z. B. Linol- und Linolensäure, werden vom Organismus benötigt, können aber von diesem nicht selbst hergestellt werden. Sie müssen mit der Nahrung zugeführt werden.
  Die nichtessenziellen Fettsäuren können entweder im Körper selbst hergestellt werden oder sie sind für den Stoffwechsel verzichtbar.

Die Namen der Fettsäuren leiten sich von den zugrunde liegenden Alkanen ab. So ergäbe sich für eine gesättigte Fettsäure mit einer Kettenlänge von C_{16} der Name Hexadekansäure. Diese ist aber eher unter ihrem Trivialnamen Palmitinsäure bekannt (▶ Kap. 2.4.2.7).

Bei ungesättigten Fettsäuren werden zusätzlich die Anzahl und die Lage der Doppelbindungen angegeben. Hierfür sind in der Nomenklatur zwei Methoden üblich:

- Die Kohlenstoffatome werden ausgehend vom Carboxyl-C-Atom aufsteigend nummeriert. Die Zahl des C-Atoms, auf das die Doppelbindung folgt, sowie die Konfiguration an der Doppelbindung (*cis/trans*) werden dem Molekülnamen vorangestellt. Eine Doppelbindung wird durch den Buchstaben Δ und ihre Anzahl durch die Silben „-en" für eine, „-dien" für zwei oder „-trien" für drei Doppelbindungen verdeutlicht, z. B.: *cis*Δ9-Oktadek**en**säure, *cis*Δ9,12-Oktadeka**dien**säure oder *cis*Δ9,12,15-Oktadeka**trien**säure.
- Das letzte C-Atom der Kette, das der Methylgruppe, wird stets als ω-**C-Atom** bezeichnet. Ausgehend von diesem C-Atom erfolgt die Nummerierung und es wird nur die dem ω-C-Atom nächste Doppelbindung genannt. Ausgehend von der Lage dieser Doppelbindung lassen sich die Fettsäuren einteilen, in z. B. ω-3-Fettsäuren.

- Die natürlichen Fettsäuren sind stets *n*-Carbonsäuren, d. h., sie sind unverzweigt. Ihre Kettenlänge liegt meist zwischen C_{12} und C_{24}, am häufigsten sind C_{16}- und C_{18}-Carbonsäuren.
- Häufig treten ein- oder mehrfach ungesättigte Fettsäuren auf. Die Doppelbindungen sind stets *cis*-konfiguriert. Für den Organismus besonders wichtig sind die ω-3- und die ω-6-Fettsäuren.
- Säugetieren fehlen Enzyme, die Doppelbindungen in Fettsäuren nach C_9 einfügen. Die ω-3- und ω-6-Fettsäuren müssen deshalb mit der Nahrung aufgenommen werden.

6.2.2 Beispiele

Beispiele für **gesättigte** Fettsäuren sind:
- Laurinsäure (Dodekansäure): $CH_3-(CH_2)_{10}-COOH$
- Myristinsäure (Tetradekansäure): $CH_3-(CH_2)_{12}-COOH$
- Palmitinsäure (Hexadekansäure): $CH_3-(CH_2)_{14}-COOH$
- Stearinsäure (Oktadekansäure): $CH_3-(CH_2)_{16}-COOH$
- Lignosterinsäure (Teracosansäure): $CH_3-(CH_2)_{22}-COOH$

Viele **ungesättigte** Fettsäuren sind auch eher unter ihren Trivialnamen bekannt. Um auf ihren Aufbau hinzuweisen, ist es üblich, die Kettenlänge und Zahl der Doppelbindungen nach dem Namen anzugeben.
Wichtige ungesättigte Fettsäuren sind:
- Ölsäure (18:1) (*cis*Δ9-Oktadekensäure)
- Linolsäure (18:2) (*cis*Δ9,12-Oktadekadiensäure)
- Linolensäure (18:3) (*cis*Δ9,12,15-Oktadekatriensäure)
- Arachidonsäure (20:4) (*cis*Δ5,8,11,14-Eicosatetraensäure)
- Nervonsäure (24:1) (*cis*Δ15-Tetracosensäure).

Lerntipp

Bitte prägen Sie sich zu den als prüfungsrelevant markierten Fettsäuren den Trivialnamen, die Kettenlänge und die Anzahl der Doppelbindungen ein. Vor allem alle Vertreter der C_{18}-Fettsäuren werden gerne gefragt. Diese können Sie sich mithilfe einer Eselsbrücke merken: Öl-Säure (eine Silbe, eine Doppelbindung), Li-nol-Säure (zwei Silben, zwei Doppelbindungen), Li-no-len-Säure (drei Silben, drei Doppelbindungen), A-ra-chi-don-Säure (vier Silben, vier Doppelbindungen).

► Abb. 6.1 zeigt einige der hier genannten ungesättigten Fettsäuren. Die Ölsäure ist einfach ungesättigt. Als Folge der *cis*-Konfiguration der Doppelbindung entsteht, wie in der Abbildung gezeigt, ein Knick in der Molekülkette. Ungesättigte Fettsäuren erschweren daher eine regelmäßige kristallgitterähnliche Anordnung der Fettsäuremoleküle.

> In den mehrfach ungesättigten Fettsäuren sind die Doppelbindungen nicht konjugiert, sie sind durch mindestens zwei Einfachbindungen getrennt.
> Linolsäure ist eine ω-6-Fettsäure. Eine zusätzliche Doppelbindung führt zur entsprechenden ω-3-Fettsäure, der Linolensäure.

Aus Linolsäure wird im Organismus Arachidonsäure aufgebaut. Diese ist wiederum Ausgangspunkt für die Synthese verschiedener Gewebshormone, z. B. der Prostaglandine.

6.2.3 Eigenschaften

Grundsätzliche Eigenschaften und Reaktionen der Fettsäuren sind bereits bei den Carbonsäuren (► Kap. 2.4.2.7) beschrieben.

Die Fettsäuren sind **amphiphil.** Die Carboxylgruppe bildet das polare, die aliphatische Kette das apolare Ende. Mit wachsender Kettenlänge nimmt die Löslichkeit der Carbonsäuren in Wasser ab.

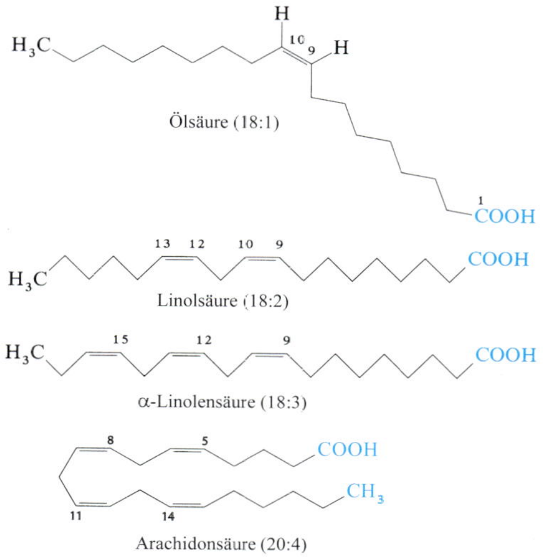

Abb. 6.1 Für den Organismus wichtige ungesättigte Fettsäuren.

Die **Konsistenz** der Fettsäuren ändert sich von zunächst flüssig bzw. ölig mit zunehmender Kettenlänge zu fest. Wegen ihrer gewinkelten Struktur erschweren ungesättigte Fettsäuren eine regelmäßige Anordnung.

> Bei der **Fetthärtung** werden aus weichen Fetten oder Ölen harte Fette gewonnen. Durch katalytische Hydrierung wird Wasserstoff an die Doppelbindungen addiert und die Fettsäuren werden auf diese Weise gesättigt (► Kap. 3.8.1).
> Als schwache Säuren dissoziieren die Fettsäuren in Wasser nur zu einem geringen Anteil.

- Undissoziierte Fettsäuren bilden mit Wasser eine **Grenzfläche** aus, bei der die Carboxylgruppe zum Wasser hin und die aliphatische Kette vom Wasser weg weist.
- Die Anionen dissoziierter Fettsäuren lagern sich in Wasser zu **Mizellen** zusammen (► Abb. 2.24). Mit metallischen Kationen bilden die Fettsäuren Seifen. In einer Emulsion werden apolare Substanzen, wie z. B. apolare Lipide oder die fettlöslichen Vitamine, im Inneren von Mizellen transportiert.

6.2.4 Reaktionen

Die Reaktionen der Fettsäuren sind hauptsächlich durch die Carboxylgruppe bestimmt (► Kap. 2.4.2.7, ► Kap. 3.9.3):

- Mit Alkoholen bildet die Carboxylgruppe **Ester.** Die Hauptkomponenten tierischer und pflanzlicher Speicherfette sind Fettsäureester des Glycerins. In den Triacylglycerinen (früher Triglyceride genannt) sind die drei Hydroxygruppen des Glycerins mit langkettigen Monocarbonsäuren verestert (► Abb. 6.2).
- Die Carboxylgruppe reagiert mit einer Aminogruppe zu einem **Säureamid.** Ein Beispiel hierfür ist die Verbindung einer Fettsäure mit Sphingosin zum Ceramid (► Abb. 6.4).
- Mit einer weiteren Säuregruppe ist die Bildung von **Säureanhydriden** möglich. Im Stoffwechsel beginnt der Fettsäureabbau mit der Aktivierung der Fettsäure durch die Verbindung mit AMP zum Säureanhydrid Acyl-AMP.

Die ungesättigten Fettsäuren können an ihren Doppelbindungen reagieren. Die Doppelbindungen sind voneinander isoliert, es finden hier bevorzugt **Additionen** statt (► Kap. 3.8.1).

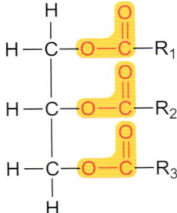

Abb. 6.2 Struktur der Tri-acylglycerine.

Merke

Die Addition von Halogenen wird zum Nachweis unge-sättigter Fettsäuren benutzt. Für Fette wird deren unge-sättigter Charakter durch die **Iodzahl (IZ)** angegeben. Iod reagiert allerdings nicht mit den Doppelbindungen, es werden reaktivere Halogene verwendet. Analytisch wird der Gehalt an ungesättigten Fettsäuren durch die Entfärbung von Bromwasser bestimmt.
Die Iodzahl bezeichnet die Menge an Halogenen in g, bezogen auf das Element Iod, die von 100 g Fett oder Fettsäuren gebunden wird. Die IZ ist etwa 10 bei Kokos-fett, über 40 bei Butterfett, bis 85 bei Olivenöl und ca. 200 für Lebertran.

6.3 Acylglycerine

6.3.1 Struktur und Klassifizierung

Acylglycerine sind die Fettsäureester des Glyce-rins. Nach der Zahl der Acylreste werden unter-schieden:

- **Monoacylglycerin** (MAG), der Monoester des Glycerins enthält eine Fettsäure. Je nach Stellung des Acylrests handelt es sich um ein 1-MAG oder ein 2-MAG.
- **Diacylglycerin** (DAG) ist ein Diester, gebil-det aus Glycerin und zwei Fettsäuremolekü-len. Nach der Position der Acylreste sind die Varianten 1,2-DAG und 1,3-DAG möglich.
- **Triacylglycerin** (TAG) ist die vorwiegende Speicherform der Fette. Es sind drei Fettsäu-remoleküle mit dem Glycerin verestert (▶ Abb. 6.2). Homoacide TAG, die dreimal die gleiche Carbonsäure enthalten, sind sel-ten. Häufiger sind heteroacide TAG, die ver-schiedene Acylreste enthalten.

Phosphoglycerine, auch Glycerophospholipide oder kurz Phospholipide genannt, enthalten als gemeinsames Strukturelement den Phosphor-säureester des Glycerins. Sie bilden sich durch die weitere Veresterung mit Fettsäuren.

Die Phosphoglycerine leiten sich von der Phos-phatidsäure ab. Hier sind zwei Fettsäuren, in der Regel eine gesättigte und eine ungesättigte, an den Phosphorsäureester des Glycerins gebunden (▶ Abb. 6.3). Die Phosphatidsäure kann damit als der Phosphorsäureester eines Diacylglycerins verstanden werden.

Merke

Die Phosphoglycerine sind elementare Bestandteile der **Biomembranen** in tierischen und pflanzlichen Zellen. Sie sind amphiphil. Die beiden apolaren aliphatischen Ketten der Fettsäurereste lagern sich parallel aneinan-der. Die Phosphatgruppen bilden den polaren Kopf des Phospholipids. Biologische Membranen sind Lipiddop-pelschichten. Die hydrophoben Enden stehen sich ge-genüber und die polaren Köpfe weisen zur Außen- und Innenseite der Membran.

Meist ist, wie in ▶ Abb. 6.3 gezeigt, die Phosphor-säure ein weiteres Mal mit einem Alkohol verestert, oft mit:

- Cholin, dem dreifach methylierten Ethanol-amin. Es bildet sich Phosphatidylcholin, be-kannt als Lecithin.
- Ethanolamin → Phosphatidylethanolamin.
- Serin → Phosphatidylserin.
- Inosit → Phosphatidylinositol.

Klinik

Phosphatidylcholin (Lecithin) ist wichtig für die Mem-branen der Leberzellen. **Phosphatidylserin** kommt vor allem in den Membranen der Gehirnzellen vor.

Lerntipp

Cardiolipin (auch Diphosphatidylglycerol) ist ein gern gefragtes Phospholipid. Sie sollten sich dazu einprägen, dass es nur in den Mitochondrienmembranen (haupt-sächlich in der inneren) vorkommt und dort u. a. die Proteine der Atmungskette stabilisiert.

Daneben kommen auch Etherbindungen der Fett-säuren zum Glycerin vor (▶ Kap. 2.4.2.3). Auf diese Weise entstehen **Etherlipide.** Mehr als 10 % der Phospholipide in Gehirn und Muskeln sind Ether-lipide.

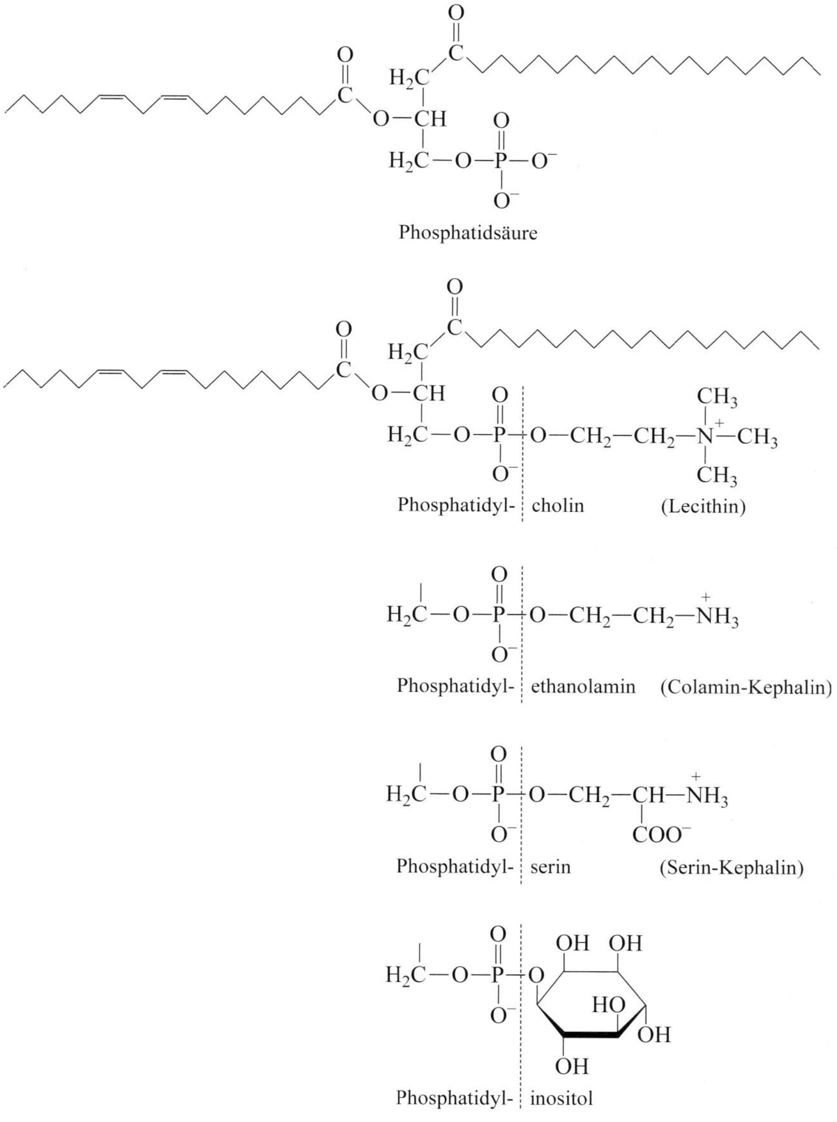

Abb. 6.3 Struktur der Glycerophospholipide.

6.3.2 Eigenschaften

Bei den Acylglycerinen ist zwischen polaren bzw. amphiphilen und apolaren Molekülen zu unterscheiden.

- **Polare** Gruppen tragen die Mono- und Diacylglycerine sowie die meisten Glycerophospholipide. Polare Acylglycerine bilden in Wasser Mizellen. Phospholipide und Glykolipide lagern sich in Wasser spontan zu Doppelschichten zusammen. Die Doppelschichten können sich zu kleinen kugelförmigen Gebilden formen, sogenannten Vesikeln bzw. Liposomen. Deren Durchmesser liegt etwa bei 20 nm, die Dicke der Lipiddoppelschicht beträgt 4–5 nm.

109

Fettsäuren, Lipide

- Die **apolaren** Triacylglycerine sind nicht wasserlöslich. Sie bilden zum Wasser eine Grenzfläche aus. TAG sind nur in ebenfalls apolaren organischen Lösungsmitteln, wie Benzol, Chloroform oder Tetrachlorkohlenstoff, lösbar.

6.4 Sphingolipide

6.4.1 Struktur und Klassifizierung

Das Grundgerüst der Sphingolipide enthält anstelle des Glycerins den Aminodialkohol **Sphingosin** (► Abb. 6.4). Sphingosin wird aus der Aminosäure Serin und aus Palmitinsäure gebildet. Das Serin wird dabei decarboxyliert.

Sphingosin enthält eine Aminogruppe sowie eine primäre und eine sekundäre Alkoholgruppe. Die Aminogruppe bildet mit der Carboxylgruppe einer weiteren Fettsäure ein Säureamid.

Auf diese Weise entstehen die **Ceramide** (► Abb. 6.4). Die Sphingolipide werden durch Bindung verschiedener Stoffe an die primäre Alkoholgruppe des Ceramids aufgebaut (► Abb. 6.4):

- **Sphingomyelin** bildet sich mit Phosphorylcholin.

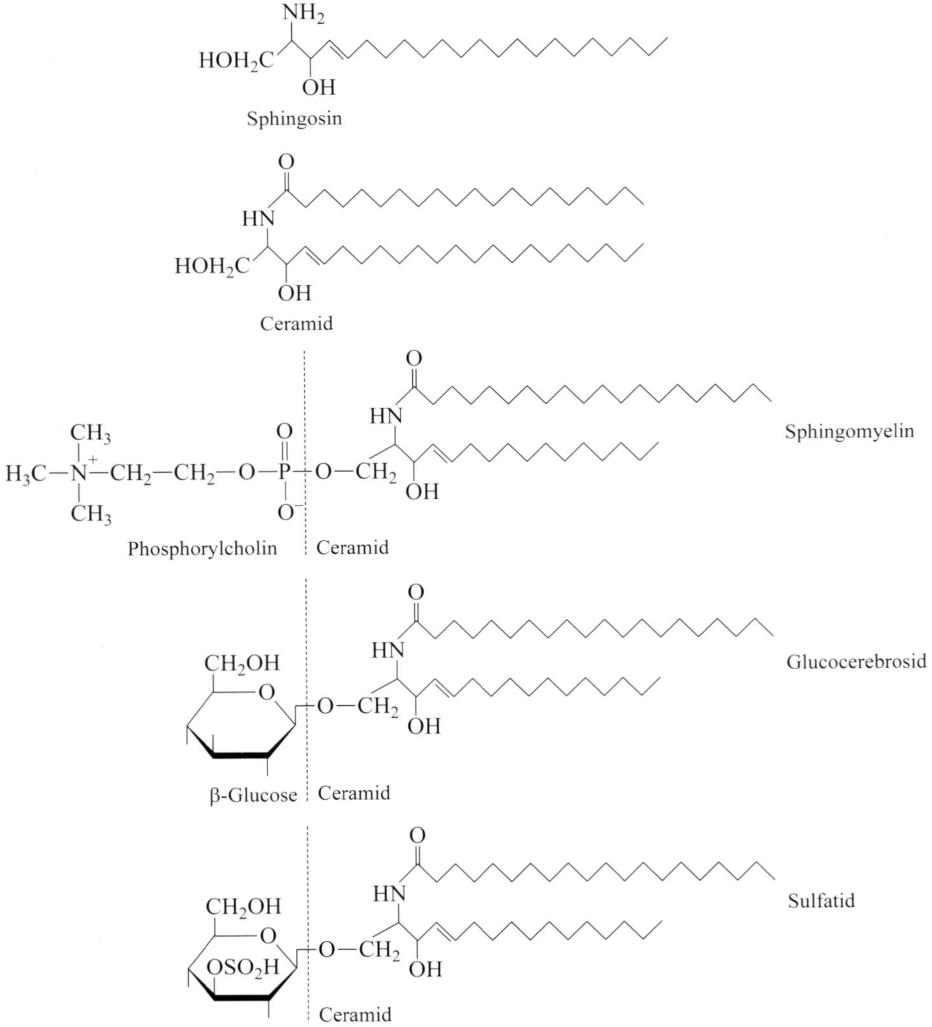

Abb. 6.4 Struktur der Sphingolipide und Beispiele.

- **Glykolipide** bilden sich mit Kohlenhydraten. Diese werden weiter unterschieden in
  - **Cerebroside,** bestehend aus Ceramid und Galaktose oder Glucose,
  - **Sulfatide,** mit sulfatierter Galaktose oder Glucose,
  - **Ganglioside,** in denen Oligosaccharide an das Ceramid gebunden sind.

6.4.2 Eigenschaften

Die Sphingolipide sind Bestandteile biologischer Membranen.

Die **Sphingomyeline** sind hauptsächlich im äußeren Layer der Doppelmembran zu finden. Der Abbau der Sphingomyeline wird durch extrazelluläre Signale aktiviert und enzymatisch durch Ceraminase und Sphingomyelinase katalysiert. Dabei entstehen Ceramid und Sphingosin. Beide wirken inhibitorisch auf die Proteinkinase C, die wiederum eine zentrale Rolle bei der internen Signalweiterleitung in der Zelle spielt.

Cerebroside und **Sulfatide** sind in hohen Konzentrationen im Nervengewebe zu finden. In der grauen Substanz des zentralen Nervensystems sind sie am häufigsten, dort stellen sie 6 % aller Lipide dar.

Die **Ganglioside** erfüllen wichtige Funktionen als Rezeptoren bzw. Signalmoleküle. Das Ceramid bildet den Anker in der Zellmembran, die Oligosaccharide weisen nach außen. Dort wirken sie als Rezeptoren oder als Oberflächenantigene. Beispielsweise stellen sie Blutgruppenfaktoren dar. Ganglioside sind entscheidend für Aufgaben des Immunsystems, wie die Erkennung körpereigener und fremder Zellen.

Klinik

Enzymdefekte, die den Abbau der Ganglioside stören, können gravierende klinische Konsequenzen zeigen. Ein Beispiel hierfür ist das autosomal-rezessiv vererbte **Tay-Sachs-Syndrom.** Bei den betroffenen Kindern zeigt sich eine deutlich verzögerte psychomotorische Entwicklung bereits im 1. Lebensjahr. Die Krankheit verläuft meist bis zum 3. Lebensjahr tödlich.

6.5 Steroide

Einige Lipide zeigen nicht den typischen Aufbau der Fette.

Isopren (2-Methyl-1,3-Butadien) ist der Grundbaustein der Isoprenlipide oder **Isoprenoide:**

$$\overset{1}{C}H_2 = \overset{2}{C} - \overset{3}{C}H = \overset{4}{C}H_2$$
$$\quad\quad |$$
$$\quad\quad CH_3$$

Isopren

An den Doppelbindungen finden bevorzugt Additionen statt (▶ Kap. 3.8.1). Mehrere Isoprenmoleküle können sich zu Dimeren und weiter zu ganzen Ketten aneinanderhängen. Verbindungen, die mehrere Isoprenuntereinheiten enthalten, werden als **Terpene** bezeichnet. Die Terpene bilden eine Vielzahl von Naturstoffen.

- Monoterpene enthalten zwei Isopreneinheiten, sie bilden die Basis für viele ätherische Öle.
- Sesquiterpene enthalten drei Isoprenmoleküle.
- Pflanzliche Hormone sind oft von Diterpenen abgeleitet, sie enthalten zwei Monoterpene, bzw. vier Isopreneinheiten.
- Zur Gruppe der Triterpene zählen die Herzglykoside und die Steroidalkaloide.
- Polyterpene bestehen aus einer sehr großen Zahl von Untereinheiten, ein Beispiel hierfür ist natürlicher Kautschuk.

Zu den Isoprenoiden zählen auch die **Steroide.** Mehrere Isopreneinheiten können sich zu Ringen schließen. Die Steroide leiten sich von dem tetracyclischen Grundgerüst des Sterans $C_{17}H_{28}$ ab (▶ Abb. 6.5). Steran enthält drei 6-gliedrige und einen 5-gliedrigen Kohlenstoffring. Im Steran werden die 6-Ringe mit den Buchstaben A bis C und der 5-Ring mit D bezeichnet.

Zwei Kohlenstoffringe können so verbunden werden, dass die verbleibenden Substituenten an den gemeinsamen C-Atomen in *cis-* oder *trans-*Stellung zueinander stehen.

Stehen die Substituenten unterhalb der Ringebene, werden sie als α-Substituenten bezeichnet, bei einer Stellung oberhalb als β-Substituenten.

Merke

In natürlichen Steroiden sind die Ringe B und C sowie C und D immer *trans*-verknüpft. Für die Verbindung der Ringe A und B existieren zwei Möglichkeiten, diese führen zu den Steroiden der 5α- und der 5β-Reihe. Die Einteilung erfolgt nach der Stellung des Substituenten mit der niedrigsten Nummerierung, im Fall des Sterans ist dies das H-Atom an C5.

In der Sesselform-Schreibweise wird deutlicher als in der Keilstrich-Darstellung sichtbar, wie sich die beiden Konformere des Sterans räumlich unterscheiden. In der *trans*-verknüpften 5α-Reihe liegen die Ringe A und B in einer Ebene. Die *cis*-Anordnung der 5β-Reihe führt dazu, dass die Ringe gegeneinander gewinkelt sind (▶ Abb. 6.5).

- Zur 5β-Reihe gehören die **Gallensäuren.** Diese sind in der Lage, Mizellen zu bilden und somit Fette zu emulgieren.
- Zur 5α-Reihe werden viele **Steroidhormone** gezählt. Diese Klasse der Hormone leitet sich vom Cholesterin, dem bekanntesten Steroid, ab:

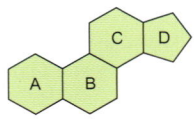

Steran $C_{17}H_{28}$

Steroid-Grundgerüste:

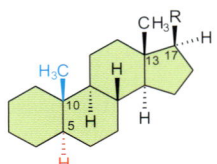

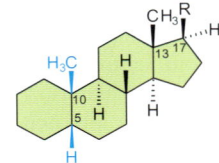

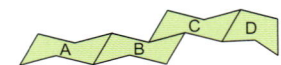

Ringe A/B-*trans*-verknüpft (5α-Reihe)

Cholesterol

> ### Lerntipp
>
> Das Sterangrundgerüst sollten Sie auf jeden Fall zeichnen sowie die *cis*- oder *trans*-Verknüpfung der Ringe A und B unterscheiden können.

Gegenüber dem Steran unterscheidet sich **Cholesterin** durch eine OH-Gruppe in β-Stellung an C3, eine Doppelbindung zwischen C5 und C6 sowie eine C_8-Seitenkette an C17. Wegen der Doppelbindung an C5 existiert beim Cholesterin die *cis/trans*-Isomerie nicht mehr.

Cholesterin ist wegen der OH-Gruppe ein sekundärer Alkohol, es überwiegen aber die lipophilen Eigenschaften.

Das Cholesterin ist ein für den Organismus unverzichtbarer Grundstoff, von dem sich mehr als 100 verschiedene Steroide ableiten.

- Biologische Membranen enthalten Cholesterin. Seine Struktur führt zu einer Wölbung der Lipidmembran und zu einer Erhöhung der Membranfluidität.
- Es dient als Vorstufe der Steroidhormone. Diese werden weiter unterteilt in die männlichen und weiblichen Sexualhormone sowie die von den Nebennierenrinden produzierten Gluco- und Mineralocorticoide.

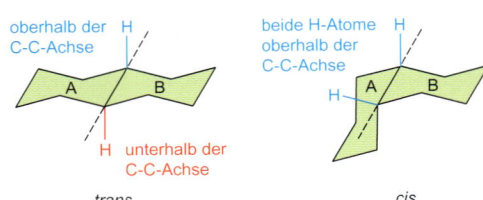

Abb. 6.5 Grundstruktur der Steroide.

- Die Gallensäuren werden in der Leber aus Cholesterin gebildet. Sie tragen in der Seitenkette an C17 eine Säuregruppe. An C5 steht wieder ein H-Atom in β-Stellung.
- Die Vorstufen des Vitamin D werden ebenfalls aus Cholesterin gebildet.

Auch die anderen fettlöslichen Vitamine A, E und K (▶ Kap. 8.3.1) sind Isoprenderivate.

07

Nukleinsäuren, Nukleotide, Chromatin

7.1	Wegweiser	113
7.2	Nukleotide	113
7.2.1	Struktur	113
7.2.2	Reaktionen	114

7.3	Nukleinsäuren	115
7.3.1	Klassifizierung	115
7.3.2	Struktur	115
7.3.3	Reaktionen	117
7.4	Chromatin	118

IMPP-Hits

- Struktur der Nukleotide (► Kap. 7.2.1)

7.1 Wegweiser

In den Nukleinsäuren ist die genetische Information aller lebenden Organismen codiert (► Kap. 7.3). Die Desoxyribonukleinsäure (DNS oder DNA, für engl. acid = Säure) ist die eigentliche Erbsubstanz. Im Zellkern ist die DNA in Form des Chromatins angeordnet (► Kap. 7.4). Von dort wird die Information durch die Ribonukleinsäuren (RNA) zu den Ribosomen übertragen, wo die Proteinbiosynthese abläuft.

Die Nukleotide sind die Bausteine der Nukleinsäuren (► Kap. 7.2).

7.2 Nukleotide

7.2.1 Struktur

Die Nukleotide der Nukleinsäuren bestehen aus:
- **Nukleinbase.** Dies ist entweder
  - eine Purinbase: Adenin, Guanin (► Kap. 2.5.2.3),

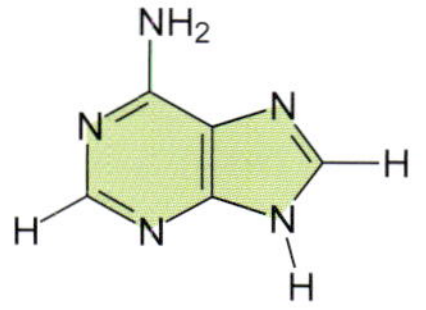

Adenin 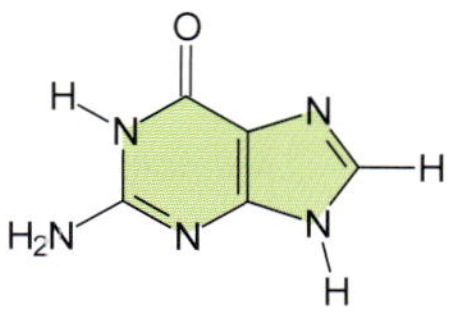   **Guanin**

- oder eine Pyrimidinbase: Cytosin, Thymin, Uracil (► Kap. 2.5.2.2). Die DNA enthält Cytosin und Thymin. In der RNA kommt Uracil anstelle von Thymin vor.

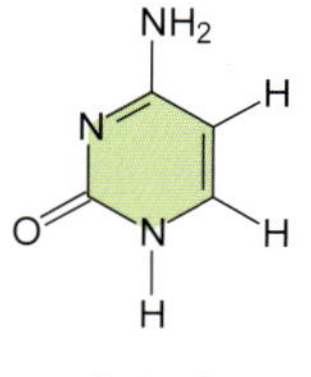

Cytosin 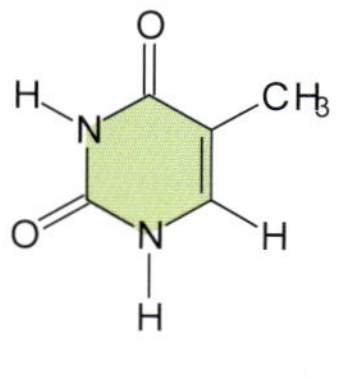   **Thymin** 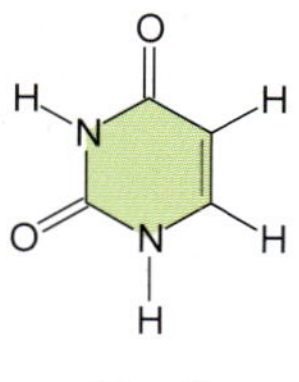   **Uracil**

Lerntipp

Zwei Eselsbrücken, um die Klassen der Nukleinbasen nicht zu verwechseln:
- Purine tragen einen kürzeren Namen als Pyrimidine, sind aber die größeren Moleküle. Sie bestehen aus zwei Ringen und enthalten im Vergleich zu den Pyrimidinen einen zusätzlichen Imidazolring.
- Cytosin und Thymin enthalten beide ein „y", sie gehören zu den P**y**rimidinen. Thymin wird in der RNA durch Uracil ersetzt, auch im Alphabet folgt auf „T" gleich „U".

- **Pentose** (► Kap. 4.2.2.3). Der C_5-Zucker ist
  - Ribose in der RNA
  - 2-Desoxyribose in der DNA.

113

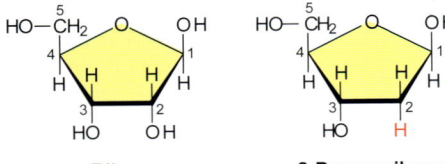

Ribose   2-Desoxyribose

- **Phosphatgruppe** (▶ Kap. 3.10.3.2).
  Die Verbindung einer Nukleotidbase mit Ribose oder Desoxyribose wird als **Nukleosid** bezeichnet. Aus den dargestellten Basen werden die Nukleoside Adenosin, Guanosin, Cytidin, Thymidin und Uridin.

Bei den Nukleotiden wird je nach dem enthaltenen Zucker von Ribonukleotiden oder Desoxyribonukleotiden gesprochen.

> **Merke**
>
> - **Nukleosid** = Zucker + Base
>   **Nukleotid** = Zucker + Base + Phosphat
> - **DNA** enthält Desoxyribose, Adenin, Guanin, Cytosin und Thymin
> - **RNA** enthält Ribose, Adenin, Guanin, Cytosin und Uracil

Im Allgemeinen können Nukleoside auch andere als die bisher genannten Basen und Zucker enthalten. Diese Nukleoside sind allerdings nicht in den Nukleinsäuren enthalten. Sie erfüllen aber andere für den Stoffwechsel wichtige Funktionen, z.B. ist das Vitamin Riboflavin (Vitamin B_2, ▶ Kap. 8.3.2.2) eine Verbindung der Base Flavin und des Zuckeralkohols Ribitol.

> **Lerntipp**
>
> Bitte achten Sie darauf, Nukleoside und Nukleotide nie zu verwechseln. Als kleine Merkhilfe: Nukleo**t**ide beinhalten auch eine Phospha**t**gruppe.

Die Nukleotide werden weiter eingeteilt:
- **Mononukleotide** enthalten Base, Zucker und Phosphat. Beispiele sind:
  - **AMP** (Adenosinmonophosphat; auch: Adeninmononukleotid oder kurz: Adeninnukleotid),
  - **CMP** (Cytidinmonophosphat) oder
  - **GMP** (Guanosinmonophosphat).
- **Dinukleotide** setzen sich aus zwei Mononukleotiden zusammen. Biochemisch wichtige Dinukleotide sind:

- **FAD** (Flavin-adenin-dinukleotid), bestehend aus Flavinmononukleotid (FMN) und AMP (▶ Kap. 8.3.2.2).
- **NAD** (Nikotinsäureamid-adenin-dinukleotid), aus Nikotinsäureamidmononukleotid (NMN) und AMP (▶ Kap. 8.3.2.8).
- **NADP** entsteht aus NAD^+ durch Phosphorylierung am C2-Atom der Ribose des Adenosins.
- Bei **cyclischen Nukleotiden** bildet die (am C5-Atom durch eine Esterbindung gebundene) Phosphorsäure durch eine zweite Esterbindung am C3-Atom der Ribose einen Ring (cyclischer Phosphorsäurediester). cAMP (cyclisches Adenosinmonophosphat) und cGMP (cyclisches Guanosinmonophosphat) sind als sogenannte Second messenger wichtige Moleküle der Informationsübertragung in Zellen.

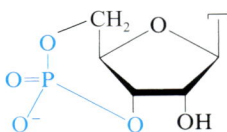

cyclischer Phosphorsäureester

In den Nukleosiden ist die Base mit dem Zucker N-glykosidisch verbunden. Durch Esterbindung einer Phosphatgruppe an den Zucker entstehen daraus die Nukleotide. Zunächst werden Nukleosidmonophosphate gebildet, Nukleosiddi- und -triphosphate entstehen durch Anfügen weiterer Phosphatgruppen mit Säureanhydridbindungen (▶ Kap. 3.10.3.2).

Aus Adenosin bauen sich so seine Phosphate Adenosinmonophosphat (AMP), Adenosindiphosphat (ADP) und Adenosintriphosphat (ATP) auf:

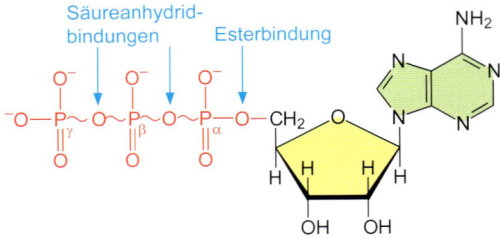

Adenosin-Triphosphat (ATP)

7.2.2 Reaktionen

In den Nukleinsäuren verbinden sich Nukleotide zu Polymeren.

Beim Abbau der Nukleotide können die N-glykosidische Bindung, die Esterbindung und die Anhydridbindung hydrolytisch gespalten werden.

Eine Spaltung der N-glykosidischen Bindung findet beim Abbau der Nukleoside zu Zucker und Base statt.

Die Nukleosidphosphate sind energiereiche Verbindungen. Beim Abspalten einer Phosphatgruppe wird Energie frei. Die Hydrolyse der Anhydridbindungen liefert mehr Energie als die der Esterbindung (▶ Kap. 3.10.3.2).

> **Merke**
>
> Besonders **ATP** ist im Organismus als Energieträger an vielen Stoffwechselvorgängen beteiligt. Die bei der Spaltung zum ADP und weiter zum AMP frei werdende Energie wird in zahlreichen biochemischen Reaktionen genutzt. Die Phosphatgruppen können dabei auch auf andere Moleküle übertragen und diese damit aktiviert werden. So beginnt z. B. die Glykolyse, d. h. der Abbau von Zucker zur Energiegewinnung, mit einer Phosphorylierung der Glucose zum Glucose-6-Phosphat.

7.3 Nukleinsäuren

7.3.1 Klassifizierung

Bei den Nukleinsäuren wird zwischen Desoxyribonukleinsäure (DNA) und Ribonukleinsäure (RNA) unterschieden.

- **Desoxyribonukleinsäure** enthält als Zucker Desoxyribose und die Nukleinbasen Adenin, Thymin, Guanin und Cytosin.
- **Ribonukleinsäure** enthält den Zucker Ribose und die Basen Adenin, Uracil, Guanin und Cytosin. Die RNA wird in weitere Klassen unterteilt, die jeweils verschiedene spezielle Funktionen innerhalb der Zelle erfüllen.
  - **mRNA** (Messenger-RNA) überträgt die genetische Information aus dem Zellkern zu den Ribosomen. Der genetische Code legt die Aminosäuresequenz der Proteinsynthese fest.
  - **hnRNA** (heterogene nukleare RNA) transkribiert den Code der DNA. Die Information der DNA wird im Kern als komplementäre Matrix auf die hnRNA kopiert. In den Eukaryozyten, d. h. bei Zellen mit einem Zellkern, ist sie der Vorläufer der mRNA. Die hnRNA wird während und nach der Transkription durch Modifikationen in mRNA umgewandelt.
  - **tRNA** (Transfer-RNA) bindet an jeweils eine bestimmte Aminosäure im Zytoplasma und transportiert diese zum Ribosom. Dort bindet sie an die mRNA und entsprechend der dort codierten Reihenfolge werden die Aminosäuren aneinander gereiht.
  - **rRNA** (ribosomale RNA) ist Bestandteil der Ribosomen. Sie beeinflusst deren Struktur und Funktion.
  - **snRNA** (small nuclear RNA) sind kleine, etwa 100–300 Basenpaare umfassende RNA-Fragmente. Sie wirken bei der Verarbeitung der hnRNA zur mRNA mit.
  - Weitere spezielle RNA-Arten, die hier nicht gesondert aufgeführt werden sollen, sind in den Mitochondrien und im Zytoplasma vorhanden.

7.3.2 Struktur

7.3.2.1 Nukleinsäureketten

Nukleotide bilden **Polymerketten**, in denen sie durch Phosphorsäurediesterbindungen aneinander gereiht sind. Die Phosphatgruppe bindet in 3'- und 5'-Stellung an die Zuckermoleküle (▶ Abb. 7.1). Es bildet sich ein Strang, in dem sich jeweils ein Zucker und eine Phosphatgruppe abwechseln.

An einer Nukleinsäurekette sind das 3'-Ende und das 5'-Ende unterscheidbar (▶ Kap. 4.3.1). Damit kann in der Basensequenz eine Leserichtung festgelegt werden.

Die Nukleinbasen sind die Buchstaben des genetischen Codes. Jeweils drei Basen bilden ein **Codon,** sie codieren eine bestimmte Aminosäure. Es gibt aber auch Start- und Stoppcodons, die Beginn und Ende des Ablesevorgangs festlegen.

Die RNA liegt meist einzelsträngig vor, während zueinander komplementäre DNA-Stränge einen Doppelstrang bilden.

Die Nukleinbasen beider DNA-Stränge heften sich durch Wasserstoffbrückenbindungen aneinander. Thymin und Adenin gehen zwei, Cytosin und Guanin drei H-Brückenbindungen ein. Es sind deshalb nur die Paarungen Adenin (A) und Thymin (T) sowie Cytosin (C) und Guanin (G) möglich (▶ Abb. 7.2). Im Doppelstrang der DNA stehen sich dadurch jeweils komplementäre Basen gegenüber.

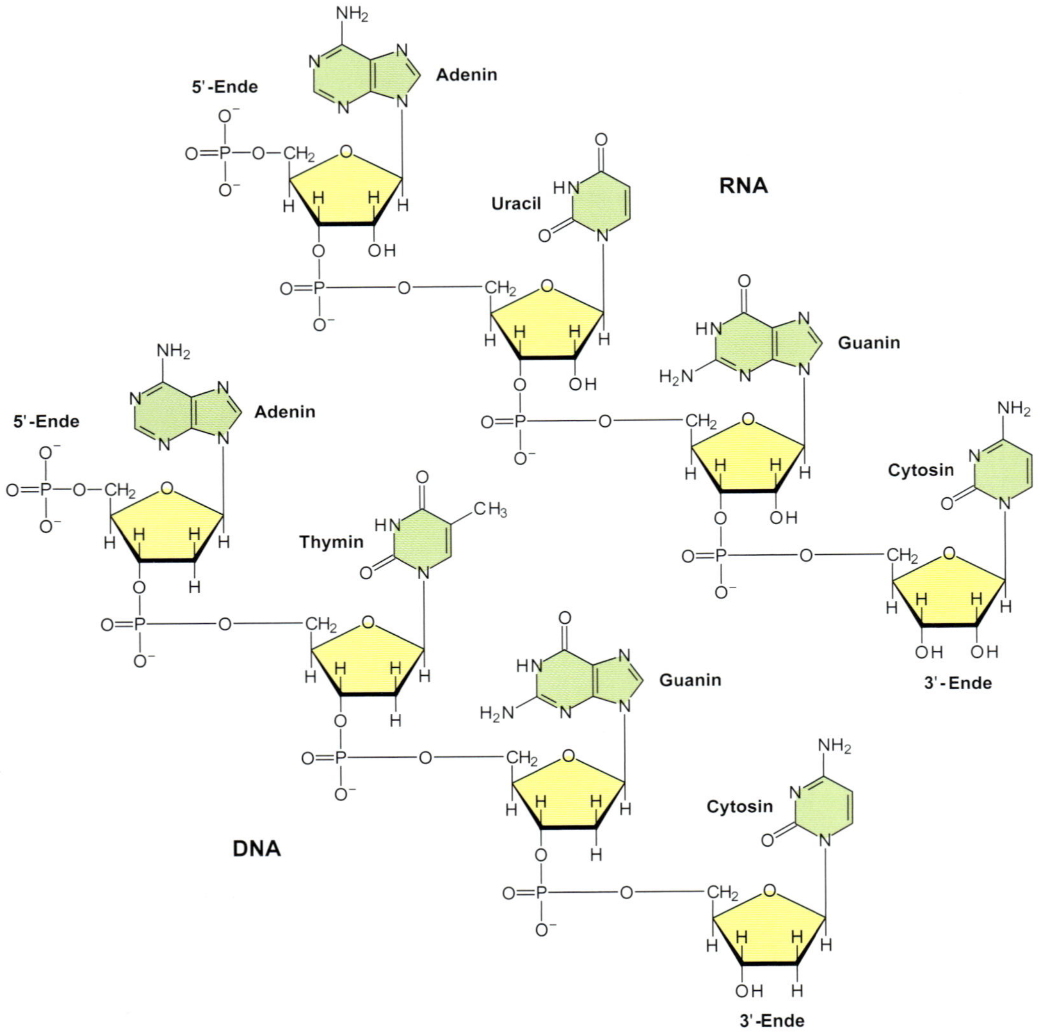

Abb. 7.1 Ausschnitt aus einer Ribonukleinsäure und einer Desoxyribonukleinsäure.

Lerntipp

Einfach zu merken ist, dass sich in der DNA die Basen mit „rundem" Anfangsbuchstaben **C** und **G** mit **d**rei („rundes" d) Wasserstoffbrücken paaren, während die Basen mit „eckigem" Anfangsbuchstaben **A** und **T** nur **z**wei („eckiges" z) Wasserstoffbrücken ausbilden.

Uracil kann ebenfalls zwei Wasserstoffbrücken bilden. Deshalb kann es bei Bildung der RNA seinen Platz anstelle des Thymins der DNA einnehmen.

Das gesamte Genom des Menschen enthält etwa $3 \cdot 10^9$ Basenpaare.

7.3.2.2 DNA-Doppelhelix

Die Phosphorsäurediestergruppen sind bei pH 7 negativ geladen. Sie schirmen die Basen im Inneren des Doppelstrangs gegen das polare Lösungsmittel Wasser ab. Durch die Wasserstoffbrückenbindungen und die lipophile Wechselwirkung zwischen den Basen verdrillt sich der Doppelstrang zu einer **Doppelhelix**.

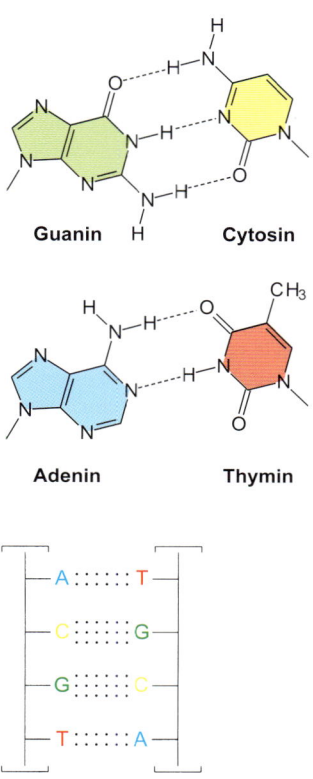

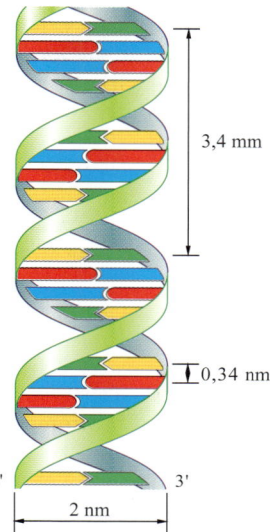

Abb. 7.3 Schematische Darstellung der α-Doppelhelix der B-DNA.

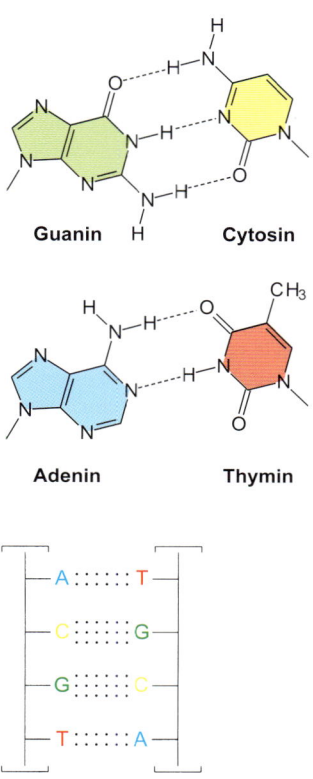

Kette 1   Kette 2

Abb. 7.2 Basenpaarungen in der DNA; in den beiden Ketten eines Doppelstrangs stehen sich komplementäre Basen gegenüber.

Für die Doppelhelix sind drei Konformationen bekannt:

- **B-DNA** ist der bei weitem überwiegende Anteil der zellularen DNA. Es bildet sich eine rechtsgängige α-Doppelhelix mit etwa 10 Basenpaaren pro Windung (▶ Abb. 7.3). Der Durchmesser der DNA-Helix beträgt 2 nm, der Abstand der Basen 0,34 nm. Entlang der Helix ist der Abstand der Zucker-Phospat-Ketten nicht konstant. Es treten abwechselnd eine kleine Furche zwischen beiden Ketten des Doppelstrangs und eine große Furche bis zur nächsten Umdrehung des Wendels auf. Die Ganghöhe des Doppelwendels liegt bei 3,4 nm.
- **A-DNA** entsteht hauptsächlich in vitro aus der B-Form und enthält 11 Basenpaare pro Windung. Hybride aus DNA und RNA liegen ebenfalls in der A-Form vor.

- **Z-DNA** ist linksgängige DNA mit 12 Basenpaaren pro Windung. Sie kommt in CG-reichen Sequenzen vor.

7.3.3 Reaktionen

7.3.3.1 Abbau der Nukleinsäuren

In vitro können die Phosphorsäureesterbindungen durch Hydrolyse in saurem oder alkalischem Milieu gespalten werden. In vivo erfolgt die Spaltung enzymatisch durch die **Nukleasen.**

7.3.3.2 Denaturierung

Wenn die Wasserstoffbrückenbindungen zwischen den Basen der DNA oder doppelsträngiger RNA gelöst werden, denaturiert das Molekül. Die Doppelhelix entspiralisiert sich und zerfällt in Einzelstränge.
Die Denaturierung kann durch Erhitzen erfolgen. Abhängig von der Temperatur ist sie reversibel. Ein schnelles, schockartiges Erhitzen verhindert die Renaturierung.
Die DNA denaturiert ebenfalls reversibel im alkalischen Milieu ab einem pH von 11,6.

7.3.3.3 Hybridisierung

Die DNA kann auch mit RNA einen Doppelstrang bilden. Solche Hybride entstehen bei der Replikation und der Transkription der DNA.

117

7.3.3.4 Quantitativer Nachweis

DNA und RNA unterscheiden sich in ihrer Viskosität. Doppelsträngige Nukleinsäuren sind viskoser als einzelsträngige. Der Gehalt an Nukleinsäuren in einer Lösung kann durch **Viskositätsmessung** bestimmt werden.

UV-Licht der Wellenlänge 260 nm wird von Nukleinsäuren absorbiert, da es die Elektronen im 5-Ring des Adenins anregt. Der Nukleinsäuregehalt kann so durch **photometrische Messung** bestimmt werden.

7.4 Chromatin

Die DNA liegt im Genom der Zellen der Eukaryonten nicht als isolierter Faden vor, sondern zusammen mit Proteinen als **Chromatin.** Die Proteine des Chromatins sind die **Histone,** globuläre basische Proteine mit hohem Gehalt an Arginin und Lysin (▶ Kap. 5.2.1).

Es existieren 5 Arten der Histone, H1, H2A, H2B, H3 und H4. Diese Untergruppen unterscheiden sich in ihrer Molekülmasse und Aminosäurezusammensetzung. Je zwei H2A, H2B, H3 und H4 bilden die **Nukleosomen,** einen Oktamer mit kugelförmiger Quartärstruktur, die zwei Rillen aufweist. Zwischen den positiv geladenen Gruppen der basischen Histone und den sauren, negativ geladenen Phosphatgruppen der DNA wirkt eine elektrostatische Anziehung. Die DNA wickelt sich in den Rillen um die Nukleosomen. Eine Länge von 140 Basenpaaren ist auf das Nukleosom angelagert, dann verläuft der Strang frei, auf einer Länge von 60 Basenpaaren, bis zum nächsten Nukleosom. So entsteht eine perlschnurartige Struktur, die durch die Anlagerung von H1-Histonen weiter verdichtet wird. Diese Perlschnur spiralisiert sich nochmals und es entsteht eine **DNA-Superhelix.**

Neben den Histonen enthält das Chromatin auch andere, Nicht-Histon-Proteine. Diese erfüllen spezielle Aufgaben als Transkriptionsfaktoren oder Strukturproteine.

Vitamine, Vitaminderivate, Coenzyme

8.1	Wegweiser	119
8.2	Allgemeines	119
8.2.1	Definition und Klassifikation	119
8.2.2	Herkunft und Stabilität	121

8.3	Struktur und Funktionen	121
8.3.1	Fettlösliche Vitamine	121
8.3.2	Wasserlösliche Vitamine	123
8.4	Pathobiochemie	129

IMPP-Hits

- Fettlösliche Vitamine (► Kap. 8.3.1)
- Wasserlösliche Vitamine (► Kap. 8.3.2)

8.1 Wegweiser

Vitamine sind essenzielle Bestandteile der Nahrung. Sie besitzen keinen physiologischen Brennwert und dienen daher nicht als Energielieferanten. Die Vitamine sind für viele Stoffwechselfunktionen unverzichtbar. Ihre Einteilung erfolgt in wasser- und fettlösliche Vitamine (► Kap. 8.2). Auch bei den Vitaminen lassen sich ihre biochemischen Reaktionsmechanismen aus ihrer Struktur ableiten (► Kap. 8.3).
► Kap. 8.4 gibt eine Übersicht über Krankheiten, die durch Vitaminmangel oder -überdosierung hervorgerufen werden.

8.2 Allgemeines

8.2.1 Definition und Klassifikation

Früher wurde angenommen, die **Vitamine** seien lebensnotwendige (Vit-)Amine. Ihre genaue Struktur war nicht bekannt, sie wurden deshalb einfach nach den Buchstaben des Alphabets benannt (Ausnahme: Vitamin K, ► Kap. 8.3.1.4). Inzwischen ist bekannt, dass die einzelnen Vitamine ganz unterschiedliche Strukturen aufweisen und viele davon keine Amine sind oder gar überhaupt keinen Stickstoff enthalten.
Viele Vitamine oder ihre Derivate fungieren als Coenzyme oder sind deren Bestandteile. Ein **Coenzym** bindet an das aktive Zentrum eines Enzyms

und ermöglicht so erst dessen Funktion. Die Coenzyme übertragen in einer Reaktion Elektronen, Ionen oder Molekülgruppen. Das Coenzym wird in der Reaktion verändert und wird deshalb auch als Cosubstrat bezeichnet. Häufig kann das Coenzym in einer getrennten Reaktion regeneriert werden.

Ein Beispiel für ein sehr bekanntes Coenzym ist das Ubichinon oder **Coenzym Q,** ein Chinonderivat mit lipophiler Polyterpenseitenkette. Oft wird die Zahl der Isopreneinheiten in der Seitenkette als Index angegeben. Die beim Menschen häufigste Form ist das Coenzym Q_{10} mit 10 Isopreneinheiten. Das Ubichinon dient in der Atmungskette als Elektronenüberträger an der inneren Mitochondrienmembran. Der Name Ubichinon für das Coenzym Q kommt von ubiquitär = überall, denn es kommt in allen Zellen vor.

Coenzym Q (= Ubichinon)

Neben ihrer ursprünglichen Benennung durch Buchstaben werden die Vitamine heute auch mit Namen bezeichnet, die auf ihren Aufbau hinweisen.

Die Vitamine werden in wasser- und fettlösliche eingeteilt.

- **Lipidlösliche** Vitamine:
  - A (Retinol)
  - D (Cholecalciferol)
  - E (Tocopherol)
  - K (Phyllochinon)
- **Wasserlösliche** Vitamine:
  - B_1 (Thiamin)
  - B_2 (Riboflavin)
  - B_6 (Pyridoxin)
  - B_{12} (Cobalamin)
  - C (Ascorbinsäure)
  - H (Biotin)
  - Folsäure
  - Nikotinsäure (Niacin)
  - Pantothensäure
- Eine **Coenzymfunktion** besitzen die Vitamine bzw. Vitaminderivate:
  - Retinylphosphat (A)
  - Thiaminpyrophosphat (B_1)
  - Riboflavin (B_2)
  - Pyridoxalphosphat (B_6)
  - Cobalamin (B_{12})
  - Biotin (H)
  - Tetrahydrofolsäure
  - Nikotinamid
  - Phyllochinon (K)
  - Pantothensäure
- **Keine Coenzyme** sind Ascorbinsäure (Vit. C) und Tocopherol (Vit. E). Diese beiden Vitamine reagieren leicht mit freien Radikalen. Die Vitamine C und E werden deshalb als **Antioxidanzien** bezeichnet (▶ Kap. 3.9.1).

Die B-Vitamine kommen nur selten einzeln in Nahrungsmitteln vor. Die 8 Vitamine B_1, B_2, B_6, B_{12}, Folsäure, Biotin, Niacin und Pantothensäure werden zusammenfassend als **Vitamin-B-Komplex** bezeichnet.

Tab. 8.1 Vorkommen der Vitamine und gemittelter Tagesbedarf eines Erwachsenen

Vitamin	Quelle	Tagesbedarf
fettlösliche Vitamine		
A Retinol	Gelbe Gemüse und Früchte (Karotten, Paprika), Leber, Lebertran	1 mg
D Cholecalciferol	Eigelb, Fisch, Lebertran	5 µg
E Tocopherol	Pflanzen, besonders in Keimlingen oder Pflanzenölen	10 mg
K Phyllochinon	Grüne Pflanzen, Leber; wird auch von Darmbakterien gebildet	70 µg
wasserlösliche Vitamine		
B_1 Thiamin	Schweinefleisch, Vollkornprodukte, in geringen Mengen aber in fast allen Nahrungsmitteln	1,5 mg
B_2 Riboflavin	Milch, Fleisch, Fisch, Eier, Vollkornprodukte	1,6 mg
B_6 Pyridoxin	Hefe, Weizen, Mais, Leber, grüne Gemüse	2 mg
B_{12} Cobalamin	Tierische Nahrungsmittel wie Fleisch, Fisch, Eier, Milch; wird auch von Darmbakterien gebildet, dieses wird aber nicht aufgenommen; Aufnahme ist von einem im Magen gebildeten Intrinsic Factor abhängig.	3 µg
C Ascorbinsäure	Gemüse, Obst, besonders in Zitrusfrüchten, Tomaten, Paprika	75 mg
H Biotin	Leber, Niere, Eigelb, Soja; wird auch von Darmbakterien gebildet	70 µg
Folsäure	Dunkelgrünes Blattgemüse, Vollkornprodukte, Fleisch, Milch, Hefe, Soja	0,3 mg
Nikotinsäure (Niacin)	Fleisch, Fisch, Milch, Hefe	18 mg
Pantothensäure	In fast allen Nahrungsmitteln	6 mg

Von vielen Stoffen, die früher als Vitamine betrachtet wurden, ist inzwischen bekannt, dass sie der menschliche Körper selbst synthetisieren kann. Daraus resultieren die Lücken in der alphabetischen Folge der Vitaminbezeichungen.

Prinzipiell kann im Körper auch Nikotinamid und Calciferol gebildet werden. Es wird jedoch so wenig von diesen Verbindungen erzeugt, dass ihre Zufuhr mit der Nahrung als essenziell angesehen wird und sie deshalb nach wie vor zu den Vitaminen gezählt werden.

8.2.2 Herkunft und Stabilität

Vitamine müssen dem Organismus nur in geringen Mengen von µg bis wenigen mg pro Tag zugeführt werden (Ausnahme: Vitamin C). Die Vorkommen der Vitamine und der Tagesbedarf eines Erwachsenen sind in ► Tab. 8.1 zusammengestellt. Viele Vitamine sind nicht sehr stabil. Sie werden leicht zerstört durch Hitze- und Lichteinwirkung oder sie zerfallen spontan. Besonders lichtempfindlich ist Vitamin A und besonders hitzeempfindlich Vitamin C.

Vitamine gehen auch leicht beim Schälen der Nahrungsmittel verloren.

8.3 Struktur und Funktionen

Im Folgenden wird die Struktur der einzelnen Vitamine dargestellt sowie biochemische Vorgänge aufgeführt, an denen die Vitamine oder ihre Derivate beteiligt sind.

Lerntipp

Anhand der Strukturformeln der Vitamine können Sie nochmals gut das Bestimmen von funktionellen Gruppen in komplexen Verbindungen und von den sich daraus ableitenden Eigenschaften der Vitamine üben.

8.3.1 Fettlösliche Vitamine

8.3.1.1 Retinol (Vitamin A)

β-**Carotin** ist ein Provitamin, die Vorstufe von Vitamin A. β-Carotin wird nur von Pflanzen synthetisiert. In der Leber wird es zu Vitamin A umgewandelt. Es wird an der in der Strukturformel mit ei-

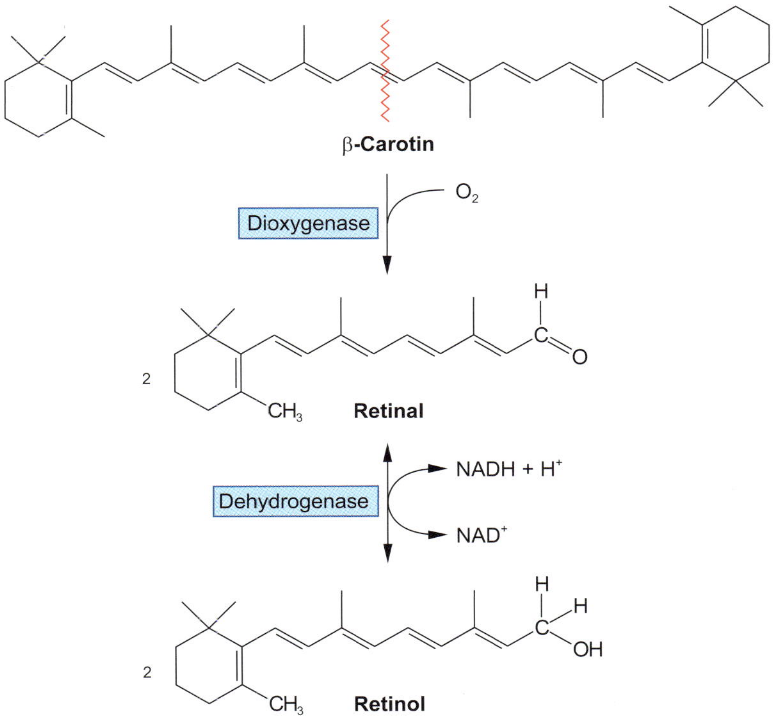

Abb. 8.1 Spaltung von β-Carotin in Retinal und dessen reversible Umwandlung in Retinol.

nem Pfeil gekennzeichneten Stelle von einer Dioxygenase in zwei Moleküle **Retinal** gespalten, dem Aldehyd des Retinols. Retinal wird zum **Retinol** reduziert, mit Palmitinsäure verestert und in dieser Form gespeichert. Bei Bedarf wird aus dem gespeicherten Retinylpalmitat wieder Retinol freigesetzt und zu Retinal zurückoxidiert (▶ Abb. 8.1).

Cholecalciferol
(Vitamin D_3)

1,25-Dihydroxycholecalciferol
(Calcitriol, „aktives D_3-Hormon")

> **Merke**
>
> Retinol und seine Derivate erfüllen mehrere Funktionen:
> - Aus Retinal wird mit Opsin das Sehpigment Rhodopsin.
> - Als Retinylphosphat fungiert es als Coenzym beim Transfer von Galaktose und Mannose in der Glykoproteinsynthese.
> - Retinoide, Derivate des Vitamins A, wirken regulierend bei der Transkription spezifischer Gene mit.

8.3.1.2 Cholecalciferol (Vitamin D)

Die **Calciferole** bilden die Gruppe der D-Vitamine. Deren wichtigste Vertreter sind Cholecalciferol (Vitamin D_3) und Ergocalciferol (Vitamin D_2). Die Vitamine D_1 und D_4 sind Derivate von Vitamin D_2. Für den Menschen wichtig ist **Cholecalciferol,** das im eigentlichen Sinne meist unter dem Begriff Vitamin D verstanden wird. Es ist die Vorstufe der im Organismus wirksamen Verbindung **Calcitriol.** Vitamin D hat auf den Calcium- und Phosphatstoffwechsel und damit auf den Knochenstoffwechsel die steuernde Wirkung eines Hormons. Es wird deshalb auch als **D-Hormon** bezeichnet.

Das Steroid Cholecalciferol kann im Organismus aus Cholesterin (▶ Kap. 6.5) synthetisiert werden. Es entsteht aus der Vorstufe 7-Dehydrocholesterin unter Einfluss von UV-Strahlung, die den β-Ring des Cholesterins spaltet. Die UV-Exposition des Menschen ist aber im Allgemeinen zu gering, um aus der körpereigenen Produktion den Bedarf an Vitamin D zu decken. Cholecalciferol wird zunächst in der Leber zu 25-Hydroxycholecalciferol und dann in der Niere weiter zu 1,25-Dihydroxycholecalciferol (Calcitriol) hydroxyliert (s. Formel oben).

> **Merke**
>
> Calcitriol ist die aktive Form des D-Hormons. Im Stoffwechsel steigert es:
> - die Ca^{2+}-Rückresorption aus dem Darm und der Niere,
> - die Einlagerung von Kalziumsalzen beim Knochenaufbau,
> - die Proliferation und Differenzierung der Hautzellen.

8.3.1.3 Tocopherol (Vitamin E)

Die **Tocopherole** bestehen aus einem Chromanring mit einer isoprenoiden Seitenkette (▶ Kap. 6.5). Es existieren verschiedene Tocopherole, die sich in Anzahl und Stellung der Methylgruppen am Ring unterscheiden. Für die Vitaminwirkung sind mindestens die Hydroxygruppe und eine Methylgruppe erforderlich:

Die höchste Wirksamkeit besitzt das α-**Tocopherol** mit drei Methylgruppen. Mit abnehmender Vitaminwirkung folgen β-Tocopherol mit zwei Methylgruppen in *para*-Stellung, γ-Tocopherol mit zwei Methylgruppen in *ortho*-Stellung und δ-Tocopherol mit nur einer Methylgruppe.
Die eigentliche biologisch wirksame Form ist α-Tocopherol-Hydrochinon. Es entsteht durch Aufnahme von H_2O am sauerstoffhaltigen Ring.

> **Merke**
> - Vitamin E ist ein Antioxidans (▶ Kap. 3.9.1). In zwei Schritten kann das Tocopherol-Hydrochinon je ein Elektron abgeben und sich in Tocochinon umwandeln.
> - Im Organismus spielt Tocopherol beim Abbau von Phospholipiden über die Arachidonsäurekaskade eine Rolle.

8.3.1.4 Phyllochinon (Vitamin K)

Die Bezeichnung **Phyllochinon** kommt von griech. phyllos = Blatt, denn es kommt in den Blättern grüner Pflanzen vor. Der Buchstabe K wurde für das Vitamin gewählt, weil eine aus Blättern isolierte, fettlösliche Substanz die Blutgerinnung förderte (**K**oagulations-Vitamin).
Die Phyllochinone sind eine Familie, deren Grundmolekül das 2-Methyl-1,4-naphthodihydrochinon (Menadion) ist. Die einzelnen Phyllochinone unterscheiden sich in der Seitenkette.
Das abgebildete **Vitamin K₁** trägt einen Phytylrest. Seine chemische Bezeichnung ist 2-Methyl-3-phytyl-1,4-naphthochinon (auch α-Phyllochinon).
Vitamin K₂ trägt einen Difarnesylrest aus 6 Isopreneinheiten. Sein chemischer Name ist 2-Methyl-3-difarnesyl-1,4-naphthochinon; daneben wird es auch als Menachinon oder als Farnochinon bezeichnet.
Es existieren noch weitere, aber eher unbedeutende Vitamin-K-Derivate.

> **Merke**
> - Die Vitamine K₁ und K₂ sind notwendig für die Bildung der Gerinnungsfaktoren VII, IX, X und des Prothrombins.
> - Vitamin K wird auch als Antidot bei einer Überdosierung von Antikoagulanzien eingesetzt.

8.3.2 Wasserlösliche Vitamine

8.3.2.1 Thiamin (Vitamin B₁)

Thiamin enthält zwei Heterocyclen, einen Pyrimidinring mit einer Methyl- und einer Aminogruppe sowie einen Thiazolring mit einer Methyl- und einer Ethanolgruppe (▶ Kap. 2.5.2.1):

Thiamin (Vitamin B₁)

Thiamin wird im Körper in seine biologisch aktive Form **Thiaminpyrophosphat** (Coenzym Cocarboxylase; Thiamindiphosphat) umgewandelt. Hier ist die Alkoholgruppe mit einer Phosphatgruppe verestert, die als Anhydrid eine weitere Phosphatgruppe trägt.
Der quartäre Stickstoff wirkt basisch. Von dem nicht substituierten, in der Abbildung mit einem Pfeil markierten C-Atom des Thiazolrings dissoziiert leicht ein Proton ab. An dieser Stelle kann eine Ketocarbonsäure addieren, die dabei decarboxyliert wird.

> **Merke**
> Als Coenzym der dehydrierenden Decarboxylasen spielt Thiamin eine Rolle bei:
> - dem Abbau der Kohlenhydrate im Nervensystem und in den Muskeln,
> - der Umwandlung der Kohlenhydrate in Fette.

8.3.2.2 Riboflavin (Vitamin B$_2$)

Riboflavin (6,7-Dimethyl-10-[D1'-ribitiyl]-isoalloxazin) besteht aus der Base Flavin und dem Zuckeralkohol Ribitol:

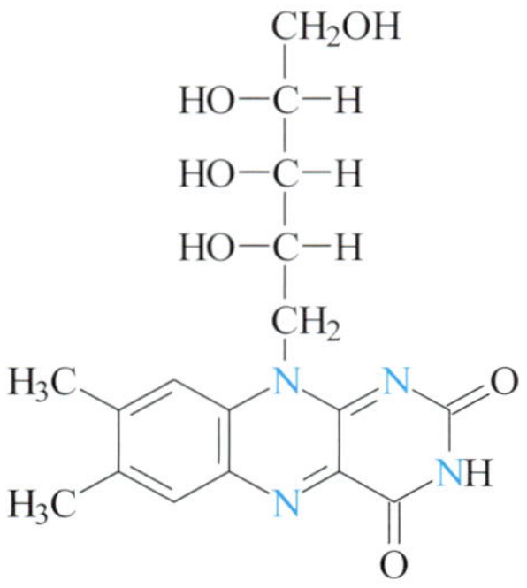

Riboflavin (Vitamin B$_2$)

Die Base Flavin besteht aus einem tricyclischen Ringsystem. Flavin ist ein Redoxsystem. Die Anlagerung von Wasserstoff an die beiden Stickstoffatome führt zur reduzierten Form der Base:

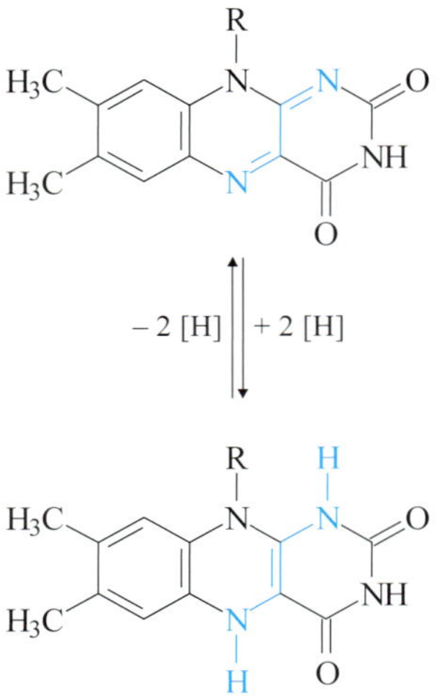

$$-2\,[H] \;\big|\!\big|\; +2\,[H]$$

Biologisch aktiv und zum Coenzym der Flavoproteine wird Riboflavin als Mono- oder Dinukleotid (▶ Kap. 7.2.1). Im **Flavinmononukleotid (FMN)** verestert Phosphat mit der endständigen Alkoholgruppe am Ribitylrest des Flavins. Das **Flavin-adenin-dinukleotid (FAD)** entsteht in den Mitochondrien der Leber durch Verknüpfung von FMN und ATP. Dabei werden zwei Phosphatgruppen abgespalten. FAD besteht somit aus den Mononukleotiden FMN und AMP:

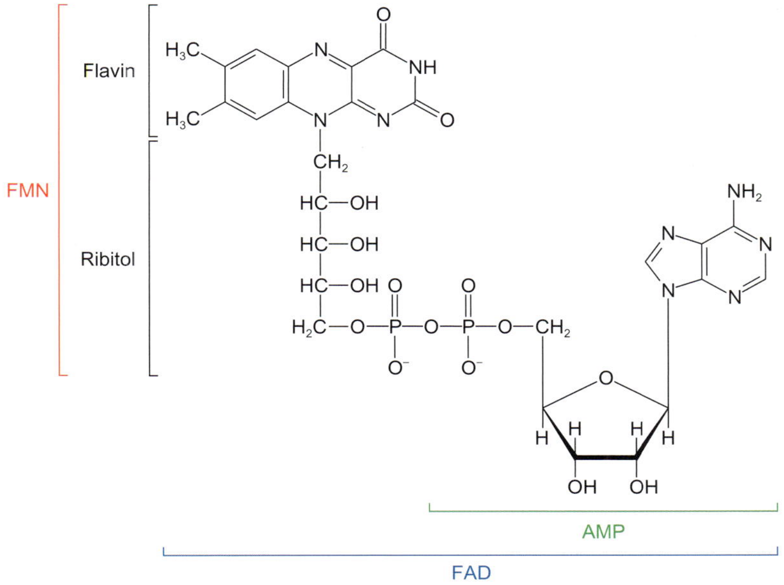

FAD

Durch Aufnahme zweier Elektronen und zweier Protonen wird FNM zu FNMH$_2$ und FAD zu FADH$_2$ reduziert.

Merke

FMN und FAD sind als Coenzyme beteiligt an Redoxreaktionen zur:
- Wasserstoffübertragung in der Atmungskette,
- Dehydrierung von Fettsäuren,
- oxidativen Desaminierung von Aminosäuren.

8.3.2.3 Pyridoxin (Vitamin B$_6$)

Pyridoxin ist ein Sammelbegriff für Derivate des 3-Hydroxy-5-hydroxymethyl-2-methyl-pyridins. Die Derivate unterscheiden sich in der Restgruppe an Position 4 des Pyridinrings.
Abhängig von dieser Gruppe tritt Pyridoxin auf als:
- Alkohol → **Pyridoxol**
- Amin → **Pyridoxamin**
- Aldehyd → **Pyridoxal**

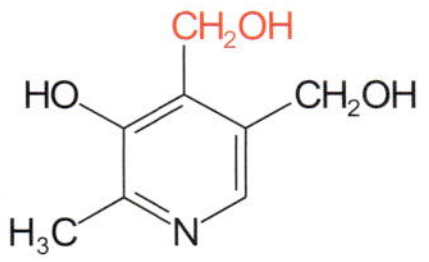

Pyridoxol (= Pyridoxin)

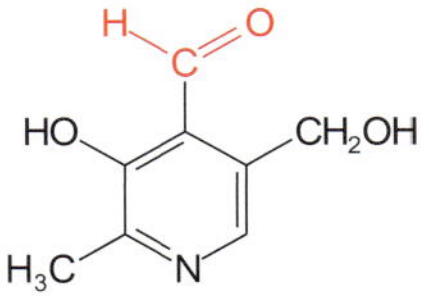

Pyridoxal

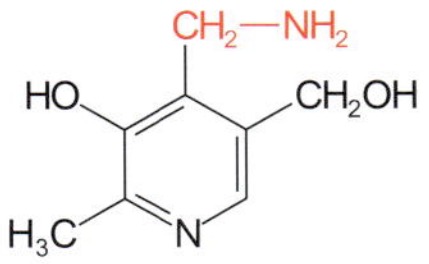

Pyridoxamin

Alle Varianten können ineinander überführt werden und besitzen die gleiche biologische Aktivität.
Das aktive Coenzym des Aminosäurestoffwechsels ist **Pyridoxalphosphat (PLP),** ein Phosphatester der Hydroxymethylgruppe des Pyridoxals.

Merke

Pyridoxalphosphat ist Coenzym von:
- Aminotransferasen,
- Aminodecarboxylasen.

125

8.3.2.4 Cobalamin (Vitamin B$_{12}$)

Cobalamin ist ein **Chelatkomplex** aus einem Corrinring und einem zentralen Cobalt-Kation. Der Corrinring setzt sich aus vier Pyrrolringen zusammen. Der Corrinring ist voll substituiert. Über eine Phosphatgruppe ist an den Ring der Zucker des 5,6-Dimethyl-benzimidazolribosids gebunden.

Das Zentralion hat die Koordinationszahl 6 (▶ Kap. 2.3.5.2). Vier Liganden werden von den freien Elektronenpaaren des Stickstoffs der vier Pyrrolringe gebildet, der fünfte vom Imidazol-Stickstoff des Ribosids. An die 6. Koordinationsstelle kann noch ein anionischer Ligand angelagert werden. Als Liganden treten Cyanidionen (CN$^-$), Methyl- oder Adenosylreste auf:

R = 5-Desoxyadenosin **Desoxyadenosylcobalamin**
R = CH **Methylcobalamin**
R = CN **Cyanocobalamin**

Aktive Formen des Cobalamins sind:
* Methylcobalamin, aktiviert im Zytoplasma durch SAM (S-Adenosylmethionin),
* 5-Desoxy-Adenosylcobalamin, ATP-abhängig aktiviert in den Mitochondrien.

> **Merke**
>
> Cobalamin ist zusammen mit Folsäure und Eisen an der Bildung des Hämoglobins beteiligt.

8.3.2.5 Ascorbinsäure (Vitamin C)

Der Name **Ascorbinsäure** für das Vitamin C leitet sich davon ab, dass es gegen die Krankheit Skorbut (**A**nti-**Scorb**ut) wirksam ist.

Chemisch gehört Vitamin C zur Klasse der Kohlenhydrate, funktional zu den Säuren und Reduktionsmitteln, physiologisch zu den Vitaminen.

Das Sauerstoffatom an C1 und die Hydroxygruppen an C2 und C3 liegen annähernd in einer Ebene mit dem heterocyclischen 5-Ring der Ascorbinsäure. Sie werden durch Wasserstoffbrücken fixiert:

Vitamin C

Die Seitenkette an C4 ragt aus der Ebene heraus. Die Atome C4 und C5 sind chiral. Von den 4 Stereoisomeren ist nur die L-(+)-*threo*-Form biologisch wirksam.

Der Mensch, Menschenaffen, Meerschweinchen sowie einige wenige andere Tiere sind **Defektmutanten.** Ihnen fehlt das Enzym Gulonsäure-Oxidase, um Vitamin C selbst aus Glucose zu synthetisieren. Vitamin C muss ihnen zugeführt werden.

Das Vitamin C kann von allen Zellen aufgenommen werden. Es oxidiert leicht zum Dehydroascorbat und dient deshalb als Reduktionsmittel. Es kann andere Reduktionsmittel stabilisieren und wirkt in dieser Funktion an vielen biochemischen Reaktionen mit.

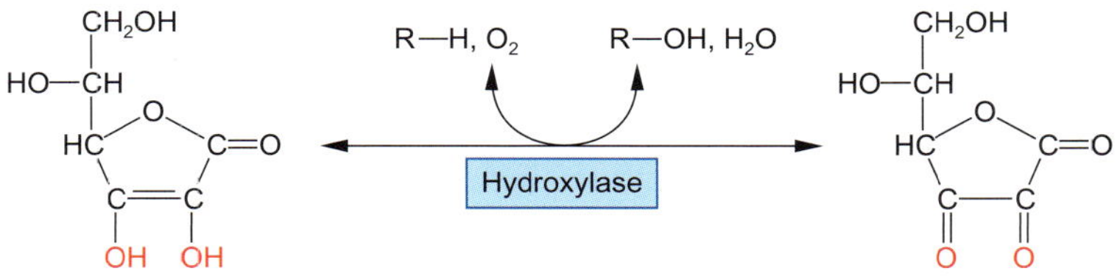

Ascorbinsäure   Dehydroascorbinsäure

Merke

Vitamin C ist beteiligt bei:
- der Hydroxylierung von Prolin und Lysin bei der Kollagensynthese,
- der Hydroxylierung von Dopamin zu Noradrenalin und von Tryptophan zu 5-Hydroxytryptophan,
- der Hydroxylierung von Nebennierenrindenhormonen,
- dem Abbau cyclischer Aminosäuren,
- der Umwandlung von Folsäure in Folinsäure,
- der Beschleunigung der Blutgerinnung durch die Aktivierung des Thrombins,
- der Abdichtung der Kapillaren.

8.3.2.6 Biotin (Vitamin H)

Biotin kann formal als eine Verbindung von Harnstoff (▶ Kap. 3.10.3.1) und einem substituierten Thiophenring angesehen werden:

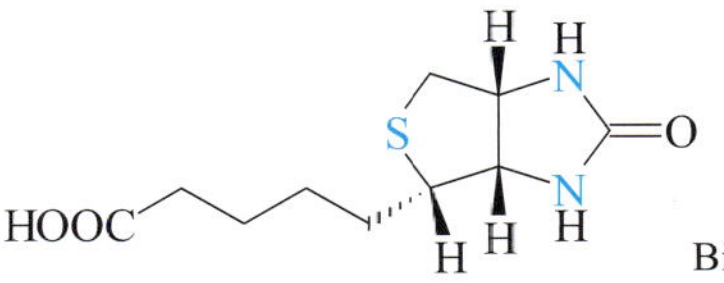

Biotin

Biotin ist eine prosthetische Gruppe von Carboxylasen. Im Unterschied zu Coenzymen sind **prosthetische Gruppen** fester, kovalent gebundener Bestandteil eines Enzyms.

Seine Funktion liegt im Transfer von Carboxylgruppen. Zunächst wird CO_2 durch die Carboxy-

biotin-Synthetase auf ein Stickstoffatom des Rings übertragen. Es entsteht Carboxybiotin:

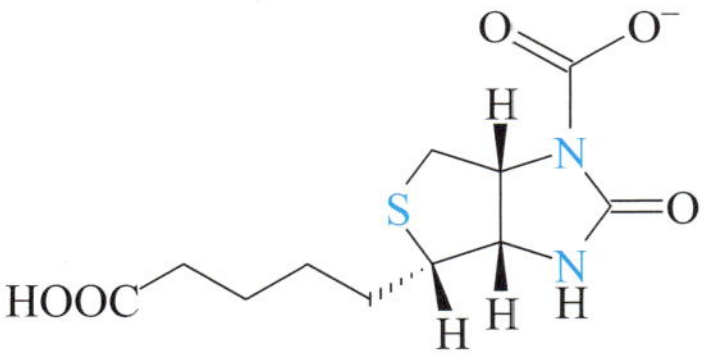

Merke

Biotin spielt eine Rolle im Fett- und Zuckerstoffwechsel. Es wird für Carboxylierungen mit folgenden Enzymen benötigt:
- Pyruvatcarboxylase
- Acetyl-CoA-Carboxylase
- Propionyl-CoA-Carboxylase
- Methylcrotonyl-CoA-Carboxylase

8.3.2.7 Folsäure

Folsäure ist in Mikroorganismen und Pflanzen biologisch wirksam. Tierische Organismen nehmen Folsäure aus der Nahrung auf. In den Zellen der Darmschleimhaut wird die Folsäure zur im tierischen Organismus wirksamen Form, der **Tetrahydrofolsäure** (THF), reduziert.

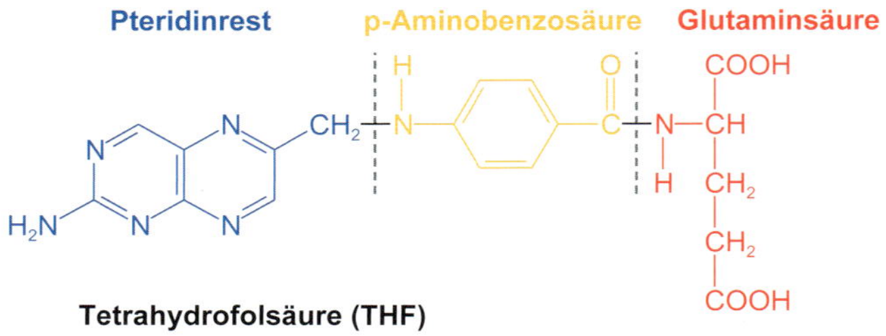

Pteridinrest   **p-Aminobenzosäure**   **Glutaminsäure**

Tetrahydrofolsäure (THF)

In biochemischen Reaktionen fungiert Tetrahydrofolsäure als Lieferant von C-Atomen, sogenannten C_1-Einheiten. An die Tetrahydrofolsäure binden die C_1-Einheiten durch Substitution der H-Atome an den Stickstoffatomen N5 und N10.

> **Merke**
>
> Der Transfer von C_1-Einheiten durch Tetrahydrofolsäure ist ein wichtiger Schritt:
> - beim Aufbau der Nukleotide, in der Synthese der Purin- und Pyrimidinbasen,
> - der Methioninsynthese aus Homocystein.

8.3.2.8   Nikotinsäure (Niacin)

Nikotinsäure (Pyridin-3-Carbonsäure) ist das wichtigste Pyridinderivat im menschlichen Körper. Ihr Amid ist Baustein von Coenzymen der Atmungskette.

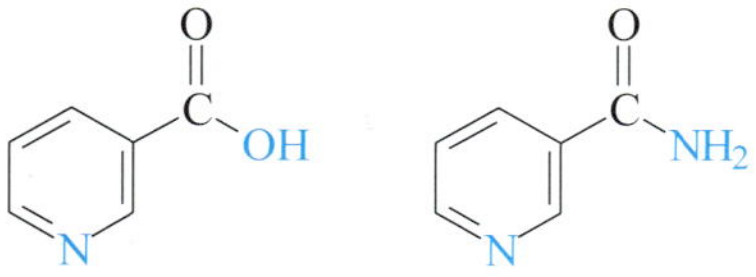

Nikotinsäure   Nikotinamid

Der Begriff **Niacin** bezeichnet sowohl die Nikotinsäure selbst als auch ihr Derivat, das Nikotinamid. Nikotinamid wird im Körper aus der Aminosäure Tryptophan gebildet. Bei einem Mangel an Tryptophan muss dem Körper Niacin zugeführt werden. Niacin ist der funktionelle Baustein der Coenzyme **Nikotinamid-adenin-dinukleotid** (NAD$^+$) und **Nikotinamid-adenin-dinukleotidphosphat** (NADP$^+$) (▶ Kap. 7.2.1):

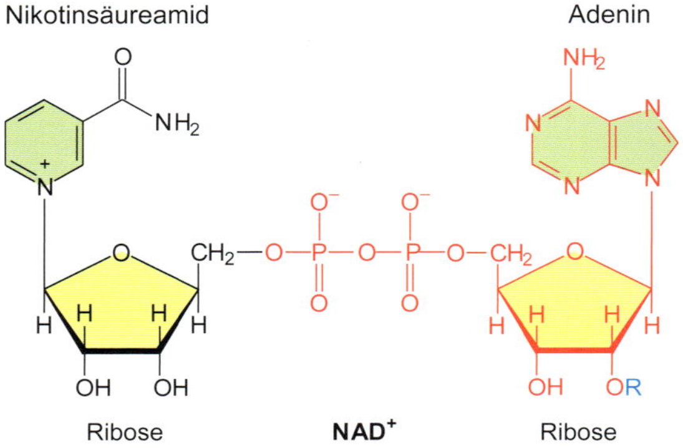

Nikotinsäureamid   Adenin

Ribose   **NAD$^+$**   Ribose

R = H   **NAD$^+$**   Nikotinamid-adenin-dinukleotid
R = PO_3^{2-} **NADP$^+$**   Nikotinamid-adenin-dinukleotid-phosphat

Im NAD$^+$ und NADP$^+$ ist der Stickstoff im Pyridinring des Nikotinamids quaternisiert. Das aromatische System ist deshalb noch elektronenärmer als das Pyridin selbst und reagiert sehr leicht mit Nucleophilen. Der Ring kann reversibel zwei Elektronen und ein Proton aufnehmen. Bei der Elektronenaufnahme verliert der Ring seinen aromatischen Charakter. Es ändert sich dabei auch sein UV-Absorptionsspektrum. Die Änderung des UV-Spektrums kann für den analytischen Nachweis in der Chemie oder der klinischen Diagnostik herangezogen werden.

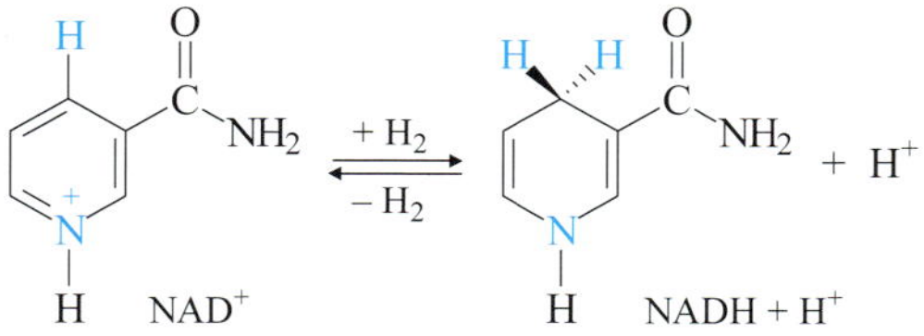

NAD$^+$ NADH + H$^+$

NAD$^+$ und NADP$^+$ sind Reduktionsmittel und reagieren zu NADH bzw. NADPH:

$$NAD^+ + H_2 \rightarrow NADH + H^+$$

$$NADP^+ + H_2 \rightarrow NADPH + H^+$$

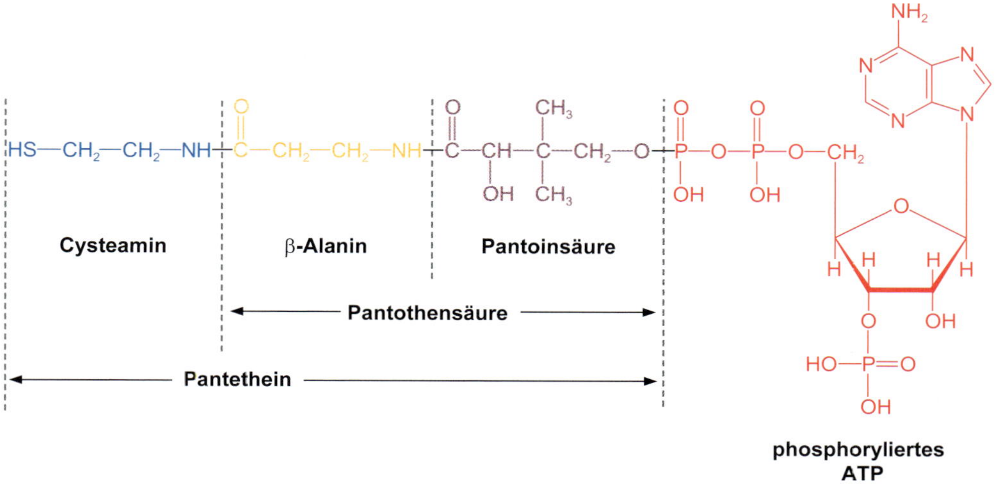

Abb. 8.2 Coenzym A.

Die aufgenommenen Elektronen und Protonen werden von Oxidoreduktasen wieder abgespalten.

Merke

NADH bzw. NADPH sind Coenzyme vieler Redoxreaktionen und Überträger von Wasserstoff in biochemischen Reaktionen, z. B. in der Atmungskette.

8.3.2.9 Pantothensäure

Pantothensäure besteht aus β-Alanin und Pantoinsäure (2,4-Dihydroxy-3,3-dimethylbuttersäure). Beide sind miteinander als Säureamid verbunden:

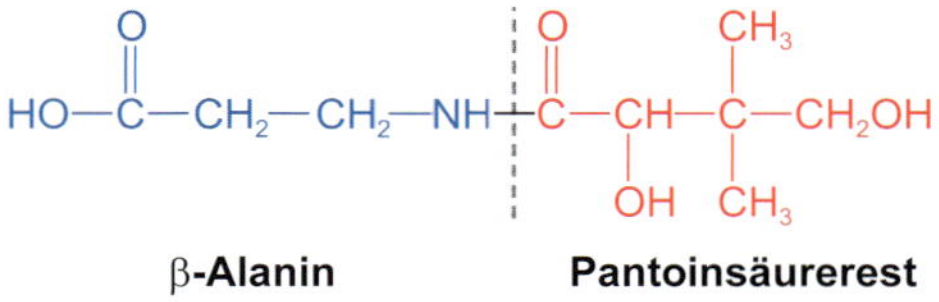

Biologisch aktiv wird Pantothensäure als Bestandteil von **Coenzym A (CoA)**. Im CoA bildet die Carboxylgruppe der Pantothensäure ein Säureamid mit Cystein. Die endständige Alkoholgruppe des Pantoinsäurerests ist mit Adenosintriphosphat verestert (► Abb. 8.2).

Coenzym A bindet mit seiner SH-Gruppe über eine energiereiche Thioesterbindung an das Substrat und aktiviert dieses damit für weitere Reaktionen.

Merke

- CoA ist ein bedeutendes Coenzym des Energiestoffwechsels.
- Im Fettstoffwechsel dient es der Übertragung von Acylresten.

8.4 Pathobiochemie

Die Unterversorgung mit einem Vitamin oder sein völliges Fehlen hat gravierende Stoffwechselstörungen oder Erkrankungen zur Folge.

- Pathologische Störungen aufgrund von Vitaminmangel werden als **Hypovitaminosen** bezeichnet. Neben einer unzureichenden Vitaminzufuhr können die Ursachen für Hypovitaminosen auch in einer gestörten Resorption der Vitamine oder ihrer Vorstufen liegen. Mögliche Gründe für Resorptionsstörungen können länger dauernde starke Durchfälle, Darmresektionen oder Schleimhautatrophien sein.
- **Avitaminosen** sind Erkrankungen, die durch das Fehlen eines oder mehrerer Vitamine ausgelöst werden. Im Vergleich zur Hypovitaminose ist hier die pathologische Symptomatik noch gravierender.

Aber auch eine überhöhte Vitaminzufuhr kann zu Störungen führen, den **Hypervitaminosen**. Hypervitaminosen treten allerdings erst auf, wenn die Dosis den Bedarf um ein Vielfaches, in manchen Fällen um Größenordnungen übersteigt.

129

Tab. 8.2 Hypo- und Hypervitaminosen (? = nicht bekannt)

Vitamin	Hypovitaminose	Hypervitaminose
fettlösliche Vitamine		
A Retinol	Nachtblindheit, atypische Epithelverhornung, Wachstumsstörungen, Xerophthalmie (Verhornung der Kornea mit Blindheit)	Kopfschmerz, Anämie, Haut-, Schleimhaut- und Knochenveränderungen
D Cholecalciferol	Kinder: Rachitis (Störung des Knochenwachstums, spez. der Ossifikation) Erwachsene: Osteoporose/Osteomalazie	Ca^{2+}-Einlagerung in Niere und Gefäßen; Nierenversagen, Erbrechen, Kopf- und Gelenkschmerzen
E Tocopherol	Muskelschwäche, Neuropathien, verkürzte Lebensdauer der Erythrozyten	?
K Phyllochinon	Verzögerte Blutgerinnung, Spontanblutungen	Eventuell Leberschäden
wasserlösliche Vitamine		
B_1 Thiamin	Beriberi (Polyneuritis mit ZNS-Störungen, Lähmungen, Muskelatrophie und Herzinsuffizienz)	?
B_2 Riboflavin	Dermatitis, Rhagaden (Mundwinkeleinrisse)	?
B_6 Pyridoxin	Dermatitis, Anämie, Ataxie, Polyneuritis mit Krämpfen und Lähmungen	?
B_{12} Cobalamin	Perniziöse Anämie (makrozytäre, hyperchrome Anämie)	?
C Ascorbinsäure	Skorbut (Zahnfleischbluten, Zahnausfall, Bindegewebsstörungen) Infektanfälligkeit, Störung der Wundheilung	(Bis etwa 5 g/d unschädlich) Diarrhö, bei Disposition Harnsteine
H Biotin	Dermatitis	?
Folsäure	Perniziöse Anämie, generelle Störung von Wachstum und Zellteilung während der Schwangerschaft: Neuralrohrdefekt (Spina bifida)	?
Nikotinsäure (Niacin)	Pellagra ("schlechte Haut"), Photodermatitis, Parästhesien	?
Pantothensäure	ZNS-Störungen	?

- Insbesondere bei den fettlöslichen Vitaminen kann die Überdosierung eine Hypervitaminose auslösen, denn sie werden im Fettgewebe gespeichert und reichern sich dort an.
- Ein Zuviel an wasserlöslichen Vitaminen wird vom Körper in der Regel wieder ausgeschieden. Hypervitaminosen treten hier, wenn überhaupt, erst bei drastischen Überdosierungen auf. Bei den meisten wasserlöslichen Vitaminen sind keine Hypervitaminosen bekannt.

Für die einzelnen Vitamine sind die Erscheinungen der Hypo- bzw. Avitaminose und der Hypervitaminose in ► Tab. 8.2 zusammengestellt.

Grundlagen der Thermodynamik und Kinetik

9.1	Wegweiser	131
9.2	Grundbegriffe	131
9.2.1	Erhaltungsbedingungen	131
9.2.2	Reaktionsenthalpie	132
9.2.3	Reaktionsentropie	132
9.3	Freie Enthalpie	132
9.3.1	Gibbs-Helmholtz-Gleichung	132
9.3.2	Freie Enthalpie bei Konzentrationsänderung	133
9.3.3	Freie Enthalpie und elektromotorische Kraft	134

9.4	Reaktionsgeschwindigkeit und Reaktionsordnung	134
9.4.1	Reaktionsgeschwindigkeit	134
9.4.2	Reaktionsordnung	134
9.4.3	Geschwindigkeitsbestimmender Teilschritt	135
9.5	Energieprofil	136
9.6	Parallelreaktionen	137
9.7	Katalyse	137

IMPP-Hits

- Freie Enthalpie (▶ Kap. 9.3)
- Reaktionsentropie (▶ Kap. 9.2.3)
- Energieprofil (▶ Kap. 9.5)

9.1 Wegweiser

In jeder chemischen Verbindung ist Energie gespeichert. In chemischen Reaktionen unterscheiden sich die Energieinhalte der Ausgangsstoffe und der Reaktionsprodukte. Jede chemische Reaktion ist deshalb auch mit einem Energieumsatz verbunden. Die Energieänderung entscheidet darüber, ob eine Reaktion freiwillig abläuft, und bestimmt die Lage des chemischen Gleichgewichts.

Einige Grundbegriffe der Thermodynamik, deren Kenntnis schon in früheren Kapiteln erforderlich war, wurden bereits in ▶ Kap. 3.2.2 und in ▶ Kap. 3.2.3 kurz vorgestellt. Diese Definitionen werden hier nochmals wiedergegeben und im Zusammenhang dargestellt (▶ Kap. 9.2). Eine zentrale Größe ist dabei die freie Enthalpie, sie stellt die Triebkraft einer Reaktion dar (▶ Kap. 9.3).

Thermodynamisch lässt sich bestimmen, welches Gleichgewicht sich in einer Reaktion einstellt. Die Kinetik chemischer Reaktionen beschäftigt sich damit, wie schnell und mit welcher Zeitabhängigkeit sich dieses Gleichgewicht einstellt (▶ Kap. 9.4). Der Energieumsatz jeder Reaktion lässt sich grafisch darstellen (▶ Kap. 9.5) und – wenn sich die Ausgangsstoffe in mehr als einer Reaktion umsetzen könnten – zwischen zwei Parallelreaktionen vergleichen (▶ Kap. 9.6). Abschließend wird die Beschleunigung einer Reaktion mithilfe eines Katalysators beschrieben (▶ Kap. 9.7).

9.2 Grundbegriffe

9.2.1 Erhaltungsbedingungen

Für chemische Reaktionen gelten zwei Erhaltungsbedingungen:

- **Massenerhaltung:** Im Stoffumsatz der Reaktion geht keine Materie verloren. Alle Bausteine der Ausgangsstoffe, d. h. alle ihre Atome, sind nach einer chemischen Reaktion immer noch vorhanden. Die Stoffmengen der Elemente in den

Edukten und Produkten bleiben unverändert. Es hat sich nur die Gruppierung der Atome zu Molekülen verändert.

- **Energieerhaltung:** Auch Energie geht bei chemischen Reaktionen nicht verloren, sie wird nur in eine andere Form umgewandelt.

9.2.2 Reaktionsenthalpie

Beim Aufbau eines Stoffs aus seinen einzelnen Bausteinen wird seine **Bindungsenergie** freigesetzt. Soll der Stoff wieder zerlegt werden, muss dieser Energiebetrag wieder zugeführt werden. Auf einer Energieskala werden die Bindungsenergien negativ gezählt. Eine stabile Verbindung besitzt deshalb eine besonders niedrige Energie.

Merke

Energiereiche Verbindungen sind häufig instabil, sie reagieren spontan zu stabileren, d.h. energieärmeren Verbindungen. Die Energiedifferenz wird in der chemischen Reaktion freigesetzt.

Die innere Energie einer chemischen Verbindung wird durch ihre **Enthalpie** H angegeben. Jede chemische Reaktion ist mit einer Änderung der Enthalpie verbunden.

- Wenn aus einer energiereichen Verbindung eine energieärmere Verbindung entsteht, verringert sich ihre Enthalpie, $\Delta H < 0$. Die Energiedifferenz wird abgegeben, die Reaktion ist **exotherm,** d.h., es wird Wärme frei.
- Für eine **endotherme** Reaktion $\Delta H > 0$ ist die Enthalpieänderung positiv, es muss Energie zugeführt werden.

Die Wärmeabgabe bzw. -aufnahme beschreibt den Energieumsatz einer Reaktion aber nicht vollständig. Eine chemische Reaktion kann nicht nur Wärme erzeugen, sondern auch Energie in Form mechanischer Arbeit abgeben. Als Beispiel sei hier die Druckwelle bei einer Explosion genannt.

Die Enthalpie eines Stoffs ist eine temperatur- und druckabhängige thermodynamische Zustandsgröße. Sie beschreibt den Zustand eines thermodynamischen Systems und ist unabhängig davon, auf welchem Weg dieser Zustand erreicht wurde.

Die **Reaktionsenthalpie** ΔH einer chemischen Reaktion ist die Summe der Änderungen der Enthalpien der an der Reaktion beteiligten Stoffe. Die Reaktionsenthalpie kann isotherm, d.h. bei konstan-ter Temperatur, oder isobar, d.h. bei konstantem Druck, bestimmt werden.

Unter Standardbedingungen wird die Reaktionsenthalpie bei einem Druck von 1.013 hPa und einer Temperatur von 25 °C in der Einheit kJ/mol angegeben. Die festgelegte Temperatur bedeutet hier, dass die Wärmemenge bestimmt wird, die zu- oder abgeführt werden muss, um die Temperatur auf 25 °C zu halten. Die Reaktionsenthalpie wird deshalb auch als **Reaktionswärme** bezeichnet.

Merke

Reaktionsenthalpie (Reaktionswärme):
- $\Delta H < 0 \rightarrow$ exotherm, es wird Energie (Wärme) freigesetzt.
- $\Delta H > 0 \rightarrow$ endotherm, Energie (Wärme) wird benötigt.

Standardbedingungen zur Messung: $P = 1.013$ hPa (Normaldruck), $T = 25$ °C (298 K).

9.2.3 Reaktionsentropie

Eine weitere wichtige thermodynamische Zustandsgröße ist die Entropie. Die **Entropie** S beschreibt den Ordnungszustand eines Systems. Anschaulich betrachtet, ist sie ein Maß für seine Unordnung. So weist ein Festkörper mit seiner regelmäßigen Kristallstruktur einen hohen Ordnungsgrad und damit eine geringe Entropie auf. Die Teilchen einer Flüssigkeit sind ungeordneter. Im Vergleich zum Festkörper besitzt die Flüssigkeit daher eine größere Entropie.

Eine chemische Reaktion ist praktisch immer auch mit einer Entropieänderung verbunden. Als **Reaktionsentropie** ΔS einer chemischen Reaktion wird die Entropieänderung des Systems betrachtet.

Merke

Reaktionsentropie:
- $\Delta S < 0 \rightarrow$ Entropieabnahme, der Grad der Ordnung steigt.
- $\Delta S > 0 \rightarrow$ Entropiezunahme, der Grad der Unordnung steigt.

9.3 Freie Enthalpie

9.3.1 Gibbs-Helmholtz-Gleichung

Ob eine chemische Reaktion freiwillig abläuft, hängt sowohl von der Änderung der Enthalpie als auch von der Änderung der Entropie ab. Als Maß für die Triebkraft einer Reaktion wird die **freie Enthalpie** ΔG eingeführt. Sie wird durch die **Gibbs-Helmholtz-Gleichung** definiert:

$$\Delta G = \Delta H - T \cdot \Delta S$$

(ΔG: freie Enthalpie, ΔH: Reaktionsenthalpie, T: Temperatur, ΔS: Reaktionsentropie).

ΔG wird auch als Gibbs' freie Enthalpie (auch: Gibbs' freie Energie oder Gibbs' freie Reaktionsenergie) bezeichnet. ΔG ist ein Maß für die maximale Arbeit, die von einer chemischen Reaktion geleistet werden kann bzw. aufgewendet werden muss, damit die Reaktion abläuft. Es ist die maximale Arbeit eines reversibel isotherm und isobar geführten Prozesses in einem geschlossenen System.

Wenn ΔG negativ ist, läuft eine Reaktion freiwillig ab. Sie wird dann als **exergon** bezeichnet. Im anderen Falle, wenn sie nicht freiwillig abläuft, ist die Reaktion **endergon.**

Merke

Gibbs' freie Enthalpie:
- $\Delta G < 0 \rightarrow$ exergon, Reaktion läuft freiwillig ab.
- $\Delta G > 0 \rightarrow$ endergon, zur Reaktion ist Energiezufuhr notwendig.

Die freie Enthalpie ist unter anderem abhängig von der Konzentration der an der Reaktion beteiligten Stoffe. Im Verlauf der Reaktion nimmt die Triebkraft stetig ab, bis das chemische Gleichgewicht erreicht wird, mit $\Delta G = 0$ (▶ Kap. 3.2.2).

Lerntipp

Versuchen Sie, ein Gefühl für die Größen in der Gibbs-Helmholtz-Gleichung zu bekommen. Sie sollten sich auch deutlich machen, dass ΔG auch negativ sein kann, wenn ΔH positiv ist (d.h. die Reaktion endotherm ist) oder ΔS negativ ist (d.h. die Entropie abnimmt). Unterscheiden Sie also stets die freie Enthalpie von der Reaktionsenthalpie.

9.3.2 Freie Enthalpie bei Konzentrationsänderung

Die freie Enthalpie ist konzentrationsabhängig und ändert sich im Verlauf einer chemischen Reaktion. Für jede Reaktion lässt sich eine **freie Standardenthalpie** (auch: Gibbs' freie Standardenthalpie oder -energie) ΔG^0 angeben. ΔG^0 wird bestimmt für ein Mol umzusetzender Substanz bei $T = 25\,°C$ (298 K) und $P = 1.013$ hPa.

Bei einer Temperatur- und/oder Konzentrationsänderung kann die Triebkraft der Reaktion ΔG aus der freien Standardenergie ΔG^0 berechnet werden:

$$\Delta G = \Delta G^0 + R \cdot T \cdot \ln K$$

mit der Gleichgewichtskonstanten K der Reaktion,

$$K = \frac{[C] \cdot [D]}{[A] \cdot [B]}$$

(▶ Kap. 3.2.2), und der universellen Gaskonstanten R, $R = 8{,}31\ \mathrm{J} \cdot \mathrm{mol}^{-1} \cdot \mathrm{K}^{-1}$.

Der Übergang zum dekadischen Logarithmus liefert die Form:

$$\Delta G = \Delta G^0 + R \cdot T \cdot 2{,}303 \cdot \log \frac{[C] \cdot [D]}{[A] \cdot [B]}$$

Im **Gleichgewichtszustand** wird $\Delta G = 0$ und deshalb:

$$\Delta G^0 = -R \cdot T \cdot \ln K$$

Es handelt sich hier um eine thermodynamische Ableitung des Massenwirkungsgesetzes. Die Gleichgewichtskonstante K kann aus der Gibbs-Helmholtz-Gleichung nach Messung der notwendigen thermodynamischen Größen bestimmt werden. Umgekehrt kann aber auch nach der experimentellen Bestimmung des Gleichgewichts einer Reaktion ihre freie Standardenergie berechnet werden.

Merke

Gibbs' freie Enthalpie unter Standardbedingungen:
- $\Delta G^0 < 0 \rightarrow$ Reaktionsgleichgewicht auf Seiten der Produkte C und D.
- $\Delta G^0 > 0 \rightarrow$ Reaktionsgleichgewicht auf Seiten der Edukte A und B.

9.3.3 Freie Enthalpie und elektromotorische Kraft

In Redoxreaktionen wird der Stoffumsatz anhand der Übertragung von Elektronen beschrieben (► Kap. 3.5.1.1). In einem Redoxpaar überwinden die Elektronen eine Potenzialdifferenz ΔE, die auch als **Redoxpotenzial** oder elektromotorische Kraft (EMK) bezeichnet wird.

Die **freie Enthalpie** einer Redoxreaktion beträgt (► Kap. 3.5.2.2):

$$\Delta G = -z \cdot F \cdot \Delta E$$

Darin ist z die Zahl der übertragenen Elektronen, die Faraday-Konstante F das Produkt aus Elementarladung e ($e = 1{,}6 \cdot 10^{-19}$ C) und Avogadro-Zahl N_A ($N_A = 6{,}022 \cdot 10^{23}\,mol^{-1}$), $F = e \cdot N_A = 96.485$ C $\cdot$ mol^{-1}, und ΔE die Potenzialdifferenz.

In ► Kap. 3.5.3.1 wurde bereits auf diesem Weg die in der Atmungskette durch die Knallgasreaktion freigesetzte Energie berechnet.

Für die bekanntesten Redoxpaare sind die Normalpotenziale in der Spannungsreihe (► Abb. 3.7) angegeben. Aus diesen Standardwerten lassen sich die Redoxpotenziale unter Nicht-Standardbedingungen errechnen (► Kap. 3.5.2.3).

> **Merke**
>
> Die **Triebkraft** ΔG einer Reaktion lässt sich bestimmen aus:
> - der Gibbs-Helmholtz-Gleichung,
> - der Gleichgewichtskonstante K der Reaktion,
> - dem Redoxpotenzial ΔE.

9.4 Reaktionsgeschwindigkeit und Reaktionsordnung

9.4.1 Reaktionsgeschwindigkeit

Als Geschwindigkeit einer chemischen Reaktion wird der Stoffumsatz pro Zeit definiert. In einer Reaktion A $\rightarrow$ B nimmt die Konzentration des Edukts A ab und die des Reaktionsprodukts B zu. Aus den Konzentrationsänderungen lässt sich die **Reaktionsgeschwindigkeit** v definieren als:

$$v = -\frac{d[A]}{dt} \quad \text{oder} \quad v = \frac{d[B]}{dt}$$

> **Merke**
>
> Das negative Vorzeichen in der Definition gibt an, dass die Konzentration des betrachteten Stoffs im Laufe der Reaktion abnimmt. Bei positivem Vorzeichen nimmt sie zu.

9.4.2 Reaktionsordnung

Die Geschwindigkeit einer Reaktion ist von der Konzentration der beteiligten Stoffe abhängig. Je nach der Art der Abhängigkeit nimmt der Geschwindigkeits-Zeit-Verlauf verschiedene typische Formen an, die als **Reaktionsordnungen** bezeichnet werden. Es werden Reaktionen 0., 1. und 2. Ordnung unterschieden.

Allgemein lässt sich die Abhängigkeit der Reaktionsgeschwindigkeit v von der Konzentration c der beteiligten Stoffe mathematisch beschreiben als:

$$v = \frac{dc}{dt} = k \cdot c^a$$

Dabei wird der Koeffizient k als die Geschwindigkeitskonstante der Reaktion bezeichnet. Der Exponent a gibt die Reaktionsordnung an.

9.4.2.1 Reaktionen 0. Ordnung

In einer **Reaktion 0. Ordnung** ist die Reaktionsgeschwindigkeit konstant:

$$v = k$$

Ein Beispiel für eine Reaktion 0. Ordnung wäre eine enzymkatalysierte Stoffumwandlung A $\rightarrow$ B, wobei das Substrat A in so hohem Überschuss vorhanden ist, dass die Moleküle des Enzyms nicht um die Bindung zum Substrat konkurrieren müssen.

Die Enzyme binden an das Substrat, wandeln es um und werden wieder freigesetzt. Danach binden sie erneut an Moleküle des Substrats und die Reaktion läuft weiter. Pro Zeiteinheit wird jeweils die gleiche Substratmenge umgesetzt. Die Reaktionsgeschwindigkeit ist eine Konstante, die hier von der Enzymkonzentration und der Bindungsdauer zum Substrat abhängt.

Von einer Reaktion **pseudo-0. Ordnung** wird gesprochen, wenn von der Art der Reaktion her eine andere Reaktionsordnung vorliegen müsste, die

Kinetik sich aber trotzdem wie bei einer Reaktion 0. Ordnung verhält.

Eine spontane Umwandlung A → B wäre eine Reaktion 1. Ordnung. Die Geschwindigkeit ist proportional zur Konzentration A. Wenn sich aber in einem offenen System ein Fließgleichgewicht einstellt, bleibt die Konzentration von A konstant, d. h., es wird von außen genauso viel von der Substanz A zugeführt, wie in der Reaktion verbraucht wird. Die Umwandlung A → B läuft dann wie bei einer Reaktion 0. Ordnung mit konstanter Geschwindigkeit ab.

Lerntipp

Machen Sie sich klar, dass im Gegensatz zu Reaktionen 0. Ordnung bei Reaktionen höherer Ordnung die Geschwindigkeit der Hin- und Rückreaktion gleich sind, da sich die Konzentrationen der Edukte und Produkte im dynamischen Gleichgewicht nicht mehr ändern. Beachten Sie, dass deshalb die Gesamtreaktionsgeschwindigkeit gleich 0 wird.

9.4.2.2 Reaktionen 1. Ordnung

In einer **Reaktion 1. Ordnung** ist die Reaktionsgeschwindigkeit proportional zur Konzentration eines Stoffs. In einer spontanen Umwandlung eines Stoffs A → B wird ein bestimmter Anteil der jeweils vorhandenen Substanzmenge A umgesetzt:

$$-\frac{dc_A}{dt} = k \cdot c_A$$

Hier liegt eine Differenzialgleichung vor, mit der Lösung:

$$c_{A(t)} = c_{A_0} \cdot e^{-k \cdot t}$$

c_{A_0} ist die Anfangskonzentration des Stoffs A beim Beginn der Reaktion zum Zeitpunkt $t = 0$. Die Konzentration von A nimmt exponentiell mit der Zeit ab. Den gleichen zeitlichen Verlauf zeigt die Reaktionsgeschwindigkeit:

$$v_{(t)} = -\frac{dc_A}{dt} = c_{A_0} \cdot e^{-k \cdot t} = v_0 \cdot e^{-k \cdot t}$$

Die Anfangsgeschwindigkeit v_0 ist abhängig von der für jede Reaktion typischen Geschwindigkeitskonstanten k und der Anfangskonzentration des Edukts c_{A_0}.

Die Ordnung einer unbekannten Reaktion lässt sich bestimmen, indem die Konzentrationsänderungen gemessen und in einem Diagramm gegen die Zeit aufgetragen werden. In halblogarithmischer Darstellung ergibt sich für eine Reaktion 1. Ordnung eine Gerade, aus der die Reaktionskonstante k bestimmt werden kann.

Eine Reaktion **pseudo-1. Ordnung** ist eine Reaktion 2. Ordnung, bei der eine der Ausgangskomponenten in so großem Überschuss vorhanden ist, dass nur die Konzentration der anderen Komponente geschwindigkeitsbestimmend wird. Der Geschwindigkeitsverlauf verhält sich dann wie bei einer Reaktion 1. Ordnung.

9.4.2.3 Reaktionen 2. Ordnung

In einer **Reaktion 2. Ordnung** hängt der Stoffumsatz von der Konzentration zweier Ausgangsstoffe ab. Typisches Beispiel ist die Verbindung zweier Edukte A und B zu einem Produkt P:

$$A + B \rightarrow P$$

Die Reaktionsgeschwindigkeit ist hier:

$$v = \frac{dc_P}{dt} = k_A \cdot c_A \cdot k_B \cdot c_B = k \cdot c_A \cdot c_B = k \cdot c^2$$

mit $k = k_A \cdot k_B$ und $c^2 = c_A \cdot c_B$.

Auf eine weitergehende Betrachtung der Differenzialgleichung für Reaktionen 2. Ordnung soll hier verzichtet werden. Im Konzentrations-Zeit-Diagramm lassen sich Reaktionen 2. Ordnung daran identifizieren, dass ihr Graf auch in halblogarithmischer Darstellung keine Gerade ergibt.

9.4.3 Geschwindigkeitsbestimmender Teilschritt

Eine Reaktion kann über mehrere Zwischenschritte ablaufen. So kann die Verbindung von A und B zum Produkt P zunächst über die Bildung eines angeregten Zwischenzustands A$^\#$ verlaufen. Erst das Zwischenprodukt A$^\#$ reagiert dann weiter mit der Komponente B zum endgültigen Produkt:

$$A + B \rightarrow A^\# + B \rightarrow P$$

Ein anderes Beispiel für eine Folge mehrerer Reaktionsschritte sind gekoppelte Reaktionen (▶ Kap. 3.2.4). Hier sind die Produkte der ersten Teilreaktion die Edukte einer nachfolgenden zweiten Reaktion:

1. Teilschritt:	A + B → C + D
2. Teilschritt:	C + D → E + F
Gesamtreaktion:	A + B → E + F

In einer Folge mehrerer Reaktionsschritte ist stets der langsamste Schritt der geschwindigkeitsbestimmende Teilschritt. Dieser Teilschritt prägt entscheidend die Kinetik der Gesamtreaktion.

Im ersten der genannten Beispiele liegen zwei Edukte vor. Es handelt sich deshalb um eine Reaktion 2. Ordnung. Erfolgt die Bildung bzw. die Weiterreaktion des Zwischenprodukts $A^\#$ nur langsam, liegt hier der geschwindigkeitsbestimmende Teilschritt. Der Reaktionsumsatz wird dann nur durch die Konzentration von $A^\#$ limitiert. Es liegt eine Reaktion pseudo-1. Ordnung vor.

Beispiel

- Ein Beispiel für eine Reaktion mit einem Zwischenprodukt ist die Oxidation eines primären Alkohols zur Carbonsäure. Als Zwischenprodukt entsteht zunächst ein Aldehyd, der praktisch sofort weiter oxidiert wird (► Kap. 2.4.2.6).
- Ein biochemisches Beispiel für eine gekoppelte Reaktion ist die Glykolyse, eine Abfolge von 10 enzymgesteuerten Reaktionen. In dieser Kette ist die Umwandlung von Glucose zu Pyruvat der langsamste und damit die Geschwindigkeit der Gesamtreaktion bestimmende Schritt.

9.5 Energieprofil

Die Energieverhältnisse einer chemischen Reaktion lassen sich grafisch in Form von **Energieprofilen** verdeutlichen. ► Abb. 9.1 zeigt das Energieprofil einer Gleichgewichtsreaktion. Auf der Ordinate ist die Enthalpie G aufgetragen. Eine absolute Skalierung ist meist nicht notwendig, da die Energiedifferenzen von Interesse sind. Gibbs' freie Enthalpie ΔG ist die Energiedifferenz zwischen den Edukten und den Produkten. Die Abszisse bildet die Reaktionskoordinate, hier ist der Stoffumsatz angegeben.

► Abb. 9.1 zeigt eine exergone Reaktion. Die Ausgangsstoffe A und B sind energiereicher als die Produkte C und D. Es wird die Energie ΔG^0 frei.

Die Edukte werden im gezeigten Beispiel aber nicht vollständig umgesetzt. Es stellt sich zwischen Hin- und Rückreaktion ein Gleichgewicht ein; es liegt bei etwa 70 % Stoffumsatz. Mit diesem Gleichgewicht wird der energetisch günstigste Zustand erreicht. Im Gleichgewicht wird die Triebkraft der Reaktion $\Delta G = 0$.

Oft sollen lediglich die Energieunterschiede ausgewählter Zustände, wie Anfang, Ende und ggf. Zwischenzustände einer Reaktion, dargestellt werden. Der Reaktionsumsatz wird dabei nicht quantifiziert. Hier kann der Graf des Energieprofils weiter schematisiert werden, indem auf eine Skalierung der Reaktionskoordinate verzichtet wird (► Abb. 9.2).

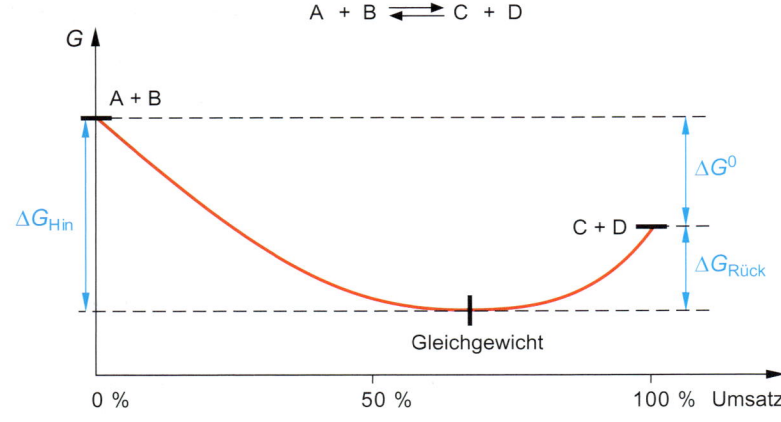

Abb. 9.1 Energieprofil einer Gleichgewichtsreaktion.

Exergone Reaktionen starten häufig nicht spontan. Die innere Energie der Reaktionsprodukte ist zwar geringer als die der Ausgangsstoffe, die Reaktion verläuft aber über einen angeregten Übergangszustand $Z^{\#}$. Um diesen zu erreichen, muss die **Aktivierungsenthalpie** $\Delta G^{\#}$ aufgebracht werden (▶ Abb. 9.2).

Beispiel

Ein Beispiel ist die Knallgasreaktion. Ein Gemisch aus gasförmigem Wasserstoff und Sauerstoff reagiert zunächst nicht. Schon der kleinste Funkte reicht aber aus, die Aktivierungsenthalpie zur Verfügung zu stellen und die Reaktion explosionsartig in Gang zu setzen.

Merke

Die Geschwindigkeit einer Reaktion hängt ab von:
* der freien Enthalpie ΔG,
* der Aktivierungsenthalpie $\Delta G^{\#}$.
Eine Reaktion verläuft umso schneller, je größer ΔG und je kleiner $\Delta G^{\#}$ ist.

9.6 Parallelreaktionen

Eine **Parallelreaktion** liegt vor, wenn ein Edukt A in das Produkt B oder in einer anderen Reaktion in das Produkt C umgewandelt werden kann.
Beide Reaktionen laufen nebeneinander und voneinander unabhängig ab:

$$A \rightarrow B$$
$$A \rightarrow C$$

Im Allgemeinen unterscheiden sich die Energieprofile beider Reaktionen (▶ Abb. 9.2). Es entsteht bevorzugt das Reaktionsprodukt, zu dessen Bildung die geringere Aktivierungsenthalpie erforderlich ist.

Es ist dabei möglich, dass sich unter mehreren möglichen Produkten bevorzugt die energiereicheren und damit instabileren Produkte bilden. Allein vor dem Hintergrund der Thermodynamik ist dieses Verhalten nicht erklärbar. Hier würde immer das energieärmste, d. h. stabilste Produkt erwartet. Aufschluss gibt hier erst die Reaktionskinetik. Wenn eine geringere Aktivierungsenthalpie für ein Produkt erforderlich ist, entsteht es schneller als die anderen Alternativen. Man spricht in diesem Fall von einer **kinetisch kontrollierten** oder geschwindigkeitskontrollierten Reaktion.

9.7 Katalyse

Ein **Katalysator** ist ein Stoff, der eine chemische Reaktion beschleunigt, selbst durch die Teilnahme an der Reaktion aber nicht verändert wird.

Der Katalysator geht mit seinem Substrat, einem Edukt der Reaktion, eine Verbindung ein. Es entsteht ein aktiviertes Zwischenprodukt, das dann weiter reagiert. Dabei wird der Katalysator wieder freigesetzt.
Ein Vergleich der Energieprofile einer chemischen Reaktion mit und ohne Beteiligung eines Katalysators (▶ Abb. 9.3) zeigt, dass der Katalysator die Aktivierungsenthalpie einer Reaktion verringert. Damit erhöht sich die Reaktionsgeschwindigkeit.

Der Katalysator hat keinen Einfluss auf den Energieunterschied zwischen Edukten und Produkten. Die freie Enthalpie bleibt unverändert. Ein Katalysator kann deshalb niemals einen endergonen in einen exergonen Vorgang verwandeln. Auch die Lage des chemischen Gleichgewichts

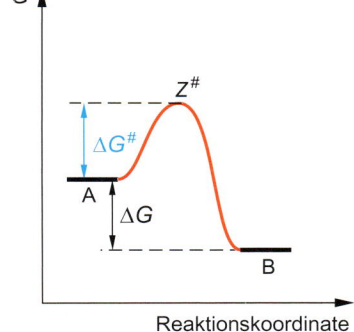

Abb. 9.2 Energieprofile einer Parallelreaktion mit den Übergangszuständen $Z^{\#}$ und den Aktivierungsenthalpien $\Delta G^{\#}$.

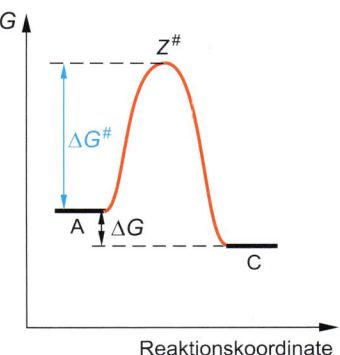

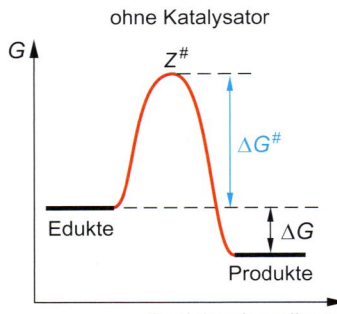

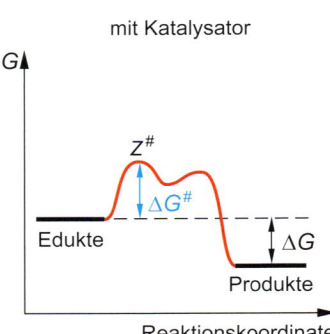

Abb. 9.3 Energieprofil einer Reaktion ohne und mit Katalysator.

verändert sich nicht. Es verkürzt sich lediglich die Zeit bis zum Erreichen des Gleichgewichts.
Beispiele für katalysierte Reaktionen wurden in den vorangegangenen Kapiteln bereits mehrfach angesprochen. Die Esterbildung wird durch Protonen katalysiert (► Kap. 3.9.3.1), ebenso die saure Hydrolyse.

Die meisten biochemischen Reaktionen würden bei Körpertemperatur und physiologischem pH ohne die Hilfe von Katalysatoren nicht ablaufen. **Enzyme** sind biologische Katalysatoren.

> **Merke**
>
> Ein **Katalysator**
> - wird in der Reaktion nicht verändert,
> - senkt die Aktivierungsenthalpie,
> - erhöht die Reaktionsgeschwindigkeit,
> - hat keinen Einfluss auf freie Enthalpie und Lage des Reaktionsgleichgewichts.

Register

Symbole
α-Helix, Sekundärstruktur   101
β-Alanin   98
β-Faltblatt, Sekundärstruktur   102
γ-Aminobuttersäure   98

A
Acetal   73
Aceton   31
Acetyl-CoA-Carboxylase   127
Actinoide   12
acyclische Kohlenstoffverbin-
   dungen   22
Acylglycerine   108
– apolaren   110
– Diacylglycerin   108
– Monoacylglycerin   108
– polare   109
– Triacylglycerin   108
Addition   70
– Aldol   74
– Wasser   72
Additionsreaktion   70
Adenin   115
Adenosintriphosphat   80
Adsorption   50
Aerosol   2, 48
Aggregatzustand   1
– Änderung der inneren Energie
   1
– fest   1
– flüssig   1
– gasförmig   1
Aktivierungsenthalpie ΔG   137
Aldehyd   30, 71
Aldehydgruppe   86
– cyclische Halbacetale   86
– Oxidation   87
– Reduktion   87
Aldohexosen   83
Aldol-Kondensation   74
Aldosen   81
Alkane   22
Alkene   25
Alkine   26
Alkohol   27
– einwertige   28
– Ethanol   28
– mehrwertige   28
– Methanol   28
– primär   28
– Reaktionen   72
– sekundär   28
– tertiär   28

Alkoholgruppe   87
– Oxidation   87
– Reduktion   87
– Substitution   87
Alkylsubstituenten   25
Amine   30
– primäre   30
– Reaktionen   73
– sekundäre   30
– tertiäre   30
Aminogruppen   98
Aminosäuren   93
– aliphatische   94
– apolare   94
– aromatisch   94
– basisch   94, 97
– Carboxylgruppe   99
– Decarboxylierung   99
– Desaminierung   99
– Dissoziationsstufen   96
– Eigenschaften   94
– essentiell   94
– glucogen   94
– heterocyclisch   94
– Ionenaustauscher   98
– Isoelektrischer Punkt
   97
– ketogen   94
– Klassifizierung   93
– neutral   94, 97
– nicht essentiell   94
– nicht proteinogen   94
– polar   94
– proteinogen   94
– Puffereigenschaft   96
– Reaktionen   98
– Redoxverhalten   98
– saure   94, 97
– Titrationskurve   96
– Transaminierung   98
Aminozucker   83, 87
amphiphil   107
Ampholyte   52
Amylopektin   90
Anomere   44, 85
– α-Anomer   85
– β-Anomer   85
anorganische Säuren   79
Antioxidanzien   75
– Vitamin C   120
– Vitamin E   120
Apolar   20
Aquokomplex   70
Arginosuccinat   98

Aromaten   26, 35, 78
– Benzol   35
– kondensierte Kerne   35
– nucleophile Zentren   78
– Phenole   36
Ascorbinsäure (Vitamin C)
   126
Äther   29, 55, 114, 123, 137
Atom   4
– Elektronenhülle   6
– Elementarladung e   4
– Elementarteilchen   4
– Nuklid   4
atomare Masseneinheit (1 u)   4
Atombindung   16, 23
– Einfachbindung   16
– Hybridisierung   17
– Mehrfachbindung   16
– Polarisierung   17
– Summenformel   18
Atomradius   12
Autoprotolyse des Wassers   52
Avitaminosen   129
Avogadro-Zahl   5

B
Ballaststoffe   88
Bariumsulfat   68
Basen   51
Benzol   35
Bindungsenergie   16, 132
Bindungsvermögen   69
biochemische Redoxreaktionen
   66
biogene Amine   99
Biotin (Vitamin H)   120, 127
Bohr-Atommodell   6

C
Calcitriol   122
Carbocyclen   35
Carbonsäureamide   77
Carbonsäureester   76
Carbonsäuren   31, 79
– Anhydride   33
– Carboxylgruppe   31
– Decarboxylierung   79
– Derivate   32
– einwertig   32
– Ester   33
– mehrwertig   32
– Salzbildung   34
– α-Ketocarbonsäure   79
– β-Ketocarbonsäure   79

Carbonylgruppe   30, 71
- elektrophiles Zentrum   72
- nucleophiles Zentrum   72
- Reaktionsmechanismus   71
Carboxylgruppen   99
Cardiolipin   108
Cellobiose   89
Cellulose   90
Ceramide   110
Cerebroside   111
Chelatkomplexe   21, 70
Chelator   21
Chelatoren   69
- Kronenether   70
Chemische Bindung   15
- Atombindung   16
- Ionenbindung   15
chemisches Gleichgewicht   46
Chinon   37, 67
chirale Verbindungen   41
- d/l-Nomenklatur   42
- R/S-Nomenklatur   42
Chiralitätszentrum   41, 43
Chlorethan, *Siehe* Halogenalkane
Chlorkohlenwasserstoffe
   (CKW)   26
Chloroform, *Siehe* Halogenalkane
Cholecalciferol (Vitamin D), D-Hor-
   mon   122
Cholesterin   112
Chromatin, Histone   118
Chromatografie   50, 103
Cisplatin   15
Citrullin   98
Cobalamin (Vitamin B_{12})   120, 126
Codon   115
Coenzym Q   119
Coenzym A (CoA)   129
Coenzym   119
Cyanidverbindungen   19
Cycloalkane, Cyclohexan   35
Cystin   98
Cytosin   115

D
Dalton (D)   18
Decarboxylierung   99
Dehydratisierung   71
Dehydrierung   62, 71
Denaturierung   117
- Proteine   103
Desaminierung   99
Desoxyribonukleinsäure   115
Desoxyribose   83
d-Glucitol   87
d-Glucopyranose   86
Diacylglycerin   108
Dialyse   50

Diastereomere   44, 82, 85
Diene   25
Diffusion   50
Dimethylsulfoxid (DMSO)   30
Dipeptid   99
Diphosphatidylglycerol   108
Disaccharide   87
- Aufbau   87
- Cellobiose   89
- Isomaltose   89
- Klassifizierung   87
- Lactose   89
- Maltose   88
- Reaktionen   89
- Saccharose   89
- Trehalose   89
- Verdauungsprozess   88
dissoziationsabhängige Größen   52
Dissoziationsstufen   96
Distickstoffoxid   18
Disulfide   67
DNA   114
DNA-Doppelhelix   116
- A-DNA   117
- B-DNA   117
- Z-DNA   117
DNA-Superhelix   118
Donnan-Gleichgewicht   51
Donnan-Potenzial   51
Doppelbindung, C=C   26
d-Orbital   7
d-Sorbit   87

E
Edelgaskonfiguration   9
EDTA   22
elektrochemische Zellen, pH-Abhän-
   gigkeit   65
elektrische Potenzialdifferenz   63
Elektrochemische Zellen   63
Elektrolyse   69
Elektronegativität   13
Elektronen
- Konfiguration   9
- Spin   8
- Valenz   9
Elektronenaffinität   13
Elektronenakzeptor   20
Elektronen   4
Elektronendonator   20
Elektronengas   19
Elektronenhülle   6
- Besetzungsregeln   8
Elektronenschale   7
Elektronenspin   8
elektrophile   72
Elektrophorese   103
Elementarladung e   4

Elementarteilchen   4
Elemente, biochemisch wichtige
   14
Elimination   70, 71
Emulsion   2, 48
Enantiomere   41, 44, 85
Enantiomerenpaare   82
endergon   47
endotherm   47
Energieerhaltung   132
Energieprofil   136
Enolform   73
Enthalpie H   47, 132
- elektromotorische Kraft   134
- freie   64, 132
- Konzentrationsänderung   133
Entropie S   132
Epimere   44, 83, 85
Ester   33, 107
esterglykosidisch   87
Esterhydrolyse
- alkalische   77
- saure   77
Esterverseifung   77
Ethanol   28
Ether   28
- apolar   28
- asymmetrisch   28
- symmetrisch   28
Etherlipide   108
exergon   47
exotherm   47

F
Faraday-Gesetze   69
Fetthärtung   107
Fettsäuren   105
- cis/trans   106
- Eigenschaften   107
- essentiell   106
- geradzahlig   105
- gesättigt   106
- Iodzahl (IZ)   108
- nicht essenziell   106
- Reaktionen   107
- ungeradzahlig   105
- ungesättigt   106
Fischer-Projektion   84
Flavinadenindinukleotid
   (FAD)   124
Flavinmononukleotid (FMN)
   124
Fluor   15
fluorierte Chlorkohlenwasserstoffe
   (FCKW)   27
Folsäure   120, 127
f-Orbital   7
Formalin   31

funktionelle Gruppen 26
– Aldehyde, Ketone 30
– Alkohole 27
– Amine 30
– Carbonsäuren 31
– Ether 28
– Halogenalkane 26
– Thiole, Thioether 29
Furan 37
Furanosen 37, 81, 86

G
Galaktosamin 83
Gallensäuren 34, 112
Galvanisierung 69
Ganglioside 111
Gase, ideale 1
Gesetze, Henry-Dalton-Gesetz 49
Gibbs-Helmholtz-Gleichung 47, 132
Gitterenergie 68
Gleichgewicht
– chemisch 46
– dynamisch 46
Gleichgewichtskonstante 47
Gleichgewichtsreaktionen
– heterogen 48
– homogen 46
Glucosamin 83
Glykogen 90
Glykolipide 91
Glykoproteine 91, 101
Glykoside 87
glykosidische Bindung 87
– N-glykosidisch 87
– O-glykosidisch 87
– α-glykosidisch 88
– β-glykosidisch 88
Guanin 115

H
Halbacetale, cyclisch 72
Halbleiter 19
Halbmetalle 14
Halbzelle 63
Halogenalkane 26
Halogenierung 71
Hämodialyse 51
Hämoglobinmolekül 22
Hauptenergieniveau 6
Hauptquantenzahl n 6
Haworth-Formel 85
Henderson-Hasselbalch-Gleichung 59
Henry-Dalton-Gesetz 49
Heterocyclen 35, 37
– aliphatisch 37
– aromatisch 37

– 5-gliedrig 37
– 6-gliedrig 38
– mehrkernig 38
heterogene Gleichgewichtsreaktionen 48
Heteroglykane 89, 91
– Glykolipide 91
– Glykoproteine 91
– Proteoglykane 91
heterolytischer Bruch 75
Hexosen 83
– d-Fructose 83
– d-Galaktose 83
– d-Glucose 83
– d-Mannose 83
Histone 118
hnRNA 115
Homocystein 98
homogene Gleichgewichtsreaktionen 46
Homoglykane 89
– Cellulose 90
– Glykogen 90
– Stärke 90
homolytischer Bruch 75
homöopolare Bindung 16
Humaninsulin 30
Hund-Regel 9
Hyaluronsäure 91
Hybridisierung 17, 117
Hydratationsenthalpie 68
Hydrathülle 20
Hydratisierung 71
– Proteine 103
Hydrierung 62, 71
Hydrochinon 67
Hydrohalogenierung 71
Hydrolyse 104
hydrophil 19
hydrophob 20
Hyperventilationssyndrom 61
Hypervitaminosen 129
Hypovitaminosen 129

I
Imidazol 38
Imine 73
Indikatorstreifen 57
Indol 38
Iodzahl (IZ) 108
Ionen 4
– Anion 4
– Kation 4
Ionenaustauschchromatografie 98
Ionen 4
Ionenbindung 15, 23
Ionenradius 12
Isoelektrischer Punkt 97

Isomaltose 89
Isomerase 82
Isomerie 38
Isoprenoide, Steroide 111
Isotope 4, 5
– Mischelemente 5
– radioaktive Tracer 6
– Reinelemente 5

K
Kalium 14
Katalysator 137
Katalyse 137
Kernladungszahl Z 4
Kernseifen 68
Keto-Enol-Tautomerie 73
Keton 30, 71
Ketosen 81
Kinetik 47
Knallgasreaktion 66
Kohäsionskräfte 1
Kohlenhydrate 81
Kohlensäure 79
Kohlenstoffatom
– gesättigt 75
– ungesättigt 76
Kohlenstoff 14
Kohlenstoffverbindungen, Acyclisch 22
Kohlenwasserstoffe 22
– aliphatisch 22
– Alkane 22
– Alkene 25
– Alkine 26
– cyclisch 22
– Nomenklatur 24
Kondensation 73
– Aldol 74
– Ester 74
Konfiguration 40
Konfigurationsisomere 40
Konformation 39
– anti-Staffelung 39
– gauche-Staffelung 39
– gestaffelt 39
Konstitutionsisomere 24, 38
koordinative Bindung 20
kovalente Bindung 16
Kronenether 70

L
Lactame 78
Lactone 34
Lactose 89
Ladungsbilanz 16
Lanthanoide 12
Lewis-Basen 61
Lewis-Säuren 61

Ligandenaustausch   69
lipophil   20
Lipoproteine   101
Lithium   15
Lösung
– echte   2, 48
– gesättigte   49
– kolloidale   2, 48
– übersättigte   49
Lösungen   50
– hypertone   50
– hypotone   50
– isotone   50
Lösungsenthalpie   68

M
Magnesium   14
Magnetquantenzahl m   7
Maltose   88
Massenerhaltung   131
Massenwirkungsgesetz   47
Massenzahl m   4
Materie   3
Mercaptane   29
Mesomerie   26, 77
Metallbindung   19, 23
Metallcharakter   13
Metallkomplexe   20
Metalloproteine   101
Metallvergiftungen   22
Methan   23
Methanol   28
Methylcrotonyl-CoA-
   Carboxylase   127
Mizelle   107, 34
Molekülmasse, relativ   4
Molekülorbital   16
Monoacylglycerin   108
Monosaccharide   81
– Aminozucker   83
– Derivate   83
– Galaktosamin   83
– Glucosamin   83
– Klassifizierung   81
– l-Ascorbinsäure   83
mRNA   115

N
N-Acetyl-d-Neuraminsäure
   (NANA)   84
Naphthol   36
Natrium   14
Nebenquantenzahl l   7
Nernst-Gleichung   65
Nernst-Verteilungssatz   49
Neutralisation   57
– Pufferlösungen   59
Neutralisationsreaktion   67

Neutronen   4
Neutronenzahl   4
Nikotinamidadenindinukleotid
   (NAD$^+$)   128
Nikotinamidadenindinukleotidphos-
   phat (NADP$^+$)   128
Nikotinamid   120
Nikotinsäure (Niacin)   120, 128
Normalpotenzial E0   64
Nucleophil   76
– negativ geladen   76
– ungeladen   76
Nukleinbase   113
Nukleinsäureketten   115
Nukleinsäuren   78, 115
– Abbau   117
– Denaturierung   117
– Hybridisierung   117
– photometrische Messung
   118
– Viskositätsmessung   118
Nukleonen   4
Nukleonenzahl   4
Nukleosid   114
Nukleosom   118
Nukleotide   113, 114
– AMP   114
– CMP   114
– FAD   114
– NAD   114
– NADP   114
– Reaktionen   114
– Struktur   113
Nuklid   4

O
Oberflächenprozesse   50
– Adsorption   50
– Dialyse   50
– Osmose   50
Oktettregel   9
Oligopeptide   99
Oligosaccharide   89
Orbital   6
– Molekül   16
Orbitalmodell   6
Ordnungszahl   4
Ornithin   98
Osmose   50
Oxidation   61
– Alkohole   66
– Dehydrierung   62
– Kohlenwasserstoffe   66
Oxidationszahlen   42, 62

P
Pantothensäure   120, 129
Parallelreaktionen   137

Pauli-Prinzip   8
Pentose   82, 113
– Desoxyribose   83
– d-Ribose   82
– d-Ribulose   83
Peptidbindung   78, 99
Peptide   93, 99
– Aufbau   99
– Klassifizierung   99
– Peptidbindung   99
– Primärstruktur   99
– Reaktionen   100
– Sequenz   99
Periodensystem   4, 10
– Actinoide   12
– Aufbau   10
– Hauptgruppen   10
– Lanthanoide   12
– Nebengruppen   10
Periodische Eigenschaften   12
– Atomradius   12
– Elektronegativität   13
– Elektronenaffinität   13
– Ionenradius   12
– Metallcharakter   13
permanentes Dipolmoment, perma-
   nentes Dipolmoment   19
Phenole   36
pH-Messung
– Indikatorstreifen   57
– Titration   56
pH-Meter, elektrisches   56
Phosphatidylcholin   108
Phosphatidylethanolamin
   108
Phosphatidylinositol   108
Phosphatidylserin   108
Phosphoglycerine   108
Phosphor   14
Phosphorsäure, Ester   80
pH-Wert   52
– Berechnung   55
– Messung   56
– schwacher Säuren und Basen
   55
– starker Säuren und Basen   54
Phyllochinon (Vitamin K)   120, 123
pKs-Wert   55
Platin   15
Polar   19
Polarisierung   17
Polyenen   26
Polyole   28
Polypeptide   99
Polysaccharide   89
Polyterpene   111
p-Orbital   7

Potenzial
– Nicht-Standardbedingungen 65
– Normal 64
– Standard 64
Primärstruktur, Proteine 101
Propionyl-CoA-Carboxylase 127
Proteine 93, 99, 101
– Aufbau 101
– Denaturierung 103
– Domäne 102
– einfache 101
– fibrilläre 101
– globuläre 101
– Hydratisierung 103
– Hydrolyse 104
– Klassifizierung 101
– Primärstruktur 101
– prosthetische Gruppen 101
– Proteinklassen 101
– Puffereigenschaften 102
– Quartärstruktur 102
– Röntgenstrukturanalyse 104
– Sekundärstruktur 101
– Sequenzierung 104
– Strukturaufklärung 104
– Tertiärstruktur 102
– Trennverfahren 103
– Wechselwirkungen, hydrophile/hydrophobe 103
– zusammengesetzte 101
– α-Helix 101
– β-Faltblatt 102
Proteoglykane 91
Protonen 4
Protonenzahl p 4
Pufferlösungen 59
Puffersysteme 60
– Kohlensäure 60
– Phosphat 60
– Protein 60
Purin 38
Pyran 38
Pyranosen 81, 86
Pyridin 38
Pyridoxalphosphat (PLP) 120, 125
Pyridoxin (Vitamin B_6) 125
Pyrimidin 38
Pyrrol 37
Pyruvatcarboxylase 127

Q
Quantenmechanik 6
Quantenzahlen 6
Quartärstruktur, Proteine 102

R
Racemat 41
Radikal 75
– Kettenreaktion 75
– Sauerstoffradikale 75
radioaktive Tracer 6
Reaktion
– 0. Ordnung 134
– 1. Ordnung 135
– 2. Ordnung 135
– Geschwindigkeitsbestimmender Teilschritt 135
– kinetisch-kontrolliert 137
– parallel 137
– pseudo-0. Ordnung 134
– pseudo-1. Ordnung 135
– Triebkraft ΔG 134
Reaktionen 47
– endergon 47
– endotherm 47
– exergon 47
– exotherm 47
– gekoppelt 48
Reaktionsenthalpie 132
Reaktionsenthalpie ΔG, freie 47
Reaktionsentropie 132
Reaktionsgeschwindigkeit 134
Reaktionsordnung 134
Reaktionswärme 132
reaktive Teilchen 75
Redoxgleichungen 62
Redoxpaar 67
Redoxreaktionen 61
– biochemische 66
Redoxverhalten, Aminosäuren 98
Reduktion 61
– Hydrierung 62
– Kohlenwasserstoffe 66
relative Atommasse 4
relative Molekülmasse 4
Retinal 122
Retinol (Vitamin A), β-Carotin 121
Retinylpalmitat 122
Retinylphosphat (A) 120
Rhodopsin 122
Riboflavin (B_2) 114, 120, 124
Ribonukleinsäuren 115
– hnRNA 115
– mRNA 115
– rRNA 115
– snRNA 115
– tRNA 115
Ring-Ketten-Tautomerie 87
RNA 114
Röntgenstrukturanalyse 104

S
Saccharose 89
S-Adenosylmethionin (SAM) 76
Salzbildung 67
Salze 34
– Aggregatzustand 67
– biochemisch wichtige 69
– Eigenschaften 67
– Ionenprodukt 68
– Löslichkeit 68
– Löslichkeitsprodukt 68
– Lösungswärme 68
– schwer lösliche 68
– Seifenbildung 68
Salzlösungen, Elektrolyse 69
SAM (S-Adenosylmethionin) 126
Sauerstoff 14
Sauerstoffradikale 75
Säure/Base-Paare, konjugierte 52
Säure/Base-Reaktionen 51
– nach Lewis 61
– von Brönsted 51
Säureamid 107
Säureanhydride 107
Säurechlorid 32
Säuren 51
– anorganisch 79
– Carbonsäuren 79
– Nukleinsäuren 78
– pKs-Wert 55
Schiff-Basen 73
Schmierseifen 68
Schwefelsäure 80
Schwermetalle 15
Seifen 34
Sekundärstruktur, Proteine 101
Selenocystein 98
Sequenzierung 104
Sequenzisomerie 99
Sesquiterpene 111
Sesselform 39
Sesselform-Schreibweise 85
snRNA 115
s-Orbital 7
sp^3-Hybridisierung 17
Spannungsreihe, elektrochemisch 64
Sphingolipide 110
– Ceramide 110
– Glykolipide 111
– Sphingomyelin 110
– Sphingosin 110
– Tay-Sachs-Syndrom 111
Spin
– antiparallel 8
– parallel 8
Spinquantenzahl s 8

Spurenelemente   14, 69
Standardpotenzial   64
Stärke   90
Stellung
– meta-   38
– ortho-   37
– para-   37
Steran   111
Stereochemie   38, 85
– Isomerie   38
– Konfiguration   40
– Konformation   39
Stereoisomere   38, 85
Steroide   111
Steroidhormone   112
Stöchiometrie   46
Stoffe, rein   2
Stoffgemische   1
– heterogene   2
– homogene   2
Stoffmengen, Mol   5
Stoffumwandlungen   45
Substitution   75
– nucleophil   76
– radikalisch   75
Substitutionsreaktion, Reaktionsablauf   75
Sulfatide   111
Sulfonamide   80
Sulfonsäuren   80
Suspension   2, 48

T
Tautomerie   73
– Keto-Enol   73
– Ring-Ketten   87
Tay-Sachs-Syndrom   111
Terpene   111
Tertiärstruktur, Proteine   102
Tetrahydrofolsäure (THF)   120, 127
Tetrapyrrolsystem   37

Tetrosen, Aldotetrosen   82
Thermodynamik   47
Thiamin (Vitamin B₁)   123
Thiaminpyrophosphat (B₁)   120, 123
Thiazol   38
Thioalkohole   67
Thioester   33
Thioether   29
Thiole, Schwefel   29
Thiophen   37
Thymin   115
Titration   56
Titrationskurven   57
– Äquivalenzpunkt   57
– Neutralpunkt   57
– Wendepunkt   57
Tocopherol (Vitamin E)   122
Transaminierung   98
Trehalose   89
Trennverfahren, Proteine   103
Triacylglycerin   108
Triosen   81
– Aldotriose   81
– Ketotriose   82
Tripeptid   99
Triterpene   111
tRNA   115
Tyrosin   98

U
Uracil   116

V
Valenzelektronen   9
Van-der-Waals-Kräfte   20
Vitamin, B₂   114
Vitamin K₂   123
Vitamine   119
– A (Retinol)   120
– Avitaminosen   129

– B₁ (Thiamin)   120
– B₁₂ (Cobalamin)   120
– B₂ (Riboflavin)   120
– B₆ (Pyridoxin)   120
– B-Komplex   120
– C (Ascorbinsäure)   120
– Coenzymfunktion   120
– D (Cholecalciferol)   120
– E (Tocopherol)   120
– fettlösliche   121
– Folsäure   120
– H (Biotin)   120
– Herkunft   121
– Hypervitaminosen   129
– Hypovitaminosen   129
– K (Phyllochinon)   120
– K₁   123
– lipidlösliche   120
– Nikotinsäure (Niacin)   120
– Pantothensäure   120
– Stabilität   121
– wasserlösliche   123
– wasserlösliche   120
von Brönsted   51

W
Wannenform   39
Wassermolekül   19
Wasserstoff   14
Wasserstoffbrückenbindung   19, 23
– permanentes Dipolmoment   19

Z
Zellen
– elektrochemische   63
– halb   63
Zentralion   69
Zentrifugation   103
Zerfallskonstante   69

H   He
Li Be   —   B C N O F Ne
Na Mg   Al Si P S Cl Ar
Ka Ca   Ga Ge Ar Se Br Kr